国家自然科学基金资助项目
（项目编号：31970477、31672344）

中国茧蜂
100种

主　编：夏白华　曾赞安（香港有机农业生态研究协会）
　　　　李志文　牛耕耘

副主编：罗庆怀　游兰韶　黄安平　魏美才

编写人员（按姓氏笔画排序）：

于海丽　　毛薪源　　刘玉娥　　苏　品　　李夕英

肖　蕾　　何建云　　周至宏　　柏连阳　　屠敏仪

曾爱平　　游　眉　　谭　莹　　谭济才

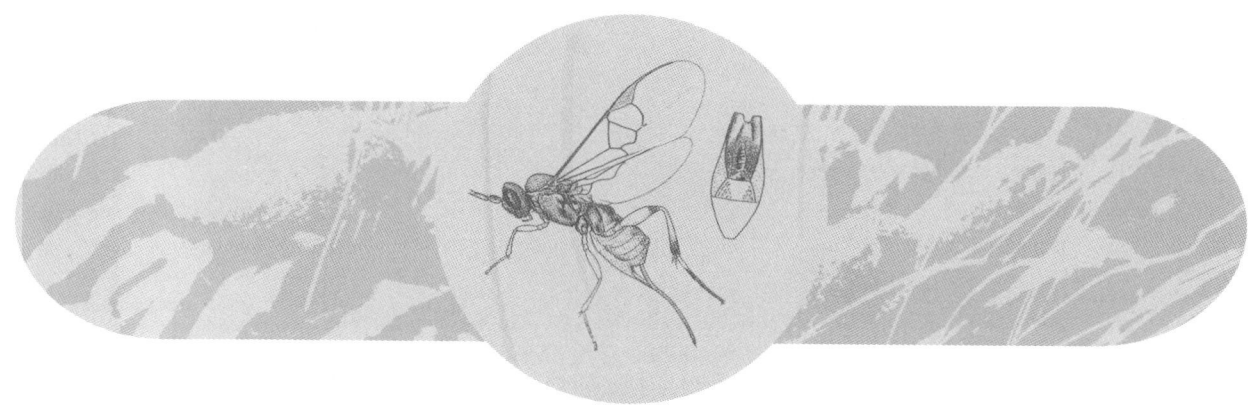

湖南科学技术出版社

图书在版编目（CIP）数据

中国茧蜂 100 种 / 夏白华等主编. — 长沙 ： 湖南科学技术出版社，2021.8
ISBN 978-7-5710-1125-3

Ⅰ．①中… Ⅱ．①夏… Ⅲ．①小茧蜂科－介绍－中国 Ⅳ．①Q969.54

中国版本图书馆 CIP 数据核字(2021)第 152642 号

ZHONGGUO JIANFENG 100 ZHONG

中国茧蜂 100 种

主　　编：夏白华 曾赞安 李志文 牛耕耘
出 版 人：潘晓山
责任编辑：欧阳建文
出版发行：湖南科学技术出版社
社　　址：长沙市芙蓉中路一段 416 号泊富国际金融中心
网　　址：http://www.hnstp.com
湖南科学技术出版社天猫旗舰店网址：
　　　　　http://hnkjcbs.tmall.com
邮购联系：本社直销科 0731-84375808
印　　刷：长沙市宏发印刷有限公司
　　　　　（印装质量问题请直接与本厂联系）
厂　　址：长沙市开福区捞刀河大星村 343 号
邮　　编：410000
版　　次：2021 年 8 月第 1 版
印　　次：2021 年 8 月第 1 次印刷
开　　本：787mm×1092mm　1/16
印　　张：13.5
字　　数：264 千字
书　　号：ISBN 978-7-5710-1125-3
定　　价：88.00 元

内容简介

　　本书按 Yu，van Achterberg 等（2005）的茧蜂分类系统，报道 10 亚科 36 属常见中国茧蜂 100 种，分别有形态、寄主、采集时间和分布。本书特色为评述具甲壳小腹茧蜂亚科各属的亲缘关系；DNA 条形码与小腹茧蜂亚科分类；判断蚜茧蜂的地理分布是否冈瓦纳（Gondwanan）起源；指出国内论文发表的茧蜂裸名、同物异名、异物同名都是违背分类学基本原则的实例。本书可供本领域的研究工作者、高等院校师生和植保人员参考。

前　言

　　20 世纪 60 年代末，Shenefelt 和 van Achterberg 等（1969—1978）陆续出了 10 本《膜翅目茧蜂科世界茧蜂名录》[Hymenoterum Catalogus（nov. ed）Braconidae 1-10，The Hague，Holland]，对全世界茧蜂科 Braconidae 分类研究起着重要的作用。进入 21 世纪，Yu D S，van Achterberg C. & Horstmann K.（2004）编制了一部《姬蜂总科昆虫种类名录》[World Ichneumonoidea 2005（Biological and taxonomical information）CD/DVD. Taxapad Interactive Catalogue，Vancouver Canada]，他是根据近 40 年来分子系统学研究结合形态学研究成果整理出的一个分类系统，以后有更新和补充，2011 年版本为 Yu，D S，van Achterberg C.，Horstmann K.，Taxapad 2012，Ichneumonoidea 2011. Database on flashdrive（www. taxapad com. Ottawa，Ontario，Canada）。本书按此系统报道中国茧蜂 100 种。

　　本书中收集的茧蜂 100 种是过去几十年来国内同行因生产需要委托鉴定的标本，每种均有采集记录，大多数种类有寄主记录；发表时个别种类为误定，现予以纠正。小腹茧蜂亚科 Microgastrinae 种类鉴定比较困难，所以有些种类我们已经绘好图，鉴定到属，作了描述或不作描述，方便后来的研究者在此基础上继续完成鉴定工作。所有研究标本分别保存在广西农科院植保所、湖南农业大学植保学院、贵州师范大学生命科学学院昆虫标本室。

　　编者作为位于华中、西南的一个研究团队，其研究成果（1977—2017）在中国固有她的历史价值和应用价值，不当之处，请不吝指正。

　　编者感谢 van Achterberg C. 博士（荷兰皇家自然历史博物馆、荷兰生物多样性中心）多年来的指导，并赠送 DVD 课件。感谢宋东宝教授提供文献。

编者

2020 年 10 月

Preface

Since the end of 1960s, Shenefelt and van Achterberg et al., (1969—1978) had sequentially published over 10 directories on world Hymenoptera Braconidae (Hymenoterum Catalogus (nov. ed) Braconidae 1 - 10, The Hague, Holland). These made a profound contribution on the taxonomical research of the world Braconide. In 21st century, Yu, van Achterberg & Horstmann (2004) complied the category on world Ichneumonoidea [World Ichneumonoidea 2005 (Biological and taxonomical information) CD/DVD. Taxapad Interactive Catalogue Vancouver Canada]. In this book, Yu et al. developed a new taxonomy system based on the molecular systematic and morphological researches in recent 40 years. This system was continuously improved and updated, and in 2012, the new version was presented as 'Yu, D S., K. Achterberg C. van., Horstmann K., Taxapad 2012, Ichneumonoidea 2011. Database on flash drive, www. taxapad com. Ottawa, Ontario, Canada'. With the employment of this system, we described 100 Chinese species of braconid wasp in this book.

The 100 Chinese species of braconid wasp described in this book were collected from the agricultural production practices committed by domestic peer researcher in the past decades. Each species has the collected record, and most of them has the host records. Some individual species were erroneously identified, but all of them were corrected in this book. The species from the Microgastrinae is relatively difficult to identify, so we manually draw the pictures for these species, and identified to genus, in order to set a foundation for the identification to be conducted by the future researchers. All of the specimens were stored in the insect sample collection located in Guangxi Plant Protection Institute, College of Plant Protection of Hunan Agricultural University, College of Life Science of Guizhou Normal University.

The author team is organized from Central China and Southwest China. Its scientific merits (1977—2017) rooted in this historical and practical value. We therefore present this book and sincerely welcome the corrections and critiques from readers.

We sincerely thank Doctor C. van Achterberg (Royal Natural History Museum，Bio-diversity Center，Holland）for his long-term support and guidance，and his generous contribution in form of DVD curriculums． we equally thank Professor Song Dongbao，for his literature.

Authors

Oct. 2020

目　　录

茧蜂科 Braconidae

茧蜂科是膜翅目中最大的科之一，是一类重要的害虫寄生性天敌，对害虫有较强的自然控制作用，主要寄生于鳞翅目、双翅目、鞘翅目、半翅目、膜翅目（叶蜂）、脉翅目等类群的昆虫的体内，全世界均有分布。

该类群体小至中等，体长多在 10mm 以下；触角丝状，细长，多节；单眼 3 个。翅发达，少数无翅或短翅型；前翅多有翅脉围成的翅室；足转节 2 节，胫节有明显的距，跗节 5 节，爪强大，具爪间突。并胸腹节明显，常有刻纹或分区；腹部多为圆筒形，第 2、3 节背板愈合；产卵管鞘长短不等，但都从腹部腹面末端之前伸出。

考虑到《湖南茧蜂志（一）》（2006）、《茧蜂分类和雄性外生殖器的应用（2009）》、《茧蜂分类和系统发育研究（2013）》、《湖南茧蜂志（二）》（2015）已对茧蜂各亚科、各族、属的形态特征作了详细的介绍，读者可参考以上著作。

圆口类 Cyclostomes

一、蝇茧蜂亚科 Opiinae Blanchard，1845

类鞘腹蝇茧蜂属 *Coleopioides* van Achterberg & Li，2013

（1）横脊鞘腹蝇茧蜂 *Coleopioides postpectalis* Li & van Achterberg，2013（图 1）

Coleopioides postpectalis Li & van Achterberg，2013，Zookeys，268：57.

体长：雌 2.0mm，前翅 2.1mm。

体色：黑褐色（包括翅基片）；头部背面观和胸部黑色；下唇须和下颚须、柄节、足（除跗节黑色）淡黄色；上颚、唇基和颚眼距黄褐色；Pt 和翅脉褐色；翅膜烟褐色。

头部：触角 19＋节，长为前翅的 1.3 倍，第 3 节长为第 4 节的 1.2 倍，第 3 节、第 4 节长分别为其宽的 2.3 和 2.0 倍；下颚须长和头高相等；下唇须细；后头脊具细微刻条，相当靠近口后脊；在单眼区后方的中沟明显；口后脊中等大小；背面观，复眼长为上颊的 3.0 倍；额在触角窝后方具凹陷，中部凸起，侧面观微凸起，光滑；颜面具稀疏刻点，均匀凸起；唇基宽度为其最大高度的 2.8 倍，为颜面宽的 0.7 倍；唇基相当平，大部分光滑，具少数刻点，腹缘有变化，细、直；唇基下陷相当大；颚眼距存在；上颚正常，微凸起具稀疏刻点，腹面具一细脊。

胸部：长为高的 1.2 倍；前胸背板背凹缺；前胸背板侧面光滑，但后端具明显的刻条，斜沟内具微小的刻条；胸腹侧片背方大部分光滑，前端具微小的刻条；基节前沟前端和中部存在，宽，具粗糙刻条；中胸侧板其余部分光滑；侧沟背面具不明显的刻条，腹面具明显的刻条；中胸腹板沟具一排刻点，中腹面具发达的中胸腹板后横脊；中胸盾片光滑，仅后端具少数刚毛；盾纵沟仅前端存在，宽；中胸盾片中后凹，圆形；中胸盾片侧缘具刻条；小盾片前沟宽，具粗糙的刻条；小盾片稍凸出，光滑；并胸腹节具长中纵脊，横脊明显，后端大部分具网状皱纹。翅：前翅：Pt 三角形；1-R1 脉伸达前翅翅缘，长为 Pt 的 1.7 倍；r：3-SR：SRl＝3：27：42；2-SR：3-SR：r-m＝15：27：12；r 脉短且细；1-M 脉和 SRI 脉近乎直；m-cu 脉后叉；cu-a 亚对叉，1-CU1 脉稍宽；CU1b 脉短，第 1 亚盘室开放，中

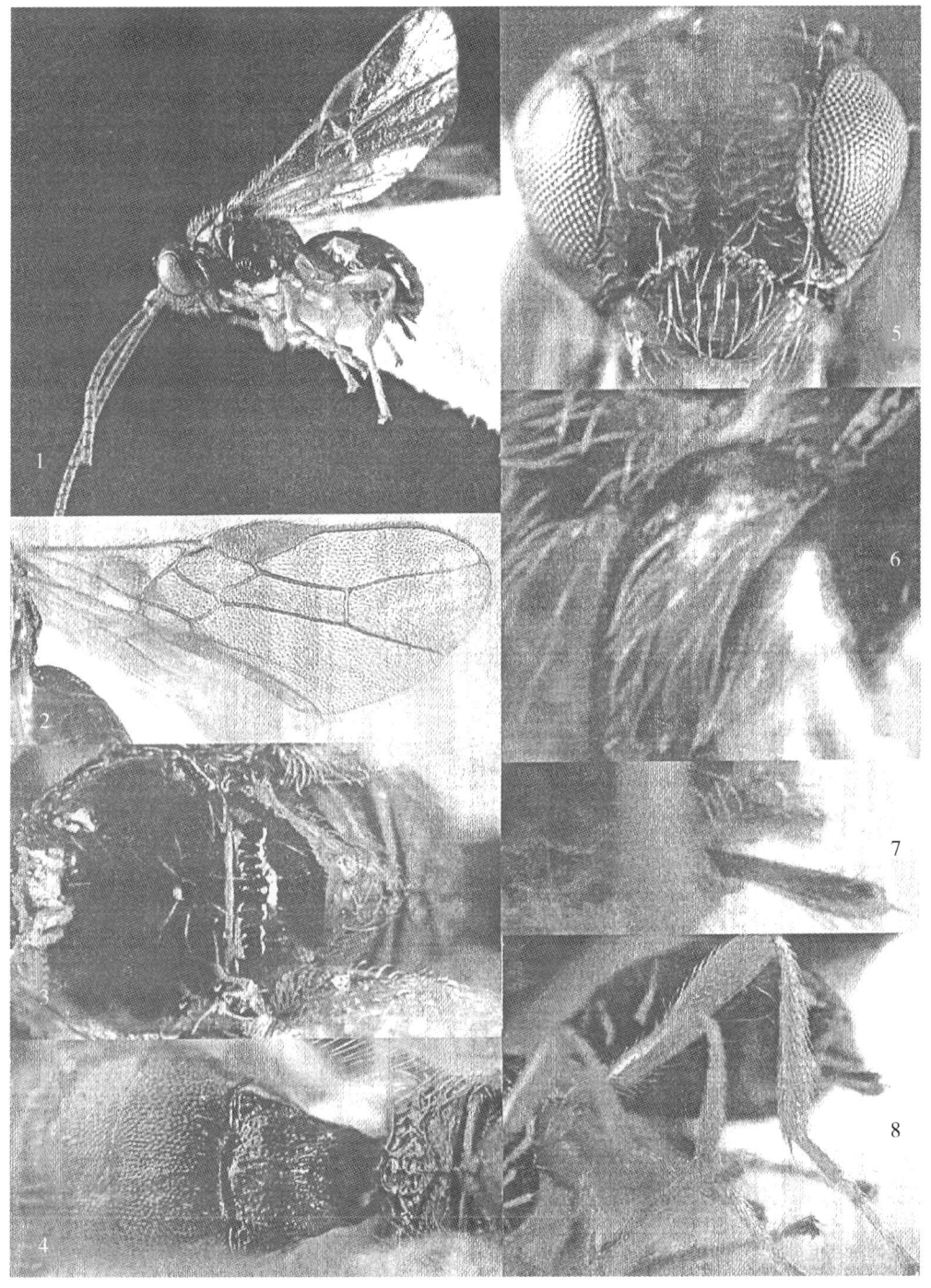

1. 整体；2. 翅；3. 胸部背板；4. 腹部背板；5. 头部正面观；

6. 上颚；7. 产卵鞘；8. 后足。

图 1　后横鞘腹蝇茧蜂 *Coleopioides postpectalis* Li & van Achterberg, 2013

等长；端部 1/4 的 M＋CU1 脉骨化；后翅：M＋CU：1‐M：lr‐m＝5：4：2；cu‐a 脉稍斜；m‐cu 脉缺；1‐1A 向内弯曲。足：后足腿节、胫节和基跗节的长分别为其宽的 3.2 倍、8.0 倍和 4.0 倍；后足腿节、胫节具长刚毛。

腹部：腹部第 1 节背板长为宽的 0.9 倍，表面均匀向中部凸起，具纵向条纹，后端具刻点，背脊直至第 1 腹板中部一直分开；第 2 节背板缝不明显；第 2 节背板具密的、细微的粒状刻点，成细微的条纹状，背板骨化；第 3 节背板（除端部）具粒状刻点，其余光滑；第 2 和第 3 节背板长为第 2 和其后各节背板的 0.7 倍；产卵管鞘具刚毛部分长为前翅的 0.06 倍，为后足胫节长的 0.2 倍。

生物学：未知。

研究标本：4♀，1♂，山东潍坊安丘温泉，2009. Ⅶ. 31，120m，李夕英。3♀，1♂，湖南绥宁黄桑自然保护区，2009. Ⅵ. 12 - 13，1000m，李夕英。

分布：山东，湖南。

二、内茧蜂亚科 Rogadinae Foerster，1862

内茧蜂族 Rogadini Foerster，1862

Rhogadides Marshall 1885 Trans. R. ent. Soc. Lond. 1885：76；Morley 1916 Entomologist，49：83；He，Chen & Ma，2000，Hymenoptera Braconidae，Insecta vol. 18，Fauna Sinica，120.

Rogadini Foerster，He，Chen & Ma，2000，Hymenoptera Braconidae，Insecta vol. 18，Fauna Sinica，119.

本族有 2 亚族，刺茧蜂亚族 Spinariinae van Achterberg，1988 和内茧蜂亚族 Rogadina Foerster，1862。本书记述刺茧蜂亚族。

刺茧蜂亚族 Spinarimae van Achterberg，1988

Spinariim van Achterberg，1988，Advances Par. Hym. Res. 91.

Spinariina van Achterberg，He et al.，2000，Hymenoptera Braconidae，Insecta vol. 18，Fauna Sinica，120，Bai，Luo et al.，2013，Class. Phy. Braconidae，48.

van Achterberg （1988）研究茧蜂科 Braconidae 成员的系统发育关系，探讨茧蜂科 Braconidae 成员的腹部背甲状时建立了一个内茧蜂亚科 Rogadinae 内的刺茧蜂族 Spinariini nov. 后 van Achterberg 将此族降格为内茧蜂族 Rogadini Foerster 内的一个亚族（何俊华等，2000），此亚族归纳有刺茧蜂属 Spinaria Brulle，1846，四刺茧蜂属 *Batotheca* Enderlein，1905 和拟四齿茧蜂属 *Batothecoides* Watanabe，1958（柏连阳，罗庆怀等，2013），第 1 属和第 3 属归属内茧蜂亚科 Rogadinae （Shenefelt，

1975）。本书报道四刺茧蜂属。四刺茧蜂属 *Batotheca* Enderlein 原先属茧蜂亚科 Braconinae（Watanabe，1938；Shenefelt，1978），后 van Achterberg（1988，1991）将四刺茧蜂属归入内茧蜂亚科 Rogadinae，内茧蜂族 Rogadini，刺茧蜂亚族 Spinariina。

四刺茧蜂属 *Batotheca* Enderlein，1905

> *Batotheca* Enderlein，1905，Stettin，ent. Ztg.，66：227；Watanabe，1938，Mushi，11：170；He et al.，2000，Hymenoptera Braconidae，Insecta vol.18，Fauna Sinica，121.

> Type species：多哈氏四刺茧蜂 *Batotheca dohriniana* Enderlein，1905（Orign. Design.）.

特征简述：头小，横置，在复眼后方收缩，有后头脊，触角长于体；前胸背板无强刺；后胸背板中央有一小刺；并胸腹节斜置，宽，无侧齿；后足胫节直，有柔毛；前翅 m‒cu 出自第 1 肘室，cu‒a 后叉式；腹部无柄，可见 5 节，具纵刻条，第 3、4 节背板端侧方有长刺，第 5 节背板有 4 个刺，侧面 2 个短，中间 2 个长；第 1、2 背板和第 2、3 背板间无明显横沟；后足胫距直，有柔毛；跗爪无基叶突；产卵管鞘有毛，稍露出。

生物学：寄主刺蛾 *Scopeloidea venosa* Walk，*Nemeta laleana* Moore，*Nemeta* sp.

分布：东洋区［印度、印尼、泰国、柬埔寨、斯里兰卡、马鲁古群岛（Moluccas，10 多年的茧蜂生物地理学研究认为马鲁古群岛是华莱士线（Wallace Line）的中间区域即东洋区和澳洲区分界）（van Achterberg，游兰韶等，2015）］。

注：Enderlein（1902）建立四刺茧蜂属 *Batotheca* 时因形态趋同曾指出如何区分此属和刺茧蜂属 *Spinaria* Brulle，并指出 2 属腹部背甲的差异。Watanabe（1938）提出 Enderlein（1902）没有说明四刺茧蜂属 *Batotheca* 的系统分类地位，并认为应安置在内茧蜂族 Rogadini。

内茧蜂亚族刺茧蜂属和四刺茧蜂属检索表

前胸背板具长刺；并胸腹节具齿；腹部第 5 背板有 1 个端刺；跗爪具基叶突 ························· 刺茧蜂属 *Spinaria* Brulle

前胸背板无刺；并胸腹节无齿；腹部第 5 背板有 4 个刺；跗爪具基叶突 ························· 四刺茧蜂属 *Batotheca* Enderlein

（2）黑头四刺茧蜂 *Batotheca nigriceps*（Cameron，1897）（图 2）

Spinaria nigriceps Cameron（1896）1897，Mem. Proc. Manchr. lit. phiI. Soc. 41（4）：37；Ayyar，1921，Rep. Proc. ent. Meet. Pusa. 4：30；He et al.，2000，Hymenoptera Braconidae，Insecta vol.18，Fauna Sinica，121.

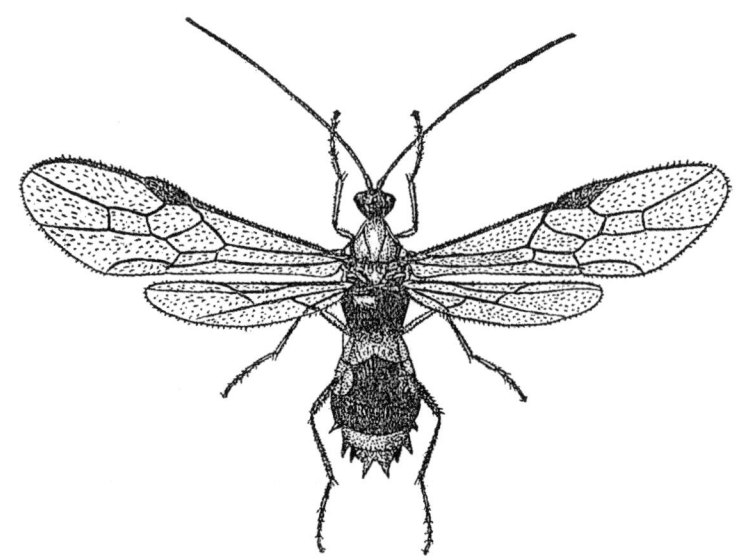

图 2 黑头四刺茧蜂 *Batotheca nigriceps*（Cameron，1897）（仿 Ayyar，1921，有补充）

Batotheca nigriceps Enderlein，1905，Stettin. ent. Ztg. 56：228；Watanabe，1938，Mushi，11（2）：172；You et al.，1994，Wuyi Sci. Jour. ll：124；He et al.，2000，Hymenoptera Braconidae，Insecta vol. 18，Fauna Sinica，121；陈学新等，福建昆虫志，第七卷 Hymenoptera Braconidae，P338.

体长：雌 8mm。

体色：头部黑色，触角黑色；胸部红褐色，中胸腹板大部分黑色，并胸腹节和后胸侧板黑色；前足完全浅黄色或褐色，后足黑色，基节端部和转节色浅；翅浅褐色，翅脉和 Pt 黑色；腹部淡黄色；腹部第 1 节背板中部黑色，第 2 节背板和第 3节背板（包括刺）黑色，除第 2 节背板两侧黄色，第 4 节背板浅黄色（除基部，两侧及刺黑色），腹部端刺浅黄色。

头部：光亮，自单眼至触角间有浅沟；触角长于体，鞭节覆盖有密致的柔毛。

胸部：无毛，光亮，前胸背板侧面和中胸基节前沟有粗刻条，中胸腹板后面部分有刻条状凹痕；并胸腹节和后胸侧板有蜂窝状刻条。足复有白色微毛。翅长于体。

腹部：背板有光滑纵刻条；第 3、4 节背板端侧方各有 1 对长刺，第 5 节背板有 4 个刺，侧面 2 个短，中间 2 个长。

生物学：寄主为寄主刺蛾 *Nemeta loleama* Moore，*Nemeta* sp.（Shenefelt，1978）。

研究标本：贵州罗甸，1♀，1981.Ⅵ，罗庆怀采。广西岭溪樟木，1♀，1981.Ⅷ.28，刘桂梅（茶园采）。

分布：贵州、广西（游兰韶等，1994）；福建、海南（陈学新等，2002；何俊华等，2000）。国外分布为印度，斯里兰卡（Cameron，1897；Ayyar，1921；Watanabe，1938；Shenefelt，1978）。

三、茧蜂亚科 Braconinae Blanchard，1845

1. 盾茧蜂属 *Aspidobracon* van Achterberg，1984

Aspidobracon van Achterberg，1984，Tijd. Ent. 127（7）：144.

Type species：*Aspidobracon pierrei* van Achterberg，1984.

特征简述：复眼不凹入，无眼下沟，颚眼缝浅，额无 V 形沟，前胸背板（antescutal）平，缺或呈狭裂缝，前胸侧板有狭的后凹缘，但在诺氏盾茧蜂 *Aspidobracon noyesi* van Achterberg 后凸缘缺，正常或平；基节前沟多浅刻痕；中胸侧板缝见图；中胸腹板缝具微小齿，小盾沟稍宽，后胸背板有完全或不完全的中脊，背面微突出；前翅 1 - SR 和 S＋Sc＋R 间的夹角大于 70°，cu - a 脉对叉式；跗爪简单，但在诺氏盾茧蜂跗爪稍宽，有微小的栉齿；腹部第 1 节背板有背脊，背脊不和背侧脊相连，第 2 节背板和第 3 节背板的侧缘窄，薄片型，不宽，第 2 节背板无中脊，第 3～5 节背板中部和侧缘等长，第 4～6 节背板基部有浅凹陷，第 6 节背板中部和中后部突出。产卵管突出部位超过腹部末端，肛下板长度变化。

生物学：寄主为弄蝶科 Hesperiidae，眼蝶科 Satyridae，聚寄生（何俊华，1990）。

分布：福建、广西、贵州、云南、台湾。国外分布于印度、印尼（何俊华，1990；游兰韶等，1984；van Achterberg，1984）。

（3）诺氏盾茧蜂 *Aspidobracon noyesi* van Achterberg，1984（图 3）

Aspidobracon noyesi van Achterberg，1984 Tijd. Ento. 127（7）：145；He et al.，1990，Agri. Univ. Zhejiang，16（2）：217；You et al.，1994，Wuyi Sci. Jour.，11：120；游兰韶，罗庆怀. 2002，福建昆虫志（黄邦侃主编），第 7 卷，膜翅目，316.

体色：体黄褐色；单眼区、复眼后方及其后方头顶、额中央、中胸盾片大部分和腹部（第 1 至第 2 节背板中央、第 3～6 节背板后缘及腹部腹板淡黄色）黑色；并胸腹节中央、后足胫节基部及端部及中后足跗节褐色；翅脉及 Pt 黑褐色。

头部：雌蜂触角 37 节，第 3 节长为第 4 节长度 1.1 倍，第 3 节、第 4 节和触角端前节长分别为宽的 2.2 倍、2.0 倍和 1.7 倍，下颚须长为头高的 0.9 倍，背面观复眼长为后颊的 3.0 倍，颊、额、头顶、颜面有刻点。

胸部：胸部长为高的 1.1 倍，基节前沟仅中部浅凹入，前面有弯细线，中胸侧板其余部分有不明显刻点，中胸盾片和小盾片光滑，后胸背板前方有不完全的短脊，并胸腹节表面光滑，近中脊有一些短脊。翅透明，前翅 cu - a 对叉式，第 2 径室小，跗爪简单。

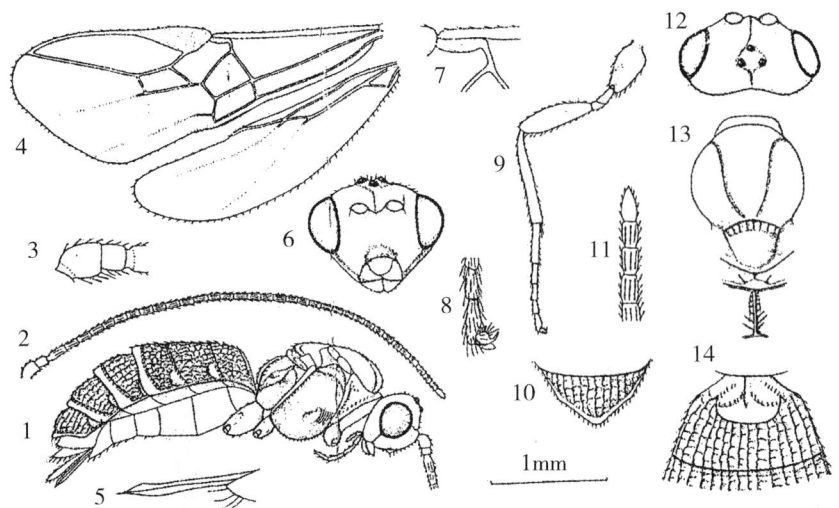

1. 雌蜂体侧面观；2. 触角；3. 触角柄节和梗节；4. 前后翅；5. 产卵器；6. 头部正面观；7. 前翅脉 1-SR；8. 后足跗爪；9. 后足；10. 腹部第 6 节背板，背面观；11. 触角端部；12. 头部背面观；13. 胸部背面观；14. 腹部第 1 节，背面观（仿 Achterberg，1984）。

图 3　诺氏盾茧蜂 *Aspidobracon noyesi* van Achterberg，1984

腹部：背板无纵脊；第 1 节背板长为端宽的 0.6 倍，有粗糙的网状皱纹，基部有 U 形刻条；第 1~3 节背板愈合；第 3 节背板有侧缘；第 6 节背板端缘中央突出。产卵管鞘长为前翅的 0.12 倍，产卵管略伸长；肛下板大，端部尖。

生物学：聚寄生，寄生隐纹稻苞虫 *Pelopidas mlathias*、稻苞虫 *Parnara guttata*、稻眼蝶 *Mycalesis gotama*（何俊华等，1990；游兰韶等，1994）。

研究标本：广西那坡县；1♀，1981.Ⅷ.2，但茶春采（由稻眼蝶 *Melanitis leda isrnene* Cramer 幼虫养得）；台湾省台中县，1♀，1982.Ⅸ.16 - 17，K. K. Chou & C. N. Lin 采；1♀，1981.Ⅺ.12 - 14，L. Y. Chou & T. Lin 采；屏东县，7♀，1984.1.16 - 20，K. C. Chou & C. C. Pan 采；5♂，1984.1.16 - 20，K. C. Chou & C. C. Pan 采；1♂，1981.Ⅳ 13 - 18，K. S. Lin，L. Y. Chou，T. Lin & S. C. Lin 等采。

分布：福建（崇安、龙岩），广西（南宁、巴马、东芝、园林），贵州（都匀），云南（文山）（何俊华等，1990），广西（那坡），台湾。国外分布于印度、印尼（游兰韶等，1994）。

注：本种个体体色变化较大，检查 1 头雌性标本（印度）额中部不为黑色；1 头雄性标本（中国广西那坡）额中部有黑斑，体上具黑色斑纹部分色较深；1 头雄性标本（印尼沙拉威西）头部复眼后方，额中部及单眼座的黑色斑连片，腹部除第 1~2 节背板中部为黄色斑外，其余部分黑斑明显增大连片；另一头雄性标本（印度）的暗色斑部分仅为较淡的黄色。

2. 埃茧蜂属 *Ectemnoplax* Enderlein，1920

Ectemnoplax Enderlein，（1918）1920，Quicke，1987，Jour. Nat. Hist.，21：
110；He et al.，2002，Forest Insects Hainan，879.

Type species：*Ectemnoplax peruliventris* Enderlein.

特征简述：小到中等大小，复眼多少密布长毛，具后胸侧板叶突，跗爪具不发达的基叶；腹部第 5 节背板后缘凹处相当狭窄。与宽凹茧蜂属 *Chelonogastra* Ashmead 近缘。

生物学：未知。

分布：中国（台湾，海南）（游兰韶等，1984；何俊华等，2002），日本（Watanabe，1937）。

（4）白腹埃茧蜂 *Ectemnnoplax peruliventris* Enderlein，1920

Ectemnoplax peruliventris Enderlein，（1918）1920，Arch. Natargesch，84A
（11）110；You et al.，1994，Wuyi Science Journal，11：121；He et al.，
2002，Forest Insects Hainan，879，882.

Chelonogastra peruliventris（Enderlein），Watanabe，1937，J. Fac. Agric.
Hokkaido（imp.）Univ.，42（1）：16；Chou；1981. J. Agr. Res. China. 30
（1）：73.

体长：雌 3～5.5mm。

体色：头部黑色，口器红黄色，胸部及前足红黄色，后足腿节黑色，腹部黄白色，腹基第 3 节（除侧缘）和第 4 节基部黑色。

头部：触角 37～40 节，复眼大，上颊在复眼后方平削收缩，头部光滑，有极细微的微形刻点。

胸部：中胸盾片有微细扰微形刻点，盾纵沟浅线形，在后端收窄；翅透明，前翅 cu-a 弯，对叉式，r-3SR：SRl=8：23：38，m-cu 对叉式或微前叉，2-SR 极斜置，2-SR：3-SR：r-m=12：23：10，第 2 亚缘室向外微微扩大。前足腿节：胫节：跗节=31：35：40；头胸之和稍长于腹部（53：50）。

腹部：腹部第 1 节背板长约为端部宽的 1.17 倍，基部凹陷光滑，端部 2/3 处隆起，有细皱纹，从基部到两侧端部有隆起的弧形细皱纹；第 2 节背板和第 3 节背板有网状皱纹；第 2 节背板具中纵皱；腹部长于产卵管。

生物学：未知。

研究标本：海南岛，1♀，1980. Ⅳ.12，王书永采（640 米）；台湾省台南，1♀，1909. Ⅱ，H. Sauter 采（华沙波兰科学院动物研究所馆藏）；台中县，2♀，1981. Ⅺ.12-14，L. Y Chou & T. Lin 采；南投县，1♀，1980. Ⅴ.27-31，K. S. Lin & L. Y. Chou 采（1000 米）。

分布：海南、台湾。

注：本种原先 C. van Achterberg 和 R. D. Shenefelt（1978）放在宽凹茧蜂属 *Chelonogastra*，后 Quicke（1987）按 Enderlein（1918）1920 原意仍置在埃茧蜂属 *Ectemnoplax*，成为该属模式种。Watanabe（1937）亦照此办理。前一属腹部第 5 节背板后缘凹入宽，后一属腹部第 5 节背板后缘凹入相当窄（图 2）。

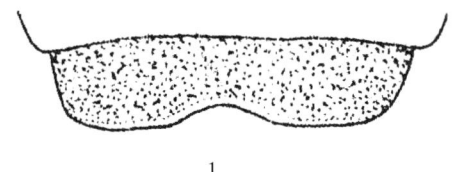

1

2

1. 埃茧蜂属 *Ectemnoplax*；2. 宽凹茧蜂属 *Chelonogastra*（仿 Quicke，1987）。

图 4　腹部第 5 节背板后缘凹入

3. 拱腹茧蜂属 *Testudobracon* Quicke，1986

> *Testudobracon* Quicke，1986，Quicke，1987，Ent. Mon. Mag.，122（1）：25；
> Quicke，1987，Jour. Nat. Hist.，21：133.
> Type species：*Testudobracon niger* Quicke，1986，（monobasic and original designation）.

特征简述：触角鞭节端部尖，无突出的端刺，中部鞭节长约为宽的 2 倍，具纵向细线；梗节相对大；柄节很小，腹面短于背面。唇基无背脊，但具发达的水平脊，脊下方为唇基下口窝，唇基与触角窝间有明显的隆起，额在中纵沟两侧有脊，头横置。中胸盾片多有柔毛，盾纵沟发达，深，可达中胸盾片整长，中胸盾片中叶前方有一对亚中纵沟；中胸小盾片具微毛，翅基下陷有刻条；后胸背板中区无脊或有短脊，并胸腹节有中纵脊，后方有明显的侧脊。前翅第 2 亚缘室短，端部比基部窄，1-SR 明显，1-SR-M 微弯或在 1-SR 之后弯曲，3-CU1 不加厚或在 CU1a 和 CU1b 连接处呈矩形，后翅具 2-1A 基段痕迹。跗爪的基叶大；腹部背板可见 6 节，第 1 节背板近于方形，第 2 节背板侧腹面延伸到第 1 节背板的边缘，第 2 节背板多具有退化刻纹的中基区，有侧缘，第 3～6 节背板有皱纹刻纹及后侧缘，第 6 节背板端部中央有深、窄圆形凹入。产卵管鞘长为腹长的 1.1 倍，末端背面有钝的三角形凸出物，腹面有端腹齿（图 5）。

生物学：寄主为芝麻瘿蚊 *Asphondylia sesame* 虫瘿（印度，此种瘿蚊取食芝麻 *Sesamlam*）（Quicke，1986）。

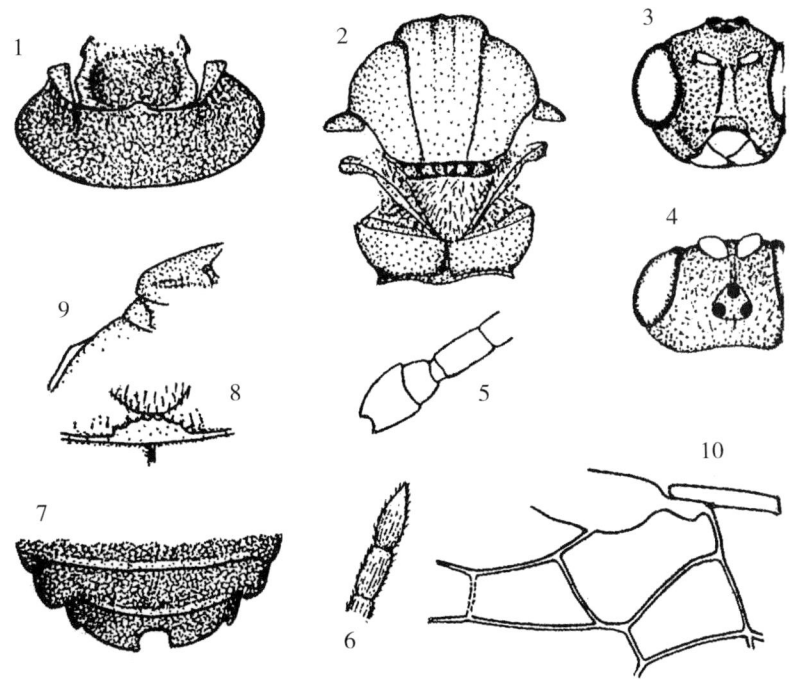

1. 腹基部背板；2. 胸部；3～4. 头部；5. 触角基部；6. 触角端部；7. 腹部第5～6节背板；8. 中胸小盾片后端和后胸背板背面观，放大；9. 中胸盾片、后胸背板和并胸腹节，侧面观；10. 前翅中前部翅脉。

图5　暗色拱腹茧蜂 *Testudobracon niger* Quicke（仿 Quicke，1986）

分布：印度、澳大利亚、中国、非洲（南非）（Quicke，1987）。

（5）小拱腹茧蜂 *Testudobracon pleuralis*（Ashmead，1906）

Testudobracon pleuralis（Ashmead，1906），You et al.，1994，Wuyi，
　　Science Journal，11：123.

Chelonogastra pleuralis Ashamed，1906，Watanabe，1934，Ins. Mats.，vol.
　　Ⅷ，no. 4，184.

Philomacroploea pluralis（Ashmead），Watanabe，1937，J. Fac. Agric.
　　Hokkaido（imp.）Univ.，42（1）：17；Shenefelt，1978，Hym. Cat.
　　（nov. ed.）10：1714.

体长：雌3～4mm。

体色：头部和胸部红黄色或深黄色，触角及产卵管鞘深褐色，腹部黄褐色或有
黄褐色斑点。

头部：头部正常，在复眼后方并不突出，复眼裸，无微毛，触角26节。

胸部：中胸盾片光滑，中叶隆起，有深的盾纵沟，小盾片前沟深，内有纵刻
条，并胸腹节光滑，有光泽并有中纵脊；前翅3-SR和2-SR等长。

腹部：背面观可见6节背板，背板有刻纹；第2节背板基部中央不隆起，有亚
侧纵沟；第4、5节背板侧面后方有叶状突起；第6节背板后端中部有强的凹入，

侧面有突起，呈角状。产卵管和腹部等长。

生物学：在广西可在茄地、玉米地及丝瓜上采集（游兰韶，1994）。

研究标本：贵州贵阳新添寨，1♀，1988.Ⅸ.24；1♀，1983.Ⅳ.9，罗庆怀采。广西灌阳新街，1♀，1981.Ⅹ.14，邓桔明采（茄地）；大新桃城，1♀，1980.Ⅸ.25，采集组（玉米地）；百色，1♀，1981.Ⅷ.29，黄寿山采（丝瓜）。台湾省南投县，16♀，15♂，1980.Ⅶ.27－31，K. S. Lin & L. Y. Chou 采（1000 米）；1♀，1982.Ⅶ.19－23，L. Y Chou & T. Lin 采（1200 米）；3♀，1984.Ⅷ.17，K. C. Chou 采（1150 米）；1♀，1984.Ⅶ.23－27，K. C. Chou & C. H. Yang 采（1200米）；1♀，1984.Ⅳ 16－20，K. C. Chou & C. H. Yang 采（1200 米）；1♂，1984.Ⅷ.4，K. S. Lin 采（1150 米）。台中县，4♀，1980.Ⅹ.14－18，K. S. Lin & C. H. Wang 采（750 米）；3♀，1981.Ⅳ.13－18，K. S. Lin，L. Y. Chou，T. Lin & S. C. Lin 采。屏东县，1♀，1984.Ⅲ.15，K. C. Chou & C. C. Pang 采；花莲县，3♀，1984.Ⅺ.14－17，K. C. Chou & C. C. Pang 采。

分布：贵州、广西、台湾（游兰韶等，1994）。

注：学名 *Tesudo* 是乌龟之意，可能是指腹部隆拱如乌龟壳。本种体小，故称小拱腹茧蜂。

4. 窄腹茧蜂属 *Angustibracon* Quicke，1987

（6）斑腹窄腹茧蜂 *Angustibracon maculiabdominis* Zhou et You，1992 （图 6）

Angustibracon maculiabdominis Zhou et You，1992，Entomotaxonomia，14（2）：140.

体长：雌，10.8mm，前翅长 8.4mm，产卵管长 9.8mm。

体色：雌体黄褐色，被黄色细毛。头顶（除单眼区）及后头一部分黑色；上颚齿末端黑色；单眼区及触角深褐色；额和颜面黄白色，颊黄色。中胸盾片中叶和侧叶褐色（侧叶下缘黑色）；足除后足基节腹面、基转节、腿节及胫节端部 1/3 为浅褐色外均为黄褐色；爪黑色。翅黄褐色，前后翅外缘色略深，Pt 橙黄色，在其末端下方和副 Pt 下方各有 1 个深褐色斑，后者覆盖基脉上段和肘脉第 1 段的 1/2；翅脉褐色。腹部第 1 节背板末端，第 2 至第 4 节背板端半部，第 5 节背板端部 2/3 及第 6 至第 8 节背板全部均为深褐色，其余部分黄色至黄褐色。产卵管鞘黑色，产卵管褐色。

头部：头部触角略长于体，76 节；唇基高：两幕骨陷间距：幕骨陷至复眼间距＝5：8：8；后单眼间距：后单眼直径：后单眼至复眼最短距离＝4：4：10：头立方形，颜面中部微隆起，仅在两侧具稀疏浅刻点；额光滑，平坦，中纵沟从单眼前方延伸到颜面的中部。

胸部：胸部长，光滑；中胸长为高的 1.23 倍；前胸背板向后延长部分在翅基片前下方逐渐加宽；并胸腹节中央有一浅纵凹，r：3－SR：SR1＝10：26：52；端

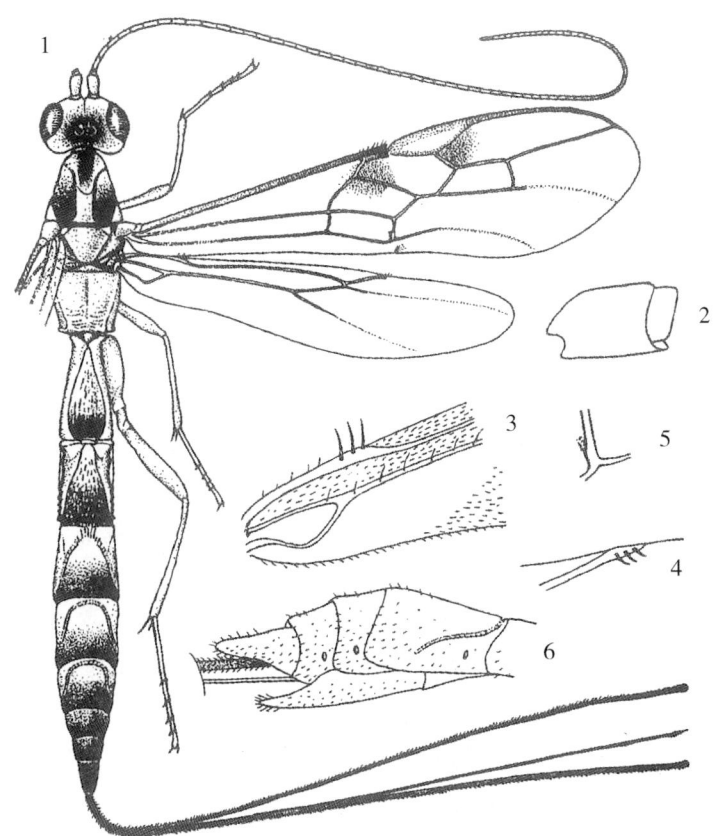

1. 雌成虫；2. 触角柄节；3. 后翅 C＋SC＋R 端段 3 个小钩；4. 后翅 Sc＋R1 端段 3 个小钩；5. 盘脉第 1 段 3‐CU1 下方树枝状伸出；6. 腹部末端侧面。

图 6 斑腹窄腹茧蜂 *Angustibracon maculiabdominis* Zhou et You. 1992

部边缘缘毛不长；m‐cu 脉前叉式，几与 2‐SR 脉等长；cu‐a 脉对叉式，3‐CU1 脉下方有树枝状分出（图 6，5）；后翅 lr‐m：SC＋R1＝24：23；后翅 C＋SC＋R 脉端段和 SC＋RI 端段分别有 3 个小钩（图 6，3）。

腹部：腹部长，长约为头胸部之和的 2 倍；第 1 至第 4 节平状，第 5～8 节圆筒形；第 1 节背板长约为最宽处的 2 倍，中部隆起呈长盾形，具刻纹；第 2 节至第 3 节背板均长大于宽；第 4 节背板长宽相近；第 2 节背板分叉的沟形成的正中隆区为锥形，密布粗糙的纵皱，后端更为明显；第 3 节至第 5 节背板向后方伸出的沟可达该节背板侧缘末端（第 3 节）或侧缘端部 2/3 处（第 4 至第 5 节），各节背板仅具稀疏浅刻点或浅皱纹；第 2 节背板和第 3 节背板间横沟内的短纵脊明显，横沟中央与背板侧沟有纵皱相连（图 6，1）。肛下板窄而尖锐，不达腹部末端（图 6，6）；产卵管比体略短。

雄：未知。

生物学：未知。

研究标本：1♀，广西融安，1981.Ⅸ，陈继雄采。

分布：广西。

5. 长尾茧蜂属 *Euurobracon* Ashmead，1900

（7）短管长尾茧蜂 *Euurobracon breviterebrae* Watanabe，1934（图 7）

Euurobracon breviterebrae Watanabe，Quicke，1989，Jour. Nat. Hist. 23，
788；You et al.，1994，Wuyi Science Jour. II：121；He et al.，2004，浙
江蜂类志，564.

体长：雌，14～20mm，翅展 13.5～19mm，产卵管鞘 12.5～18mm。

体色：雌，头部和体红黄色；触角、后足跗节沥青色，腹部红褐色至黑色；有
的中胸侧板腹方和并胸腹节有黑斑；翅烟黄色透明，亦有褐色类型；Pt 和翅脉黄红
色，Pt 基半部黑色；前翅上有 3 个黑斑，第 1 黑斑位于缘室基部，第 2 黑斑位于 Pt
基部至第 1 盘室下缘附近，第 3 黑斑位于第 1 臂室；后翅在缘室基部有 1 黑斑；产
卵管红褐色，产卵管鞘具黑毛黑色。

头部：头立方形，光滑，有稀疏黄毛；触角鞭节近 64 节，触角长于头、胸部
之和，向端部稍扩大；第 1 鞭节长分别为第 2、3 鞭节长的 1.5 倍和 1.55 倍；额有
一中纵沟；复眼小，卵圆形，内缘在触角着生处对方不凹入；单复眼间距为侧单眼
间距的 3 倍。两幕骨间距：幕骨复眼间距＝2：1；唇基除唇基下毛丛外多为光滑，
有光泽，无毛，唇基毛形成单列；颜面侧面和背方有长柔毛，但唇基上方中部和亚
中部为大片无毛区；复眼间最短距离：头宽＝29：53。

胸部：胸部光滑，长约为高的 1.7 倍，有黄毛；盾纵沟细，仅端部稍凹，整长
都有微毛；并胸腹节光滑，无脊。翅：前翅 r 脉发自 Pt 中央；r 脉长为 3 - SR 脉的

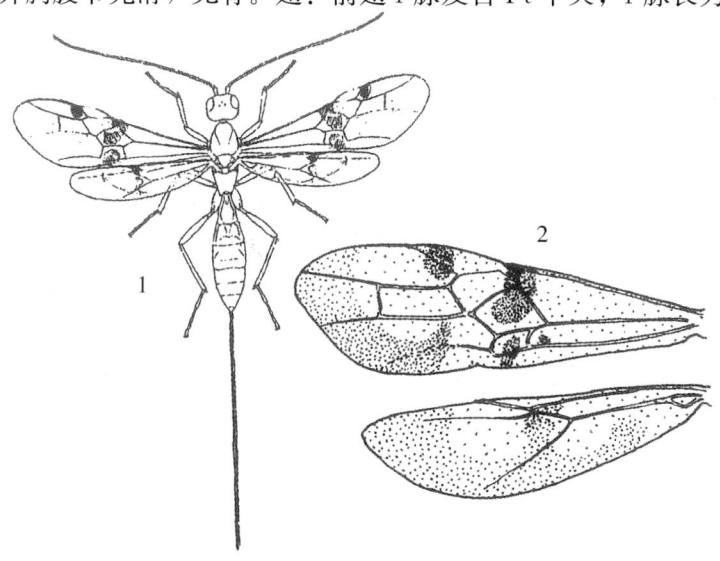

1. 雌蜂整体图（何俊华等，2004）；2. 前后翅（仿 Quicke，1989）。

图 7　短管长尾茧蜂 *Euurobracon breviterebrae* Watanabe，1934

1/4；SRI：3-SR：r＝107：93：17；3-CU1脉中后部扩大；第2亚缘室长约为高的2倍，近于矩形；m-cu脉弯，前叉；cu-a脉强度后叉。足：后足胫节距等长，具毛，与第2跗节等长；后足基跗节长为第2～4跗节之和，长为宽的7.0倍，第5跗节和第2跗节等长。前足胫节前侧面密生长弯小刺。

腹部：腹部纺锤形，长于头胸部之和，光滑；第1腹板向端部渐宽，长为最大宽度的1.2倍，为短宽的1.5倍，基部1/3处深凹，侧方有纵沟或有中纵沟；第2节背板宽为长的1.85倍，即长稍短于短宽，长于第3节背板，第2节背板侧方有斜的深沟，第2节背板和第3节背板中央有一浅横沟，第2节背板缝明显，第3节背板有前侧区，以后各节背板横形，光滑。产卵管鞘短于体；肛下板尖。

雄：未知。

生物学：江西寄主为枯褐天牛 *Cerambyx cantori* Hope。

研究标本：1♀，1981.Ⅹ.5，广西桂林西山茶场，采集组。1♀，1981.Ⅳ.11，桂平沙坡（荔枝），采集组；2♀，1982.11.11，1982.Ⅳ.2，江西梅岑，沈光普采。

分布：广西、江西（游兰韶等，1994）；浙江、江苏、海南、广东、东北南部（何俊华等，1994）；四川峨眉山、陕西华山。国外分布于日本（Quicke，1989）。

6. 弯肘茧蜂属 *Campyloneurus* Szepligeti，1900

(8) 隆腹弯肘茧蜂 *Campyloneurus gibbiventris* Enderlein，（1918）1920

Campyloneurus gibbiventris Enderlein，Shenefelt，1978，Hym. Cat.（nov. ed），Braconidae，10，1659；You et al.，1994，WuYi，Sci.，Jour.，11：121.

研究标本：1♀，1987.Ⅶ.2，广西龙胜花坪，周至宏。

分布：广西。国外分布于印度。

注：在英国帝国理工学院 Imperial College 生物学系，据 Quicke 借用 van Achterberg，1990核定的分布印度的雌性模式标本（标本存华沙波兰科学院动物研究所）鉴定。

7. 茧蜂属 *Bracon* Fabricius，1804

(9) 椰红脉穗螟茧蜂 *Bracon* sp.

褐带卷叶蛾茧蜂 *Bracon adoxophyesi* Minamikawa，1954（?），钟宝珠等，2016，中国昆虫学会2016年学术讨论会论文摘要集（misdeter.）

研究标本：2♂，海南琼海市大路镇，2015.Ⅳ，钟宝珠、吕朝军采。

分布：海南。

生物学：寄主椰红脉穗螟 *Tivathaba rafivena* Walker。椰红脉穗螟茧蜂 *Bracon* sp. 寄生 3～5 龄幼虫，对 4 龄幼虫平均寄生率最高，次为 3 龄和 5 龄幼虫，不寄生 1～2 龄幼虫。寄生作用随龄期增长逐渐加强，随寄主的幼虫龄期增加，蜂的产卵量、孵化率、化蛹率增加。寄主 4 龄幼虫寄生率高，3 代存活率高（钟宝珠等，2016）。

（10）苍耳螟茧蜂 *Bracon*（*Bracon*）sp.（图 8）

苍耳螟茧蜂 *Bracon*（*Bracon*）sp. Quicke，1987，Jour. Nat. Hist. 21，104；
　　游兰韶等，2015，湖南茧蜂志（二）134.

属征：小至中型。柄节无变化，明显长于梗节，内端简单，其外端平截；颜面和唇基有变化，无网状刻纹或脊，多少凸出。中胸盾片常部分光亮。前翅 1 - SR 与 C＋SC＋R 脉间夹角为 750～900；r 脉短于 2 - SR 脉；第 1 盘室较宽；CU1a 远低于 2 - CU1 水平线，1 - CU1 和 2 - CU1 直；1 - R1 脉通常长于 Pt，也有等于或短于 Pt 的；CU1b 脉细长；后翅 1r - m 脉短。跗爪简单有基叶。并胸腹节有或无中纵脊；腹部第 1 节背板和第 2 节背板间连接处可动，其长小于端宽的 1.7 倍，气门后方不强收窄；第 2 节背板前中部无 V 形区域沟，或第 2 节背板中部有长形中域；第 3 节背板无前侧沟，基宽常小于中部长的 2.7 倍；通常产卵管上瓣和下瓣有细齿。本种属于茧蜂属指名亚属。

茧蜂属指名亚属 *Bracon*. str. Fabricius，1804

Fabricius，1804，Systema Piezatorum Brunsvigae，Reichard，1 - 439；Tobias 1986，Fauna SSSR，3（4）：122.

特征简述：腹部背板全部有刻纹，或腹背板基半部具刻纹，T2 有时有中基三角区；产卵管不短于腹部或短于腹部不多；那么后足端跗节不长于跗节第 2 节；触角长于体，不粗大；前翅径室达到翅端部或几达到翅端部，口窝不宽或不宽于口窝至复眼的距离。并胸腹节有纵脊。

生物学：寄主为苍耳螟 *Ostrina orientalis* Mutuura & Munroe.

研究标本：5♀，2♂，长沙姚圫河堤，1993.Ⅷ.，游兰韶（苍耳秆内）。

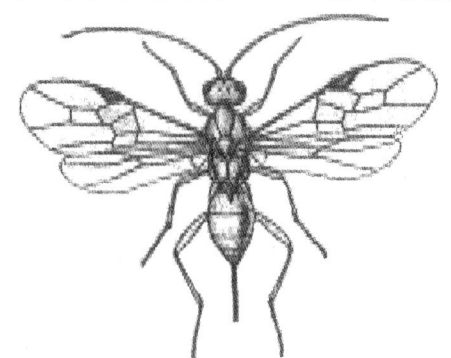

图 8　苍耳螟茧蜂 *Bracon*（*Bracon*）sp.　成蜂

8. 具刺甲盖茧蜂属 *Physaraia* Shenefelt，1978

（11）中华具刺甲盖茧蜂 *Physaraia sinensis* Quicke & You，1997（图9）

Physaraia sinensis Quicke & You，1997，Entomol. Sinica，4（2）：145；游
兰韶，罗庆怀，2000，福建昆虫志（黄邦侃主编）第七卷膜翅目 Hymenop-

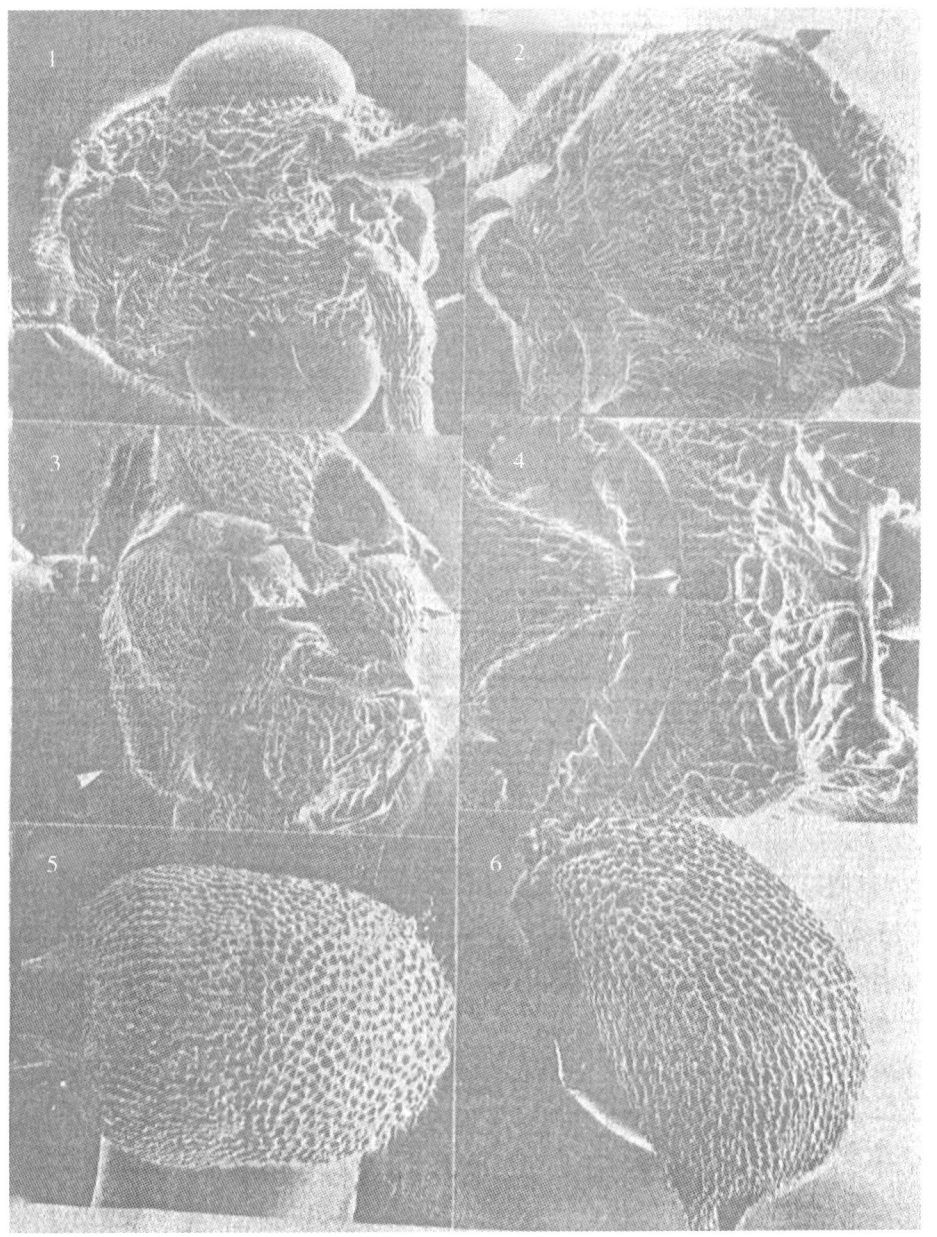

1. 颜面；2. 前胸背板和中胸盾片；3. 中胸盾片背侧面，示中胸侧板较强的横脊（箭头所示）；4. 中胸
小盾片，后胸背板，并胸腹节；5、6. 腹部。

图9　中华具刺甲盖茧蜂 *Physaraia sinensis* Quicke & You，1997

tera，茧蜂科 Braconidae，茧蜂亚科 Braconinae，315.

体长：雌 5.2mm，翅展 5.3mm。

体色：体黄色；单眼、复眼、上颚端齿、爪黑色，触角深褐至深黄褐色；胸腹部背板有多处较大的黄褐斑，色泽深浅不一；前翅 C＋SC＋R 脉、1－R1 脉和 Pt 端部 1/4 处深黄褐色，其余翅脉黄色或黄褐色；产卵管鞘黑褐色。

头部：触角 49～54 节，端节长而尖；颚眼距长；颜面有粗糙皱纹；复眼有稀疏的短柔毛；颜面长为宽的 0.58 倍；额多有粗皱纹，内含微细的针括状（颗粒状）刻纹，有一明显的中纵"Y"形脊，由中单眼中部前方伸出；颊和后头有粗皱纹，无明显的疣突。

胸部：中胸大部分有粗皱纹和刚毛；长为高的 1.28 倍，盾纵沟浅而明显；中胸盾片有一明显的中纵脊，基节前沟完全，宽，有不规则皱纹；中胸侧板有强的细横脊；小盾沟内在外面一对脊之间有近 6 条脊，后胸背板中区有一完全的片状脊形中纵突。并胸腹节大部分有皱纹，中部具中纵凹沟，凹沟前段有横脊，凹沟两侧有向两侧辐射的强脊。前翅 r：3－SR：SRI＝1.0：1.9：5.9，2－SR：3－SR：r－m＝1.38：2.1：1.0，m－cu：2－SR＋M＝1.1：1.0。后翅 C＋Sc＋R 端部有一特别厚的刚毛（翅钩毛）。后足腿节（不包括转节）：胫节：跗节＝1.46：1.13：1.0。

腹部：腹部甲盖有粗糙皱纹，腹末端刺粗；产卵管超过腹末端刺的长度约为刺长度的 0.75。

雄：未知。

生物学：未知。

研究标本：1♀，广西罗城龙岸，1981.Ⅹ.31，周至宏采；1♀，福建福州，日期不明，大英博物馆（Brit. Nat. Hist. Mus）馆藏，著者检查。

9. 簇毛茧蜂属 *Vipio* Latreille，1804（图10）

族毛茧蜂因唇基上有两簇较长刚毛而命名，van Achterberg（1982）曾指出簇毛茧蜂属 *Vipio* Latreille，1804 模式种 *Ichneumon desertor* Fabricius，1775 是 Fabricius 在其首次描述中结合参考了 *Ichneumon desertor* Linnaeus，1758 的原始描述而命名的，因此所命名的 *Ichneumon desertor* Fabricius 并非是 Fabricius 鉴定后认为的独立种，是掺杂了 *Ichneumon desertor* Linnaeus 的性状。后因 Bradley（1919）的疏忽，他认为 *Vipio* Latreille 的模式种是 *Ichneumon desertor* Fabricius 而不是 *Ichneumon desertor* Linnaeus。据检查 Fabricius 收藏的标本中，定名的有些 *I. desertor* Fabricius 和上述的 *I. desertor* Linnaeus 是不同种。这样 Fabricius 在解释 *I. desertor* 时有困难，因为从命名法来说 *I. desertor* Fabricius 实质上是上 *I. desertor* Linnaeus，鉴于此属 *Vipio* Latreille，1804 已从 Braconinae 转移到窄径茧蜂亚科 Agathidinae 并变成 *Cremnops* Foerster，1862 的新的先定同物异名（senior synonym），Achterberg 同意沿用一个有效的学名 *Isomecus Kriechbaumer*，1895 来代

替 *Vipio*。北美学者 Wharton & Mason（1991），Shaw & Inayatullah（1991），Sharkey（1991）和 Marsh（1991）等不同意此一做法，认为 *Ichneumon desertor* Fabricius 和 *Ichneumon desertor* Linnaeus 是不同种，代表不同的亚科，况且 *Vipio* Latreille 和 *Cremnops* Foerster 均系有效学名并已使用多年，要求国际动物学命名法规委员会（ICZN）维持两学名在各属的原有地位，我们按 ICZN 的裁决，以 *Vipio* 为簇毛茧蜂属属名。

（12）黑足簇毛茧蜂 *Vipio sareptanus* Kawall，1865

Vipio sareptanus Kawall，1865，Watanabe，1940，Ins. Mats.，15（1 - 2）：31；van Achterberg & Shenefelt，1978. Hym. Cat.（nov. ed）10：1859；You et al.，1994，Jour. Wuyj Sci.，11：122；Yu，van Achterberg et al.，Taxapad 2012，Ichneumonidea 2011，Database flashdrive，Ottawa，Ontario，Canada.

Isomecus sareptanus（Kawall，1865），You et al.，1994，Jour. Wuyi Sci，11：122.

体长：雌蜂 9mm。

体色：红黄褐色。触角、单眼区、上颚末端，中胸盾片中叶及侧叶，中胸侧板，并胸腹节下部黑色。后足基节（除端部），后足转节下表面，后足胫节（除最基部）及后足跗节黑色；中足跗节黄褐色。翅明显烟褐色，Pt 下方及沿 r - m 脉有透明条纹，Pt 黑色基点黄色。

头部：头横置，触角 50～53 节。

胸部：盾纵沟光滑有光泽。前翅 3 - SR 为 r - m 长的 1.5 倍。

腹部：第 2 节背板横置，长小于基部宽，光滑有光泽，中部隆起区窄而清晰，每边稍有皱纹。第 2 缝内有刻条；第 3 节背板及后续背板光滑有光泽；产卵管长 15mm，为体长的 1.5 倍。

生物学：不详（本属种类寄生蛀木甲虫）。

研究标本：1♀，青海祁连，1978. VII.8，林泽滨；3♀，新疆哈密，1981. VI.，薛世来；1♀，1981. VI.，史再来；2♀，宁夏西吉，1976. VII.31，李继勋。

分布：中国（青海、新疆、宁夏）（游兰韶等，1994）、朝鲜、蒙古、哈隆克斯坦、拉脱维亚、乌克兰、俄罗斯（Yu，van Achterberg，2012）。

（13）媒簇毛茧蜂 *Vipio intermedius* Szepligeti，1906（图 10）

Vipio intermedius Szepligeti，1906，Ann. . Hist. nat. Mas. Natn. Hung. 4：547；van Achterberg & Shenefelt，1978，Hym. Cat.（nov. ed）10：1851；You et al.，1994，Jour. Wuyi Sci.，11：122；Yu，van Achterberg et al.，2012 Taxapad，Ichneumonoidea，2011，Database on flashdrive，Ottaula

Ontario，Canada.

Glyptomorpha intermedia Szepligeti，1906，Ann. Hist，nat. Mus. Natn. Hung.，548.

Isomecus intermedius（Szepligeti），You et al.，Jour. Wuyi Sci.，1994，11：122.

体长：雌 10mm。

体色：中胸仅侧叶有黑斑，并胸腹节和后足基节为黄色，翅烟灰色，体深黄色。

头部：触角 55 节，中部的鞭节长宽相等，头顶光滑无毛，单眼区隆起，唇基隆脊中央两侧簇毛相对长，颚眼沟深。

胸部：胸部长为高的 1.3 倍。中胸盾片中叶隆起，中叶前缘和侧缘光滑无毛；小盾片前沟深宽，具短刻条，并胸腹节光滑无毛，两侧密毛短，无纵沟或脊。

腹部：第 1 节背板长为端部宽的 1.1 倍，端部中央有占全长 2/3 的隆起区域，有三角区，背板无刻纹，光滑；第 2 节背板中部无中基三角区，有光滑的侧基三角区和侧纵沟；第 2、3 节背板缝宽，两侧有短刻条，刻条平行，但中央部分弯曲，第 4~8 节背板光滑，肛下板端部尖，超过腹部末端，产卵管鞘为前翅长的 3.0 倍。

生物学：不详。

研究标本：1♀，新疆乌鲁木齐，1974.Ⅵ.20，刘举鹏。

分布：新疆（游兰韶等，1994）、陕西。国外分布于蒙古、阿尔巴尼亚、阿美尼亚、阿塞拜疆、保加利亚，克罗地亚、捷克斯洛伐克、匈牙利、意大利、哈萨克斯坦、罗马尼亚、西班牙、乌龙兰、南斯拉夫、乌兹别克斯坦、塔吉克斯坦、阿尔及利亚、埃及、摩尔多瓦、摩洛哥等古北区东部和古北区西部（Yu，van Achterberg 等，2012）。

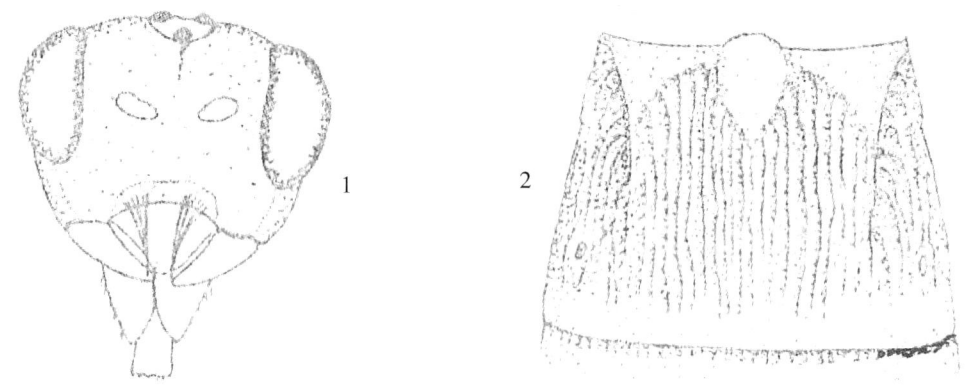

1. 头部正面观，唇基两侧具刷状簇毛；2. 腹部第 2 节背板具有基区和细线。

图 10　簇毛茧蜂 *Vipio* sp. 头部和腹部特征（仿 Quicke，1987）

10. 中脊茧蜂属 *Nedinoschiza* Cameron，1911

特征简述：体长 6～15mm。头部立方形，额深深地凹入；具中纵脊，盾纵沟明显；前幕骨陷宽而深（图 11，1）；并胸腹节后缘中部具刻条。前翅 1－SR＋M 缓缓地均匀后弯，少数情况下和 1－M 脉的连结点加厚。前足胫节端部具横列加厚的钉状鬃毛（图 11，2），后足第 4 跗节的端腹缘鬃毛可伸达超过后足端跗节腹缘 0.75 处（图 11，3）。腹部第 1 节背板有明显的背脊和中纵脊，至少后部中纵脊明显；第 2 节背板有中基区，后部有短脊（Quicke，1987）。

分布：印澳区，分布太平洋上的岛屿（Quicke，1987）。

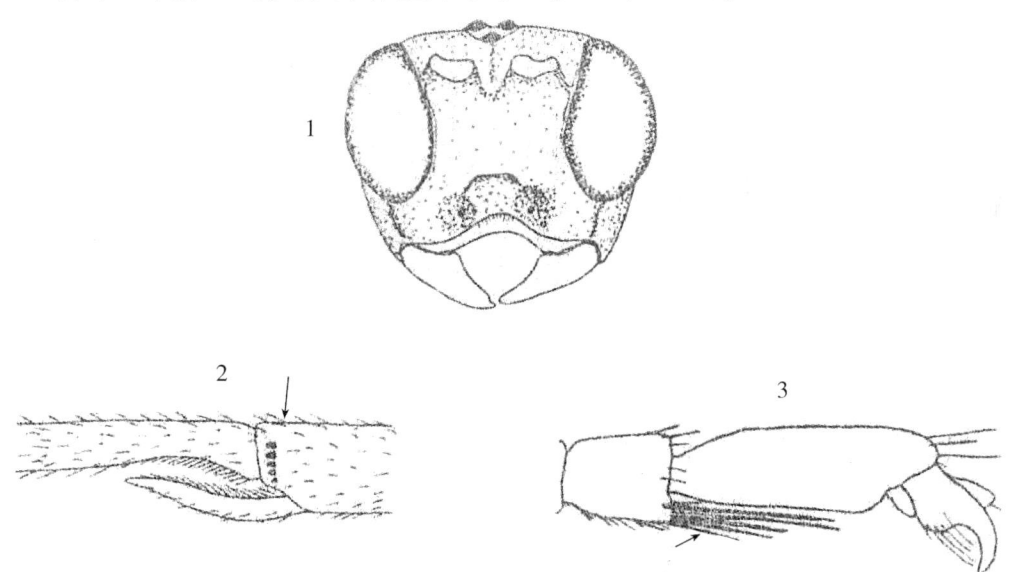

1. 头部正面观，示前幕骨陷，宽和深或宽或深；2. 前足胫节端部横列鬃毛，箭头所示；3. 后足第 4 跗节鬃毛伸达后足端跗节 0.75 处，箭头所示。

图 11 中脊茧蜂 *Nedinoschiza* 头部正面观，前足胫节端部和茧蜂 *Odontoscapus* 后足跗节端部

（仿 Quicke，1987）

注：本属原用属名为 *Medinoschiza* Cameron（Type-*Medinoschiza* [sic] *cratocephala* Cameron），取其拉丁文原意，加之本属种类额部有一个十分明显的中纵脊（Cameron，1911，Proc. Linn Soc. N. S. W.，36：353－354）故称中脊茧蜂。

(14) 台湾中脊茧蜂 *Nedinoschiza taiwana*（Watanabe，1934）（图 12）

Nedinoschiza taiwana（Watanabe，1934），comb. nov.，Quicke & Koch，1990. Dtsch. Ent. Z. N. F.，37（4－5）：221；Papp，1998，Ann，Hist. Nat. Mus. Natn. Hung.，90，242；Yu，van Achterberg et al.，Taxapad 2012，Ichnehmonidea 2011，Database on flash-drive Ottawa，Ontario. Canada.

Nedinoschiza taiwanensis（Watanabe，1934），You，Quicke et al.，1994，
Jour. Wuyi Sci.，11：123.

Merinotus taiwanus Watanabe，1934，Ins. Mats.，8（4）：183.

Ipobracon taiwanus（Watanabe，1934）Jour. Fac. Agr. Hokkaido，Imp.
Univ. Sappro. 1937，volo XLⅡ，20.

体长：雌 10mm。产卵管 12mm。

头部：立方形背面观宽为高的 1.21 倍，光滑有光泽，上颊在复眼后方微微隆
出，额部深有一弱纵脊，单眼着生在头顶稍上方，颜面光滑，两幕骨陷距离较近，
唇基有圆圈形微形皱纹或有微弱刻点；触角 40 节，短于体，柄节粗短，长为宽的
2.0 倍，端部凹陷明显，基部斜削；梗节短，基部收缩，鞭节第 1 节和第 2 节等长。

胸部：光滑有光泽，有白色绒毛，长、宽、（含翅基片）、高之比为 15：9：11，
盾纵沟明显，并胸腹节光滑有光泽，无中纵脊。前翅 r：3 - SR：SRl＝5：32：44，
2 - SR：3 - SR：r - m＝15：32：10，2 - SR 斜置，1 - SR＋M 微弯（基部不弯曲），
m - cu 前叉，与第 1 肘室相接，前足跗节细长，为胫节长的 2.6 倍（80：30）。

腹部：稍长于头胸之和（92：85）。T1 长约为端部宽的 1.6 倍（28：18），背
脊及侧脊明显，背脊形成的中部隆起区有网状皱纹，有一弱的中纵脊；第 2 节背板
横置，基部有 3 个三角形隆起区，光滑有光泽，背板中部为狭窄、尖锐的皱纹区；
T3 横置，两前侧角有凹陷，凹陷前方有皱纹；第 2 横沟宽，有脊，T2 到 T4 均有
纵隆线，其余背板短，光滑有光泽；产卵管长于体，肛下板窄、尖锐，超过腹部
末端。

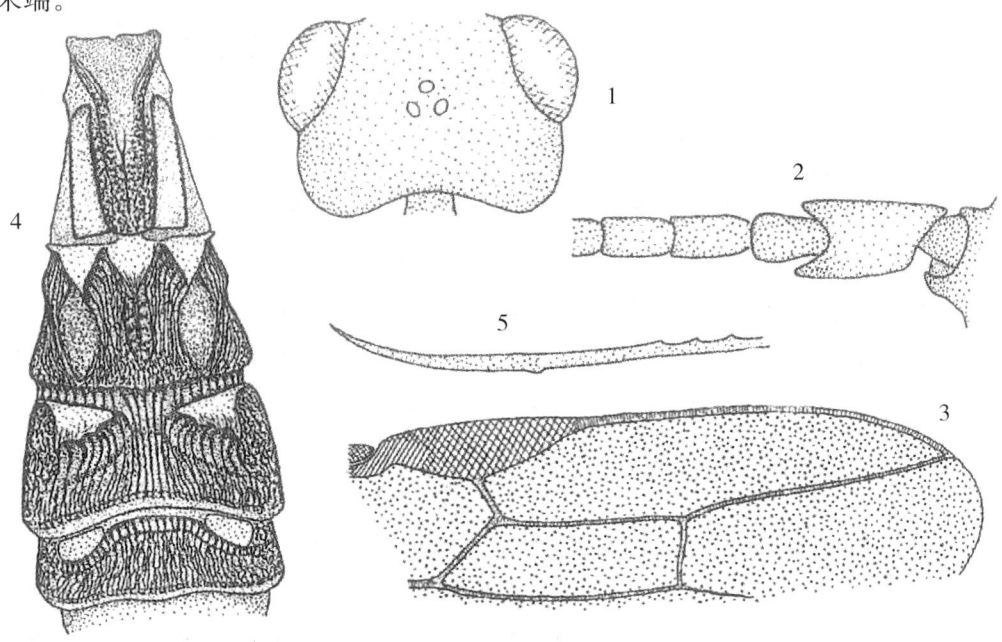

1. 头部背面观；2. 触角基部；3. 前翅端半部；3. 腹基部 4 节；5. 产卵管。

图 12 台湾中脊茧蜂 *Nedinoschiza taiwana*（Watanabe，1934）（仿 Papp，1998）

生物学：不详。

研究标本：1♀，台湾 Kosempo，1908. Ⅴ.1－5.，Sauter；1♀，台湾 Fuhosho，1909. Ⅶ.，Sauter。

分布：台湾。

注：台湾中脊茧蜂 *Nedinoschiza taiwana*（Watanabe，1934）自 1934 年以来，因对形态特征尺度掌握的不同，学名经历数次变化。现按 Yu，van Achterberg（2012）的系统固定下来。最早是 Watanabe（1934）作新种报道 *Merinotus taiwanus* 其近缘种是 *Merinotus gibber* Enderlein 1920，后 Quicke & van Achterberg（1990）检查 Enderlein 的模式标本（存波兰华沙），将 *Merinotus gibber* 新组合成 *Cratobracon gibber* Watanabe（1937），因 *Merinotus taiwanus* 腹部第 2 节背板缺两条会合的纵脊，将其移到 *Ipobracon* Thompson（1892）成为 *Ipobracon taiwanus*（Watanabe）。历经 50 年后 Quicke（1987）因其前幕骨陷深，前翅 1－SR＋M 后弯等关键特征。把它组合到中脊茧蜂属 *Nedinoschiza* Cameron（1911），成 *Nedinoschiza taiwana*（Watanabe，1934）。但这一组合仍有少数疑点等待分子数据分析手段解决。

本书著者 1993 年在伦敦帝国理工学院 Imperial College 生物学系寄生蜂标本室检视到 2 头 Quicke 博士借自德国 Eberswald 植物保护研究所（nstitut fur pflanzenschutz forschung Eberswald）馆藏的中脊茧蜂标本，标本的标签记录分别是 *Nedinoschiza taiwanensis*，♀，Formosa，Kosempo，Sauter，1908. Ⅴ 1－5 和 *Nedinoschiza* sp.，♀，Formosa，Sauter，1909，Ⅷ.

Quicke 和 Koch（1990）介绍检查德国 Eberswald 植物保护研究所（IPE）馆藏的中脊茧蜂标本详情是有一系列综模标本 Syntype 包括 4 头标本，Watanabe 将标签学名标记为"*taiwanensis*"字样，1♀采自台湾省 Hoozan，3♀采自台湾省 Kosempo，Watanabe 注明 Hoozan 为模式产地，将标本作为选模（Lectotype），其余标本作为副模（Paralectotype），标本存 IPE（Quicke & Koch，1990）。标签记录和发表记录种名并不相符。

四、角腰茧蜂亚科 Pambolinae Marshall，1885

守子茧蜂属 *Cedria* Wilkinson，1934

(15) 纵卷叶螟守子蜂 *Cedria* sp.（图 13）

Cedria sp. 周至宏，1982，广西稻纵卷叶螟寄生性天敌初志，8：7；何俊华，
    1991. 中国水稻害虫天敌名录，38.

体长：雌约 2mm。

体色：全体黄褐色。单复眼、触角末 8 节、腹部第 2 节背板后半部、产卵管鞘，黑褐至黑色。翅淡褐色，翅脉和 Pt 暗褐色，足淡黄褐色。

头部：触角 13 节，向末端渐细。

胸部：并胸腹节有脊，中区较大，五边形。

腹部：腹部背板盾甲状，比头胸宽，约与头胸之和等长，表面排列粗纵脊，脊间有刻点。产卵管鞘伸出腹末，比第 3 腹板长。

生物学：寄主为稻纵卷叶螟 Cnaphalcrocis nedinelis Guenée。聚寄生于幼虫体外，体外结茧。雌蜂保护其聚集外寄生的幼蜂，所以称守子蜂。

研究标本：1♀，广西（隆林），1982.Ⅶ.10，周至宏。

分布：广西（隆林）。贵州、云南（何俊华，1991）。

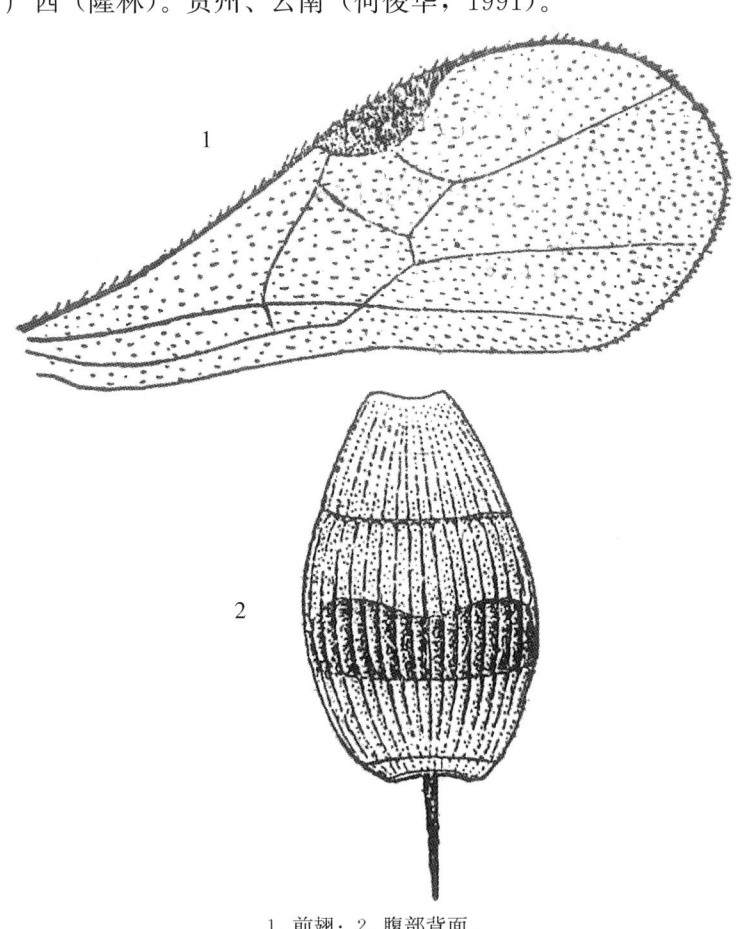

1. 前翅；2. 腹部背面。

图 13　纵卷叶螟守子蜂 Cedria sp.（仿周至宏，1982）

长茧蜂亚科群 Helconoid lineages

五、优茧蜂亚科 Euphorinae Foerster，1862

1. 长柄茧蜂属 *Steblocera* Westwood，1833

(16) 绒脸长柄茧蜂 *Streblocera villosa* Papp，1985（图 14）

Streblocera villosa Papp，1985，Acta Zool. Hung.，31（5）：352.

Streblocera guizhouensis You et Luo，1993，Acta Ent. Sinica，36（2）：216.

Streblocera（*Villocera*）*villosa*，Chen et van Achterberg，1997，Zool，Verb Leiden，313：124；Chen et al.，2004，Hymenoptera Braconidae，Insecta vol. 37. Fauna Sinica，293.

体长：雌 2.4mm。

体色：雌虫体黄褐色，头部单眼区、上颚端部、并胸腹节两侧和端缘、腹部背板末端、爪、产卵管鞘深褐色至黑褐色。触角 3～21 节、产卵管、前缘脉、Pt（除前缘）、r、2‑SR、后足跗节黑色。

头部：背面观横形（24：13）。复眼长为后颊长的 1.8 倍，颊在复眼后方呈圆形收缩；颜面扁平，沿颜面中线向两侧密生银白色柔毛；侧面观头呈方形（图 14，1）；复眼长圆形，高为宽的 1.11 倍，两后单眼距离为单眼直径的 1.33 倍，单复眼距为两后单眼间距的 3 倍，眼颊距约与上颚基部宽相等。触角短于体长（1.1：2），21 节，第 1 节膨大，末端无齿，第 7 节末端有大钩刺，钩刺长约 0.75mm，触角第 1 部分（第 1 节）：第 2 部分（第 2～7 节）：第 3 部分（第 8～21 节）＝6.5：4.5：9.9（图 14，2）。

胸部：胸部长为宽的 1.47 倍，头宽于中胸盾片（含两翅基片）的距离（4：3）；盾纵沟 V 形，内有微弱横脊，后方汇合处具微弱皱纹；小盾片光滑，前凹宽大，具一纵脊；并胸腹节有皱纹，中纵脊基段明显，第 1、2 侧区和中区可见（图 14，4）中胸侧板基节前沟窄，伸至中胸侧板前缘上方，沟内具皱纹和细脊。足细长，后足腿节长为宽的 7 倍，后足胫节长为后足跗节基节长的 2.5 倍，Pt 长为宽的 3 倍，基角色浅；r 脉出自 Pt 中部，Pt 宽为 r 脉长的 2.2 倍，Pt 长与径室长的比为

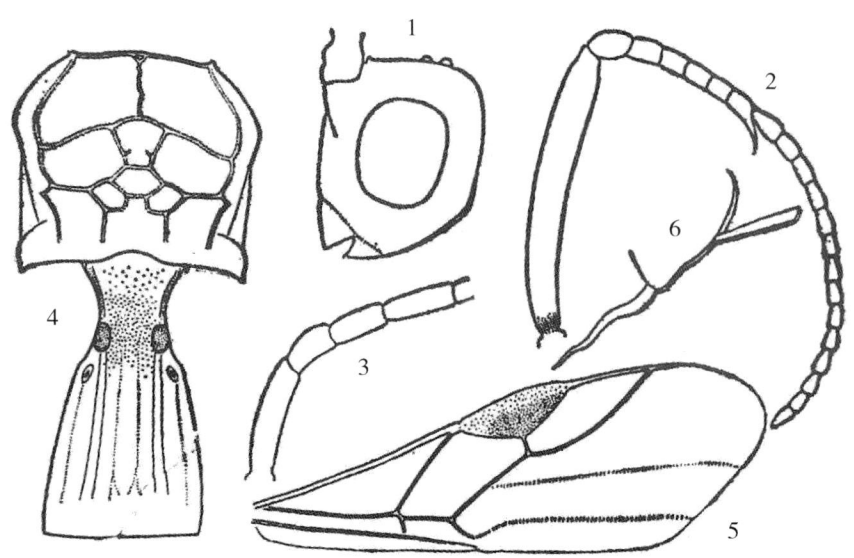

1. 头部侧面；2. 雌蜂触角；3. 雄蜂触角；4. 并胸腹节和腹柄节背面观；
5. 前翅；6. 雌蜂腹部末端，示产卵管及鞘。

图 14　绒脸长柄茧蜂 *Streblocera villosa* Papp.

7：5，cu－a 脉后叉式（图 14，5）。

腹部：腹部短于头胸之和（19：23）；腹柄节长约为端部宽的 2 倍，略近基部 1/3 处有凹洼，凹洼后方有气门及纵刻条（图 14，4）；第 2 腹节及以后各节腹板光滑。产卵管波浪状，长约等于后足跗节基部 3 节之和（图 14，6）。

雄蜂：2.6mm，触角 19 节，第 1 节细长，第 2 节粗短；触角第 1～5 节之比为 9：4：4：5：5（图 14，3），以后各节渐短；盾纵沟内的脊和盾纵沟会合处的网状 皱纹及基节前沟内的脊均较雌蜂明显，基节前沟更宽。

生物学：未知。

研究标本：1♀，1♂，贵州贵阳市新添寨（海拔 1250m），1982.Ⅹ.11.，罗庆怀采。

分布：贵州。福建、浙江（陈学新等，2004）、台湾。国外分布于朝鲜。

(17) 岗田长柄茧蜂 *Streblocera*（*Eutanycerus*）*okadai* Watanabe，1942（图 15）

Streblocera okadai Watanabe，1942. Insecta Mats.，16：10；Watanabe，1944，Mushi，16（1）3；Maetô et Nagai，1985. kontyu，Tokyo，53（4）：729；You et al.，1995. Jour. Hunan Agric. Univ.，21（3）：281；You et al.，2001. Jour. Hunan Agric. Univ.，27（1）：86；金道超，罗庆怀等，2005，习水景观昆虫，523.

Streblocera（*Cosmophoridia*）*okadai* Chou，1990. J. Taiwan Museum，43（2）：100；Chao，1993. Wuyi Science J.，10：66.

Streblocera shaanxiensis Wang，1984. Acta Zootaxonomia. Sinica，9（4）：422. Syn. by Chao，1993；You et al.，1995. Jour. Hunan Agric. Univ. 21（3）：281.

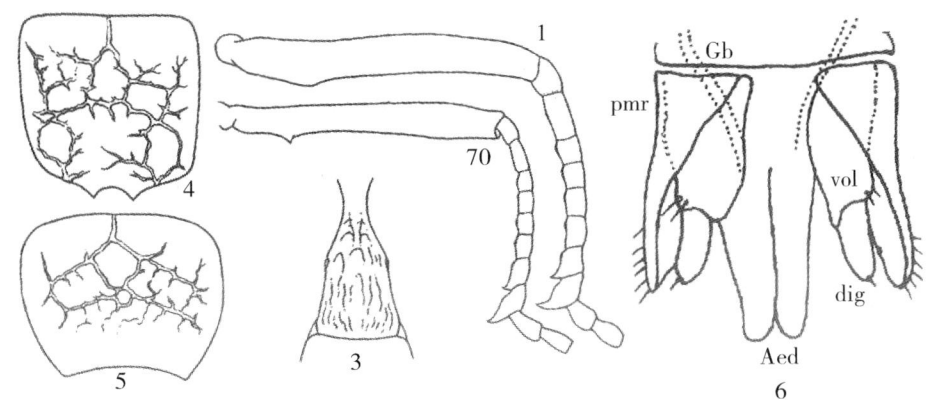

1、2. 雌蜂触角；3. 腹基部；4、5. 并胸腹节；6. 雄性外生殖器（Gb—生殖基；Pmr—阳茎基侧突；vol—阳茎基腹铗；dig—抱器背突；Aed—阳茎端）。

图 15　岗田长柄茧蜂 *Streblocera*（*Eutanycerus*）*okadai* Watanabe，1942

（1～5 仿赵修复，1993）

Streblocera（*Eutanycerus*）*okadai* Chen et van Achterberg，1997. Zool. Verh. Leiden.，313：117；Chen et al.，2004. Hymenoptera Braconidae（Ⅱ）lnsecta vol.，37. Fauna Sinica，258；You et al.，2006，Fauna Hunan Hymenoptera Braconidae（Ⅰ），177；曾爱平等，2009，茧蜂分类和雄性外生殖器的应用，76.

体色：雌性体黄褐色，头部单眼区黑褐色或黑色；触角基部 2 节黄色，其余各节烟褐色；并胸腹节全部或后半部烟褐色；腹部第 1 节背板暗赤褐色；第 1 节背板以后的各腹节前半色黄色，后半略带赤褐色。有时整个并胸腹节、腹部第 1 节背板及其后各腹节的后部色深。

头部：背面观横形，侧面观略呈三角形；触角 21～22 节，柄节细长，腹方近基部具 1 小齿，该齿或较粗大，或几乎消失仅余 1 个小黑点；第 6 鞭节和第 7 鞭节腹方末端成小钩刺状突出，第 6 鞭节的钩刺较小，显著至微小；颜面密生细毛和细刻点；额在两触角窝之间和在触角窝上方具短纵脊；后头脊背方的间断甚窄。

胸部：前胸背板具微弱并列短刻条，与背板后缘远离，侧方和背板后侧缘均具若干并列短刻条。中胸背板光亮，中叶具稀疏细毛和刻点，侧叶则无细毛和刻点；盾纵沟具并列短刻条，两沟相遇成 U 字形构造，U 字底部与中胸背板后缘远离，该处具网状粗纵脊，中央具 1 明显纵脊；中胸侧板光亮，基节前沟长而阔，稍弯曲，由侧板前缘上方伸展至中足基节基部附近，内具许多并列短刻条，在基节前沟与侧板前缘之间，具许多刻点和细毛；并胸腹节满布网状粗纵脊，但基本隆脊仍可辨认，以划分中区和后区之横脊及其向两侧延伸之脊尤为显著；中区有时区分不明显，则显然较后区为小甚多。

腹部：与胸部约等长；第 1 节背板长为其端宽的 2.2 倍，具纵脊，气门位于背板中部两侧，两气门间距小于气门至背板末端的距离，背凹大；产卵管显露，其末端或呈波浪状，或稍弯曲。

雄蜂：度量前田薰（Mateô）赠送本书著者的日本产标本触角 19 节，触角柄节长为宽的 3.75 倍；柄节长为梗节长的 2.5 倍，为触角窝至前单眼距离的 1.07 倍；鞭节第 1 节长为第 2 节长的 0.73 倍；为梗节长的 0.92 倍。腹部第 1 节背板长为端宽的 1.73 倍。两气门之间距离约与气门至背板端部距离相等。

生物学：Watanabe（1944）报道在中国东北寄主为二条叶甲 *Medythia nigrobilineata*（Motschulsky），单寄生。老熟幼虫钻出寄主成虫体外结茧。茧淡黄色，体 3～4.5mm，宽 1.2～1.8mm，辅以疏松白丝。

研究记录：贵州习水，记录不详（金道超，李子忠等，2005）。

分布：贵州、陕西。据报道湖南、河北、辽宁、吉林、江苏、浙江、安徽、福建、江西、河南、云南（陈学新等，2004）亦有分布。国外分布于日本，俄罗斯远东地区。东亚分布型（游兰韶等 2006）。

2. 蜷茧蜂属 *Aridelus* Marshall，1887

(18) 湖南蜷茧蜂 *Aridelus hunanensis* You，Xiong et Zhou，1988（图 16）

Aridelus hunanensis You，Xiong et Zhou，1988. Acta Entomol. Sinica，31（4）：423；You et al.，1991，. Jour. Hunan Agric. C011.，17（1）：24；Chen et al.，1997. Zool'/，Verh. Leiden，313，11；You et al.，2000，Jour. Hunan Agric. Univ.，26（5）：339；You et al.，2001. Jour. Hunan Agric. Univ.，27（1）：84；Chen et al.，2004. Hymenoptera Braconidae（Ⅱ）Insecta vol. 37，Fauna Sinica，22；You et al.，2006，Fauna Hunan Hymenoptara Braconidae（Ⅰ）189；曾爱平等，2009，茧蜂分类和雄性外生殖器的应用，91.

体色：体黑色；上颚黑褐；触角柄节、梗节黄褐，鞭节红褐；前翅有两条淡烟色横带，除 C＋Sc＋R、Pt（基部色浅）、M＋CU1、1－M、cu－a 与 1－CU1 交界处黑褐外，其余翅脉褐色；后翅翅脉黄褐色。足除第 2 转节、跗节基节端部 1/3 及以后各小节（端跗节除外）黄褐外，其余黑褐色。腹部腹柄节黑色，产卵管黄色，产卵管鞘黑色。

头部：头部背面观横形，其宽度为长度的 2 倍（图 16，2）；密布银白色短毛，以颜面、唇基和颊上的较长；颜面、唇基和颊均有细小刻点，头顶的刻点稍粗、稍大，仅在两触角窝上方的额部凹陷、平滑有光泽，具一长纵脊；单眼周围刻点变细；后头脊完整。眼颚距与复眼长径比为：1：2.1，幕骨陷至复眼间距与幕骨陷间距之比为：1：2.3（图 16，3）；颊在近上颚基部处有皱褶；侧单眼至复眼的距离为两侧单眼距离的 2.4 倍。上颚长而薄，具 2 齿，上齿明显长于下齿，下齿生在上齿内方。触角长于头部和胸部之和。伸至腹柄节端部。鞭节第 1 节长约为第 2 节的 1.33 倍。000000 胸部：整个胸部具蜂窝状粗大刻点，被白色细毛。前后翅密布白色

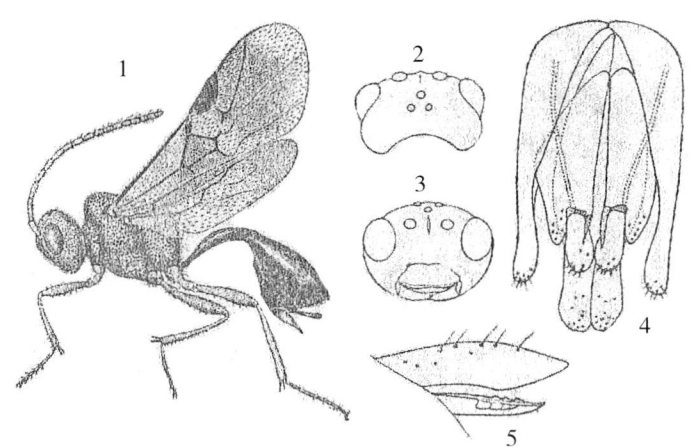

1. 雌蜂整体图；2. 头部背面观；3. 头部正面观；4. 雄性外生殖器；5. 雌性外生殖器，示产卵管和产卵管鞘。

图 16　湖南蟠茧蜂 _Aridelus hunanensis_ You，Xiong et Zhou，1988

短毛；前翅 Pt 宽为长的 0.4 倍，r、3 - SR 及 r - m 之比约为 2：1：1；第二肘室具"柄"；2 - SR 约为 m - cu 长的 2 倍（图 16，1）。后足跗节基节长为第 2 节的 3.33倍，为胫距长距的 3.31 倍，短距的 4 倍。

腹部：腹部平滑有光泽，仅第 2、第 3 两节端部有少量绒毛，腹末腹板处有较长细毛。腹部第一节呈细柄状，长为两气门之间宽的 8 倍，占整个腹长之半，气门位于腹柄节中部稍后；第 2 节背板甚大，几乎包围整个腹板；产卵管约与后足跗节基节等长。雄性外生殖器抱器背突长茄形，端部具 5 齿，阳茎基侧突毛着生在端部0.2 处，阳茎基腹铗长，基部圆（图 16，4）。雌性外生殖器产卵管鞘末端尖（图16，5）。雌雄外生殖器骨化程度深。

雄蜂：体长 4mm。触角柄节、梗节鲜黄色，鞭节端部色稍深，Pt 基部色浅部分较雌蜂大，其余与雌蜂同。

生物学：未知。

研究标本：3♀，5♂，城步县南山牧场（1640m），1985.Ⅵ.14 - 15.，夏白华。1 头雌蜂保存在浙江大学昆虫研究所标本室，交换标本。

分布：湖南（城步）。

注：本种形态和橙足蟠茧蜂 _Aridelus rutilipes_ 相似，但雌雄外生殖器不同。

(19) 红腹蟠茧蜂 _Aridelus rufiventris_ Luo et Chen，1994（图 17）

Aridelus rufiventris Luo et Chen，1994，Acta Ent. Sinica，37（4）；483；
　　Chen et van Achterberg，1997，Zool. Verh. Leiden，313：18；Chen，He &
　　Ma，2004，Hymenoptera Braconidae，Insecta vol. 37，Fauna Sinicia，20.

体长：雄 3.9mm。

体色：头和腹部红黄色至褐黄色；胸部（除翅基片、翅基下脊、前胸背板前后缘黄褐色外）黑色；单眼区黑色；触角黄褐色，向端部渐暗；足淡黄褐色，后足腿

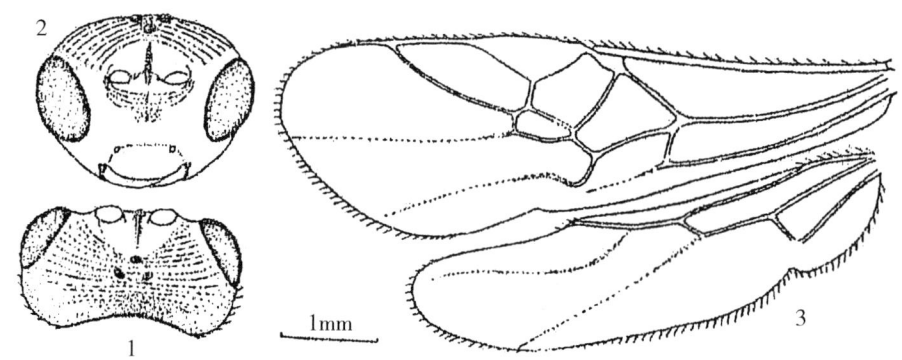

1. 头部，背面观；2. 头部，前面观；3. 前后翅。

图 17　红腹蜻茧蜂 *Aridelus rufiventris* Luo et Chen，1994

节及后足胫节端部稍暗；跗节黄色；翅透明，前翅端半及 cu－a 脉附近淡褐色，Pt 和翅脉褐色。

头部：背面观宽为长的 2.0 倍（图 17，1）。触角 16 节；第 1 鞭节最长，以后各节向端部渐短；第 1 鞭节长为第 2 鞭节的 1.4 倍。额稍凹，有一中等强度的中纵脊（图 17，2）。头顶具平行的细横刻条，头顶在复眼后方不收窄（图 17，1）。背面观上颊与复眼横径约等长（图 17，1）。后头脊完整。侧单眼间距约为侧单眼长径的 2.0 倍。单复眼间距为侧单眼长径的 5.0 倍。颜面和唇基平坦，颜面上方具细横皱（图 17，2），中央有 1 条由额纵脊向下延伸而成的弱中纵脊（图 17，2）。唇基端缘弧形。两幕骨陷间距为眼幕骨陷间距的 1.8 倍（图 17，2）。颚眼距为复眼纵径的 0.5 倍。

胸部：整个胸部布满蜂窝状粗凹，窝径大于脊宽；小盾片三角形，前凹内有脊；并胸腹节后半陡斜，中央有一中纵槽。翅：前翅缘室宽为 Pt 长的 0.73 倍；r 脉长为 3－SR 脉的 2.0 倍；SRI 脉不明显；m－cu 脉刚后叉。足：后足胫节内距长为后足基跗节的 0.32 倍。

腹部：腹部光滑。第 1 节背板长为气门处宽的 8.0 倍，短于腹部其余部分的长度；第 2＋3 背板长，包围腹板；第 4～6 节可见。

生物学：未知。

研究标本：1♂，贵州惠水，1982.Ⅵ.2.，储吉明。

分布：贵州（惠水）。

（20）橙足蜻茧蜂 *Aridelus rutilipes* Papp，1965（图 18）

Aridelus rutilipes Papp，1965，Acta Zool. Hung.，11：187；Chou，1987，Taiwan Agr. Res. Inst. Spec. pulb.，22：22；游兰韶，1991，湖南农学院学报，17（1）：23；Chen et al.，2004，Hymenoptera Braconidae（Ⅱ），Insecta vol. 37，Fauna Sinica，22；You et al.，2006，Hymenoptera Braconidae，Fauna Hunan（Ⅰ），190；曾爱平等，2009，茧蜂分类和雄性外生殖器的应用，92.

体长：雌5.0mm，翅展4.0mm。

体色：黑色，上颚褐色，须黄色，触角及足褐色，第5跗节和爪暗色。翅基片褐色。翅透明，有两条褐色带；Pt和脉暗褐色。产卵管鞘黑色。

头部：具毛，背面观宽为长的1.8倍，为中胸背板宽的1.2倍，背面观复眼高为上颊的1.0倍。颚眼距为复眼高的0.45倍。幕骨陷间距为幕骨陷至复眼间距的2.0倍，唇基和颜面具刻点，颜面高为宽的0.6倍，为头宽的0.6倍。头顶和上颊密布刻点，额具夹点网皱，额中脊薄片状，后头脊完整。后单眼间距为单复眼间距的0.5倍，为后单眼宽的2.0倍。触角第1鞭节长为基宽的4.8倍，为第2鞭节长的1.2倍；端前节长为宽的1.8倍。

胸部：胸部和并胸腹节具小室状刻条。翅：前翅缘室前缘长为Pt长的0.7倍，SRI脉明显，r-m脉后叉式，m-cu脉明显前叉式。

腹部：第1节背板长为其端部宽的1.8倍。第1节背板及以后各节背板光滑。

雄：与雌蜂相似。

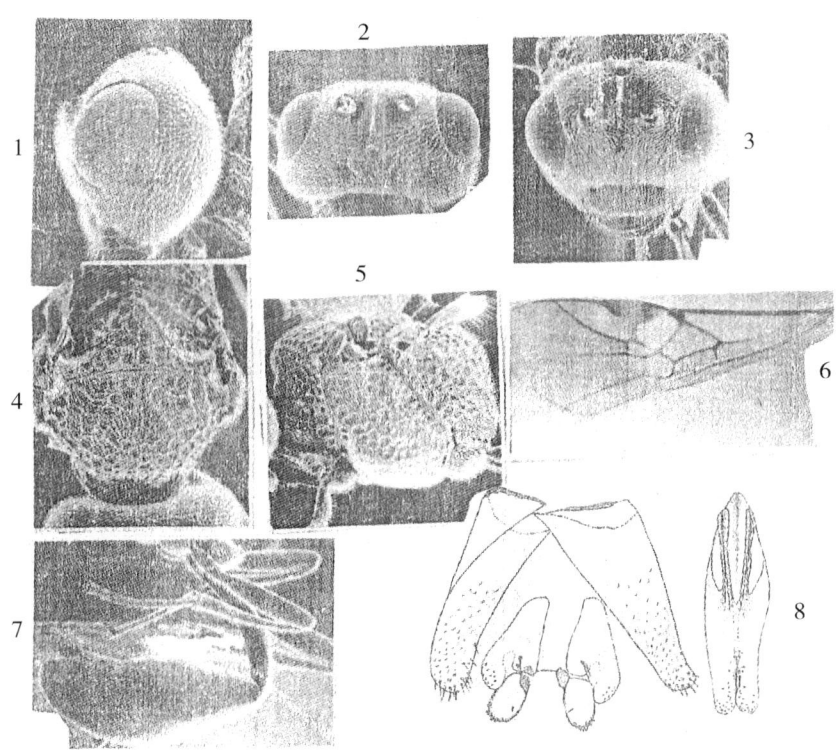

1.头部侧面观；2.头部背面观；3.头部正面观；4.中胸盾片和小盾片；5.胸部侧面观；6.前翅；7.腹部，示第1节；8.雄性外生殖器。

图18　橙足螯茧蜂 *Aridelus rutilipes* Papp，1965

（1～7仿周樑镒，1987；8仿游兰韶等，2006）

生物学：未知。

研究标本：1♀1♂，贵州贵阳，1987.Ⅶ.30.，罗庆怀。

湖南蜡茧蜂和橙足蜡茧蜂检索表

1 头部额光滑有光泽，中额脊弱，后单眼间的距离为后单眼至复眼间距离的
　0.41 倍，前翅第 2 肘室柄长；抱器背突长茄形，背突端部具 5 齿，阳茎基侧
　突毛着生在端部 0.2 处，阳茎基腹铗长，基部圆，（图 16，4），产卵管鞘末
　端尖（图 16，5）。雌雄外生殖器骨化深 ┄┄┄┄┄┄┄┄┄┄┄┄┄┄┄┄┄
　┄┄┄┄┄┄┄┄┄┄┄ 湖南蜡茧蜂 *Aridelus hunanensis* You, Xiong et Zhou

2 头部额稍有网状刻点，中额脊明显，后单眼间的距离为后单眼至复眼距离的
　0.5 倍，前翅第 2 肘室柄较短；抱器背突圆形，背突端部具 6 齿，阳茎基腹
　铗短，基部尖较短；抱器背突圆形，背突端部具 6 齿，阳茎基侧突毛着生在
　端部 0.12 处，阳茎基腹铗短，基部尖（图 18，8），产卵管鞘末端圆。雌雄
　外生殖器骨化浅 ┄┄┄┄┄┄┄┄┄┄┄┄ 橙足蜡茧蜂 *Aridelus rutilipes* Papp

（21）长管蜡茧蜂 *Aridelus longiterebra* Luo，1997（图 19）

Aridelus longiterebra Luo，1997，Entomotaxonomia，19（1）：55.

体长：雌 6.3mm，翅长 4.5mm。

体色：头、胸和腹柄节黑色；爪黑褐色；触角基部 3 节和端部 6 节黄褐色，中
段褐色；上颚（上缘色暗）红黄色，下颚须和下唇须浅黄色；足红黄色（腿节色泽
较深）；翅基片黄色；翅稍带烟褐色，翅脉大体黄褐色，Pt 深褐色；腹部除腹柄节
外红褐色；产卵管红黄色。

头部：触角鞭节 16 节，第 1 节和第 2 节约等长，第 3 节和第 4 节约等长，第
5、第 6、第 7 节约等长，以后各节（除端节外）渐短；各节约具若干纵向短细脊。
整个头部具有细刻点；背面观头横置，近乎长方形，长宽比约 1：2.2；中单眼圆
形，明显大于卵形的侧单眼；单复眼间距约为侧单眼间距的 2.9 倍；后头脊完整且
位置低下，中央远离头顶，稍高于复眼下缘；颜面较平坦；额微凹，具一中纵脊从
中单眼下延至近颜面中部，纵脊两边有细横皱脊；两幕骨陷间距 1.45 倍于复眼幕
骨陷间距；下颚须长，向后超过前足基节窝。

胸部：整个胸部密布网状脊，小盾片上亦同（仅中央稍靠后约两个网眼大小的
区域光滑）；盾纵沟不明显；左右翅基片之间、小盾片前凹前具一较深的窄沟；小
盾片短，近圆形；基节前沟不明显，仅此处网状脊稍凹；并胸腹节中央纵陷陡峭，
表面网状脊发达。翅脉如图 19，前翅 r 脉从 Pt 中央伸出 r 和 3－SR 长约相等；2－
SR 脉稍长于 m－cu 脉（1：0.86）；2－SR＋M 脉强度上弯；cu－a 脉后叉式；后翅
径室向外明显收窄。足细长，腿节基部 1/3 明显收窄；胫节内外距约等长；后足胫
节长为腿节为 1.38 倍；后足基跗节约等于其余 4 小节长之和（不含爪和中垫）。

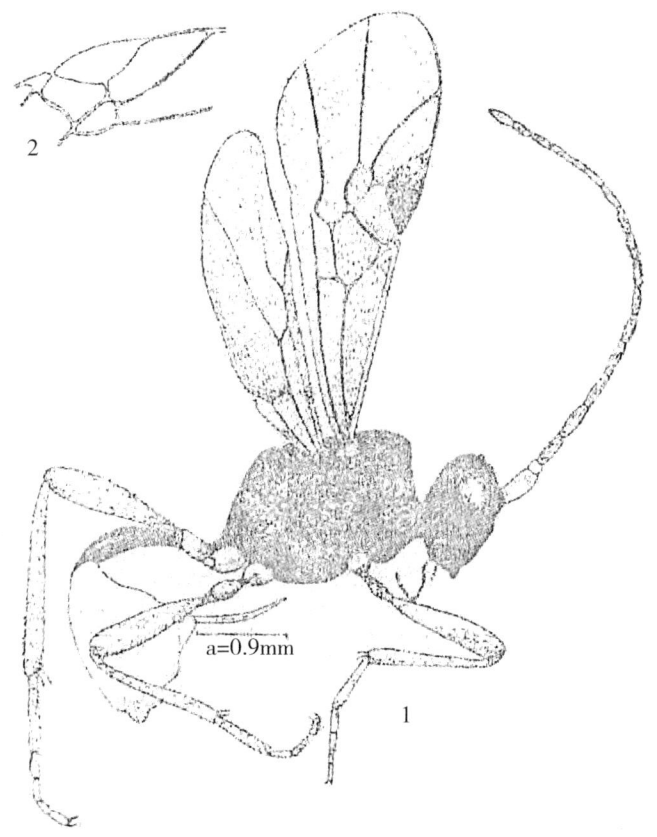

1. 雌蜂侧面观；2. 雄蜂部分前翅。

图 19　长管蟪茧蜂 *Aridelus longiterebra* Luo，1997

腹部：表面光滑有光泽；腹柄节气门位于该节中部稍后，气门前较细，气门后较粗；腹柄节长为该节端宽的 6.5 倍，稍短于其余各节之和，第 2＋3 节背板包裹以后各节；产卵管较长（种名因此而定，图 19 中雌蜂侧面观按标本原形态绘制），伸出腹部部分（图 19，2）长于后足基跗节，约为腹柄节长的 2/3，自端部 2/5 处到顶端渐尖。

雄：体长 6.5mm。前翅 r 脉为 3 - SR 的近两倍（1.85：1）；1 - SR＋M 中等程序地"S"状扭曲；2 - SR＋M 稍前叉于 1 - SR＋M（图 19，2）。腹部腹柄节气门更接近末端（约 2/5 处）。其余部分同雌蜂。

生物学：未知。

研究标本：1♀，1♂ 贵州省江口县梵净山山麓，470m，1992 - Ⅷ - 16，罗庆怀采。

(22) 黄蟪茧蜂 *Aridelus flavicans* Chao，1974（图 20）

Aridelus flavicans Chao，1974，Acta Entomologica Sinica，17（4）：455；
　　Chou，1987，Taiwan Agr. Res. Inst. Spec. Pulb.，22：23；Chen et van

Achterberg，1997，Zool. Verh. Leiden，313：16，Chen，He & Ma，2004，
Hymenoptera Braconidae，Insecta vol.37，Fauna Sinica，14.

Aridelus guizhouensis Luo，1985，Acta Zootaxonomioca，Sinica，10（2）：
203.

体长：雌，4.2～5.1mm。

体色：体黄褐色，触角鞭节褐色；足色更浅；复眼铜绿色；前翅无淡烟褐色
斑，Pt 及 Pt 附近赤褐色或前翅 Pt、C＋Sc＋R、1－R1、各单眼周围黑褐色。前翅
其余脉（M＋CU1、1－M、1－SR＋M、r－m、2－SR 脉下半段浅黄色外）褐色
（图 20，3）。后翅脉色浅。足跗节第五节先端及爪暗褐色。上颚齿（除尖端暗褐色
外）和单眼赤褐色，并胸腹节黄色稍浅于头部和胸部及柄后腹而深于腹柄节。产卵
管鞘黑色。

头部：背面观横形，其宽为长的 2.0 倍（图 20，1）；触角端前节长为宽的
1.2～1.6 倍，后头脊完整（图 20，1）；几乎整个头壳满布小刻点，密生银白色细
毛，仅在两个触角上方的额部各具 1 表面光滑的凹陷，额中央有 1 赤褐色薄片状纵
脊（图 20，2）；幕骨陷间距是幕骨陷至复眼间距的 1.4～1.7 倍（图 20，2）；颚眼
距与复眼高度之比为 1：2.2。

胸部：整个胸部具网状隆脊，密生银白色细毛，隆脊网眼甚大，状如蜂房或整
个胸部具密集的蜂房状网脊，并胸腹节上的网眼稍深。从中胸盾片中部中央至小盾
片端部中央有一纵脊，纵脊上仍有网眼。前翅缘室长约为 Pt 长的 3/4，3－SR 脉明
显，m－cu 脉前叉至后叉式；第 2 肘室"无柄"，2－SR 长于 m－cu（图 20，3）。
后足基跗节长为第 2 节的 3 倍，为胫距的 3.5 倍。

腹部：腹部光滑，仅在第 2＋3 腹节端半部之后有稀疏绒毛。腹柄节占整个腹
部长的一半稍多（0.55）。或腹部光滑无毛；产卵管鞘宽而短。

生物学：未知。

研究标本：1♂，贵州贵阳新添寨，1982.Ⅷ.24.，罗庆怀；1♀，贵州贵阳新

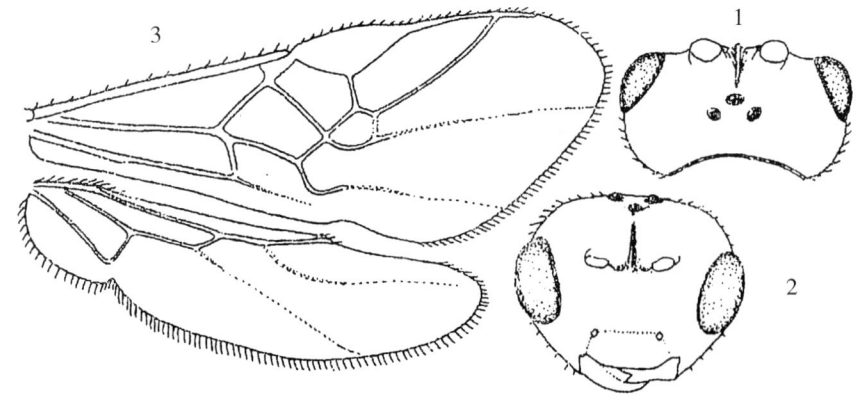

1. 头部，背面观；2. 头部，前面观；3. 前后翅。

图 20 黄蜡茧蜂 *Aridelus flavicans* Chao，1974（仿陈学新等，2004）

添寨，1982.Ⅷ.22.，罗庆怀；1♀，贵阳新添寨，1982.Ⅷ.26.，罗庆怀；1♀，贵阳新添寨，1982.Ⅷ.27.，罗庆怀。

分布：贵州（罗庆怀，1985），福建、台湾（陈学新等，1997；周梁镒，1987）。

3. 蜜蜂茧蜂属 *Syntretomorpha* Papp，1962

(23) 斯氏蜜蜂茧蜂 *Syntretomorpha szabôi* Papp，1962（图21）

Syntretomorpha szabói Papp，1962，Mushi，36（3）：17；Walker et al. Bull.
    ent，Res.，1990，80：79；陈树椿，中国珍稀昆虫，1999，292.

Apanteles sp.，陈绍鹄，中国蜜蜂，1980，4：8；陈绍鹄，中国蜂业，1983，
    1：8；黎九洲，蜜蜂杂志，2008，9：30.

Syntretomorpha Szabo-i（!），陈绍鹄，2016，DVD 教程.

Bracetodes ceranae You et Zhou，1991，Entomofauna，12（13）：157.

体长：雌 5.4mm，雄 4.4mm。

体色：体黄色，头部单眼座，触角鞭节，中胸背板、后胸背板、并胸腹节、腹部第 1、2 节背板和第 3 节背板基部、产卵管鞘黑色；上颚端部、触角柄节和梗节、中胸小盾片前凹微褐至暗褐色。翅透明、Pt 宽，脉微褐至暗褐，前翅在 1-M 和 Pt 下方各有 1 条烟褐色的带。足黄色，后足胫节端部、后足跗节 1～3 节，跗爪黑色，分叉。

头部：头横置，头顶和额光滑，复眼边缘突出，眼颚距约与复眼高等长，额洼深，有额脊，触角着生部位较低，位于复眼腹缘连线附近，31 节，短于体，颜面平坦，有横皱，前幕骨陷浅，复眼小，后头和后颊平滑，无后头脊。

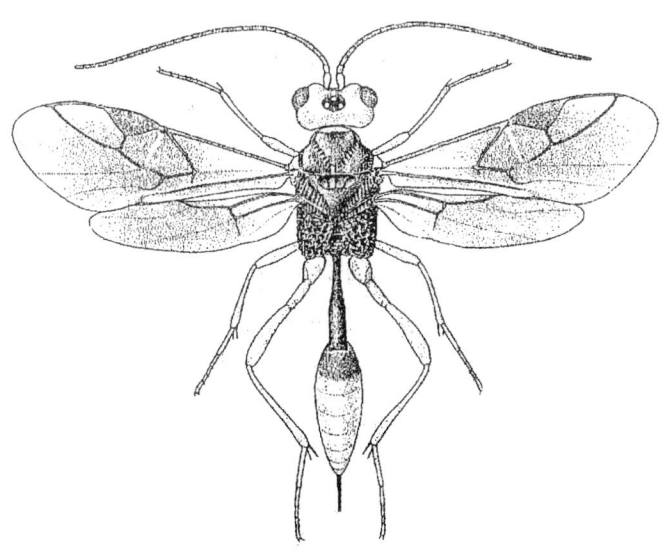

图 21　斯氏蜜蜂茧蜂 *Syntretomorpha szabói* Papp 成蜂

　　胸部：中胸长为高的 1.13 倍，中胸盾片平滑有光泽，中叶前端宽在侧叶上方隆起，侧叶突出；盾纵沟宽，V 形，内有脊，呈窝状，小盾沟宽；小盾片微凸起，平滑有光泽；中胸侧板平滑，上方有稀疏浅刻点，后方倾斜，有微微加宽的中纵槽直至腹柄。后足胫距略等，短于基跗节之半。

　　腹部：腹部侧扁，呈苞片状，平滑有光泽，腹柄节细长，呈进化趋势，有利于对控制蜜蜂成蜂产卵，端部宽和气门之间距离相等，气门位于背板中部后方。产卵管鞘和后足基跗节等长，产卵管与后足胫节和基跗节之和等长。产卵管鞘稍长于第 1 跗节。

　　雄蜂：雄蜂体长 4.4mm，触角 32 节，体色比雌蜂暗。

　　生物学：寄主为中蜂 *Apis cerana* Fabricius。茧：单个，灰白色，5mm×2.6mm。

　　研究标本：10♀，8♂，贵州仁怀，1983. V.，陈绍鹄。

　　分布：目前已知，斯氏蜜蜂茧蜂在东洋区分布，在中国分布于陕西凤县、江西南昌、湖北鄂西鹤峰和神农架、贵州仁怀、四川江安、云南大姚及台湾 Chip-Chip，国外印度北部。根据斯氏蜜蜂茧蜂在中国有分布中部和西南部的多个地点、斯氏蜜蜂茧蜂又并不寄生意蜂、中蜂有家养和野生迁徙较广的特点，估计印度北部的斯氏蜜蜂茧蜂是随着中蜂的携带进入或从中国西部自然传入而扩散、入侵印度的。

六、刀腹茧蜂亚科 Xiphozelinae van Achterberg，1979

刀腹茧蜂属 *Xiphozele* Cameron，1906

(24) 暗翅刀腹茧蜂 *Xiphozele obscuripennis* You et Zhou，2011

Xiphozele obscuripennis You et Zhou，van Achterberg，2008，Zool. Med. Leiden，82（1）：1；Chen et al. 2011，Jour. Hunan Agric. Univ.，37（2）：8.

Xiphozele obscuripennum You et Zhou，1990，Jour. Hunan Agric. Univ.，16（2）：150；You et al.，2000，Jour. Hunan Agric. Univ.，26（5）：398；He et al.，2000，Hymenoptera Braconidae（1），Insecta Vol. 18，Fauna Sinica，614.

　　研究标本：1♀，宁乡县黄材林场，1981. Ⅶ. 吴国军采。

　　注：游兰韶等（1900）发表分布湖南的刀蜂茧蜂一新种暗翅刀腹茧蜂 *Xiphozele obscuripennum* You et Zhou，1990，van Achterberg（2008）指出其种名拼写有误。van Achterberg 指出：所发表的暗翅刀腹茧蜂种名词尾拼写有误，如属

名为中性，学名应为 *Xiphozele obscuripenne*，但此属 *Xiphozele* 属名据 Zele Curtis，1832，属模是 *Zele albiditarsus* Curtis，1832。van Achterberg 考虑此属为阳性，词干（拉丁文字为"zelus"，希腊文字为"zelos"）也都为阳性，因此，学名应更正为 *Xiphozele obscuripennis*（阳性形式）（2008）。游兰韶等将种名误拼为 *Xiphozele obscuripennum* 的原因是以属名"le"结尾为中性作依据，种名发表之前是考虑为 *Xiphozele obcuripenne*，发表时种名用了中性的形容词形式"um"，未深入探究属的拉丁文学名的来源。现补充探讨刀腹茧蜂属 *Xiphozele* 属名性别的具体情况。刀腹茧蜂属 *Xiphozele* Cameron，1906 是从赛茧蜂属 *Zele* Curtis 1832 分出的，属模是 *Xiphozele compressiventris* Cameron。从赛茧蜂属 *Zele* Curtis 分出的还有新赛茧蜂属 *Neozele* Brues，1926（属模 *N. wheeleri* Brues）。澳赛茧蜂属 *Austrozele* Roman 1910（属模 *Perilitus longipes* Holmgren），目前，以上后两属也属于不同亚科。赛茧蜂属 *Zele* 属名性别当时是模糊不清的，Curtis（1832）并没有给予这个新属属名的性别。按国际动物命名法规，只能由后人来决定，但可从属下种名得到启示，如均不能，一般可作阳性看待。至此，刀腹茧蜂属 *Xiphozele* 词尾为"le"似为中性，而不能按中性处理，需按阳性处理，就比较清楚了。

（25）窄腹刀腹茧蜂 *Xiphozele compressiventris* Cameron，1906（图 21）

Xiphozele compressiventris Cameran，1906，Entomologist，39：205；Muesebeck，1931，Proc. U. S. Nat. Mus. 79（16）：13；Shenefelt，1969，Hym. Cat（nov. ed）4：174；Watanabe，1969，Proc. Ent. Soc. Wash，71（3）：325；van Achterberg，1979，Tijd，Entomol. ，122：35；You et al. ，1990，Jour. Hunan Collage，16，152.

Cerotopia corneimacula Enderlein，1920（1918），Muesebeck，1931，Proc. U. S. Nat. Mus. ，79（16）：13.

体长：雌 13mm，翅展 11mm。

体色：体暗黄色，不甚鲜艳；上颚端部褐色，单眼周围，中胸盾片（除侧叶具黑色横条，）翅脉，腹末数节褐黄色，翅透明。

头部：触角 53 节，第 3 节长度为第 4 节的 1.3 倍。第 3 节第 4 节的长度分别是它们宽的 4 倍和 3.2 倍。倒数第 2 节长分别是宽的 2.3 和 3 倍，端节有一长的刺；下颚须长是头长的 2.2 倍；复眼背面观长度是上颊的 3.6 倍；POL：单眼直径：OOL＝10：9：3；颜面几乎平坦和光滑；头顶大部分光滑；后头脊缺，侧面靠复眼中间处有一残段除外；（图 21，1）颜面突出，具小刻点，有光泽；唇基强度突出，具刻点。唇基端缘微弱凹入（图 21，6）；眼颚距是上颚基部宽的 0.6 倍，眼颚缝弱（图 22，6）。

胸部：胸部长为高的 1.5 倍（13.5：8.5）前胸背板两侧光滑；侧方前缘具细线及微细刻点，中央深凹，有 5～6 个短刻条，其余部分光滑。中胸盾片中叶隆起，有皱纹和刻点，侧叶有微弱刻点；盾纵沟明显，内具短横脊；小盾片舌形，有微弱

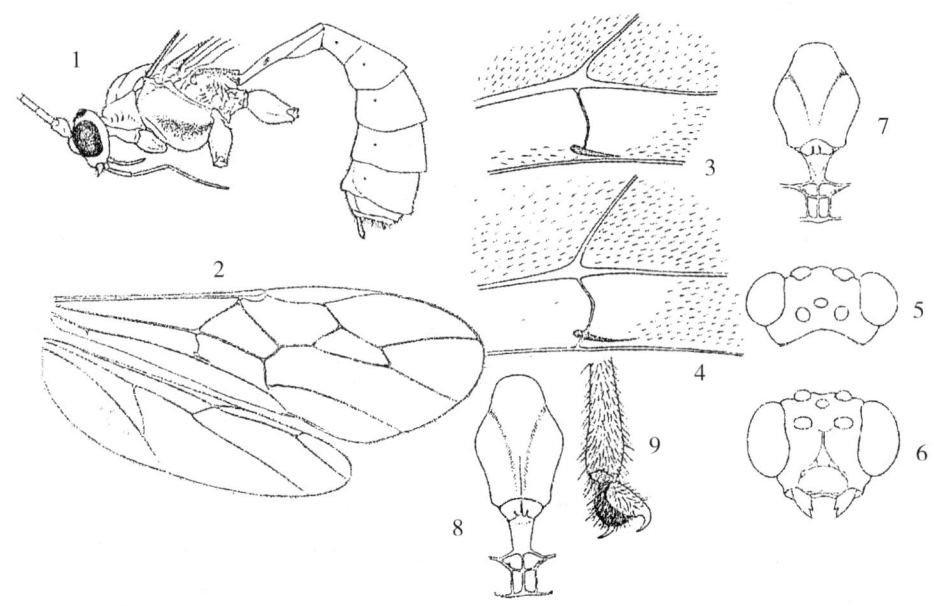

1. 整体图，侧面观；2. 前后翅；3、4. 前翅亚中室（SM）细部，小脉骨化片是否和亚中脉相接；5、6. 头部背面观和正面观；7、8. 胸部背面观，示小盾片前凹；9. 后足跗爪。

图 22　窄腹刀腹茧蜂 *Xiphozele compressiventris* Comeron（1906）

刻点，小盾片前凹大而深，约为小盾片长的 1/2（15∶8），具 2、3 短纵脊；后小盾片具 7 条纵脊，以中间 3 条明显；并胸腹节前半具网状刻点，后半具网状横皱纹。翅：前翅径脉 r∶3 - SR∶SR1 之比为 16∶20∶52 2 - SR，r - m 和 3 - SR 之比为 33∶20∶40，SM 室约具 10 条刚毛，SR1 向前弯曲；后翅 1 - R1 微弱弯曲。足：足细长，后足基节具微细刻点，后足腿节、胫节和基跗节长度分别为其宽度的 7.8（132∶17）、12.5（162∶13）、9.7（68∶7）倍；后足两胫距长度分别为后足跗节基节的 0.74 倍（50∶68）和 0.53 倍（36∶68）。跗爪内方有叶状突。

腹部：腹部第 1 节背板长为端部宽的 6.9 倍，气门椭圆形，气门位于基方 0.34 处，其前方光滑，后方有皱纹，前方的侧凹大而深，椭圆形。产卵鞘长为后足跗节第 2 节的 1/2。

生物学：根据体色和单、复眼大，应该是夜行性种类（Cameron，1906）。

研究标本：1♀，广西昭平，1980.Ⅸ.11.，潘呈保；1♀，广西南宁西乡塘，1975.Ⅴ28.，周至宏。

分布：广西（游兰韶，1990），台湾。国外分布于锡金（模式产地），印尼苏门答腊，朝鲜（Shenefelt，1969）；日本（Watanabe，1969）；印度，斯里兰卡，印尼沙捞越，巴布亚新几内亚（何俊华 2004）。

注：广西昭平标本稍有变化，前翅小脉骨化片和亚中脉相接，亚中室刚毛 26～27 根，中胸小盾片前凹内 2 条短脊。

七、长体茧蜂亚科 Microcentrinae Foerster，1862

长体茧蜂属 *Microcentrus* Curtis，1833

(26) 茶虫长体茧蜂 *Microcentrus theaphilus* He et Chen，2000

Microcentrus theaphilus He at Chen，2000，Hymenoptera Braconidae，Insecta vol. 18，Fauna Sinica，502.

Microcentrus homonae Nixon，1938，You et Luo，Jour. Hunan Agric. Coll.，1988，14（4）：37.

体长：雌 4.4mm（不计产卵管）。

体色：头部，并胸腹节和腹部黑色，后小盾片中部稍带黑色，胸部红褐，唇须淡黄，触角除基三节黄色，其余暗褐；足除跗节色深外，均为红褐至红黄色。

头部：头部颜面具分散稍浅的刻点，唇基与颜面分界不很明显；单复眼间距和后单眼间距比为 4.5：4.8；眼颚距为上颚基宽的 0.5 倍；下颚须为第 3 节约与第 2 节等长；触角 45 节。

胸部：胸部中胸盾片盾纵沟明显，沟内具微弱横脊，中胸小盾片长为并胸腹节长度之半；中胸侧板具小而分散的刻点；并胸腹节除两前缘角外，多有刻皱；后胸侧板下方刻点粗，明显。翅透明，Pt 黄褐色，亚中室端半部具均匀微毛，足的转节外侧具微齿，后足基节平滑有光泽，后足胫距长距不及后足跗节基节长度之半。

腹部：腹部细长，长于头胸之和；第 1 节背板长约为端部宽的 3 倍（13：4），第二节背板长为宽的 2 倍，两者均具针刮状纵刻纹，第三节背板除端部 1/3 处光滑外，具针刮状纵刻纹，腹部其余背板光滑，产卵管比体长。

雄蜂：未知。

生物学：寄主，茶卷叶蛾 *Homona coffearia* Nietner。茧深褐色，长形，群集于卷叶内寄主体表。

研究标本：15♀，云南勐海（22°N，100°18′E），1983.12.3.，罗亨文采；4♀，福建福安（22°7′N，119°E），1987.9.15.，孙椒德采。

分布：云南勐海、福建福安。

注：游兰韶，罗亨文（1988）将云南勐海和福建福安寄生茶卷叶蛾 *Homona coffearia* Nietner 的长体茧蜂鉴定为茶卷叶蛾长体茧蜂 *Macrocentrus homonae* Nixon，何俊华等（2000）指出因单眼排列位置的差别，产于云南勐海的标本应为茶虫长体茧蜂 *M. theaphilus* He et Chen，本书著者认为福建福安标本属何种，可再作研究。

八、甲腹茧蜂亚科 Cheloninae Nees von Esebeck，1813

甲腹茧蜂族 Chelonini Nees，1816

1. 小甲腹茧蜂属 *Microchelonus* Szépligeti，1908

(27) 纵卷叶螟小甲腹茧蜂 *Microchelonus* sp. （图 23）

Chelonus sp.，周至宏，1982，广西纵卷叶螟寄生性天敌，8：6.

体长：雌 5.5mm.

体色：体黑色。触角黑褐色，柄节端部腹面暗黄褐色，腹部基方有一中部收窄的白色横带。足大体黑色，前足腿节末端和胫节、中足转节和胫节基部、后足转节和胫节基部（除基端外）、各足的 1～4 跗节及距均为黄白色。

头部：头横形，颜面粗糙有网状皱脊，头顶和后头有纵的粗刻条。唇基和颊光滑，稍均匀突起，密布小刻点。触角 16 节，伸长不到腹部的一半。

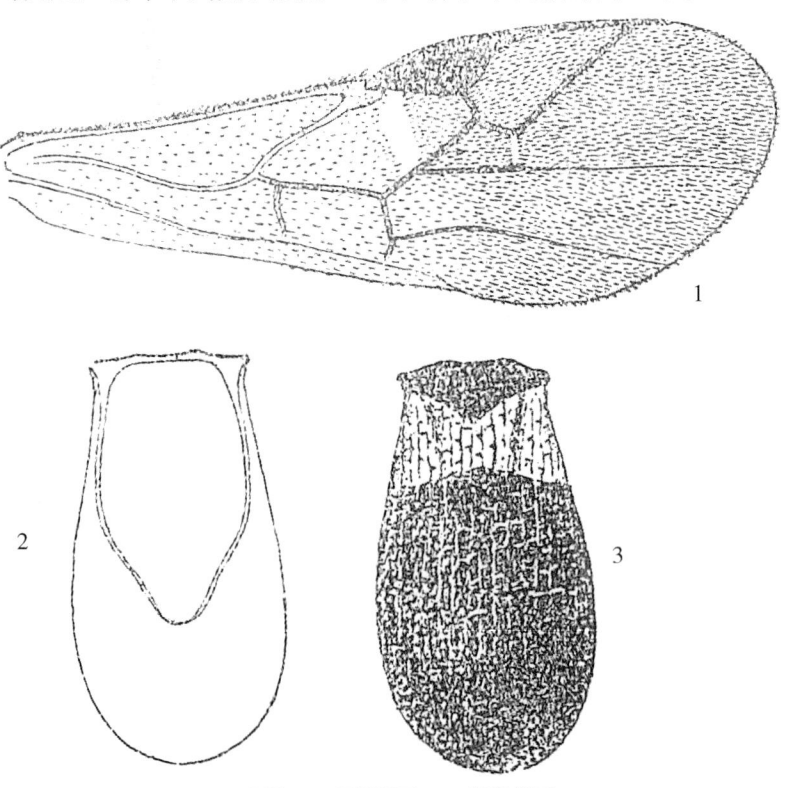

1. 前翅；2. 腹部腹面；3. 腹部背面。

图 23　纵卷叶螟小甲腹茧蜂 *Microchelonus* sp. （仿周至宏，1982）

胸部：胸部布满粗皱脊，中胸背板长短于宽，盾纵沟呈宽的浅凹陷，内有网状皱脊。小盾片三角形，并胸腹节后侧角和中区后角分别有 2 个齿状突起，后横脊后面部分向前斜凹入。前翅密被细毛，端部淡烟褐色，Pt 黑褐色，r - m 脉不明显，仅留痕迹。

腹部：布满粗皱脊。腹部背板仅见 1 节，呈盾甲形，末端钝圆，腹面膜质部长为腹长的 3/5。

生物学：寄主为稻纵卷叶螟 *Cnaphalcrocis medinalis* Guenee。

研究标本：8♀，广西灵川，1981. IX. 5.，李贵甫。

分布：广西（灵川、罗城、柳江、上林、扶绥）。

愈腹茧蜂族 Phanerotomini Baker，1926

2. 愈腹茧蜂属 *Phanerotoma* Wesmael，1838

(28) 荔枝蒂蛀虫愈腹茧蜂 *Phanerotoma conopomorphae* Tsang, You & van Achterberg，2001（图 24）

Phanerotoma conopomorphae Tsang, You & van Achterberg, 2011, Zootaxa，2892，54.

体长：雌 3.1mm，翅展 2.6mm。

体色：雌体黄褐，唇须和翅基片淡黄，上颚齿和产卵管鞘暗褐，单眼区黑色，柄节和梗节黄色至淡褐，鞭节端部多少黑色，翅淡褐，副 Pt，1 - M，1 - SR，m - cu，M+CU1 黄色，Pt 基部和端部淡黄色，其余翅脉多少褐色，端跗节多少深褐色，后足胫节端部 2/5 烟褐色。

头部：头部横置，背面观头长为宽的 1.8 倍（图 24，1）；触角 23 节，为前翅长的 1.4 倍，近端部 1/3 的节宽（图 24，3），触角柄节长为宽的 2.2 倍，柄节长和宽分别为触角第 3 节的 1.2 和 1.8 倍，第 3 节、第 4 节和端前节长分别为宽的 3.3 倍、2.6 倍和 1.4 倍（图 24，3）；头顶密布细颗粒，无光泽，后头脊明显，复眼大，长为后颊的 2.3 倍，后颊在复眼后方明显收窄（图 24，1），单眼等距离，排成三角形，OOL：OOD：POL＝21：7：3，额微突出，密布小颗粒，颜面和唇基具短毛，颜面稍平坦，密布小颗粒，宽为高的 2.7 倍，前幕骨陷大小中等，远离复眼下端，唇基微微突出，密布小颗粒，与颜面分开，宽为高的 3.5 倍，为颜面宽的 0.75 倍，其腹缘靠近复眼的端部连线（图 24，2），几近平截，并有 2 枚退化的小齿。眼颚距约为上颚基部宽之半（图 24，7），下齿和上齿等长，两齿明显分开（图 24，2）。

胸部：前胸背板完全有颗粒，前胸侧板有颗粒（图 24，4）：盾纵沟弱，中胸盾片有白色短毛，中部主要为皱纹，其余部位颗粒状，后部具弱纵脊；小盾沟浅、窄，

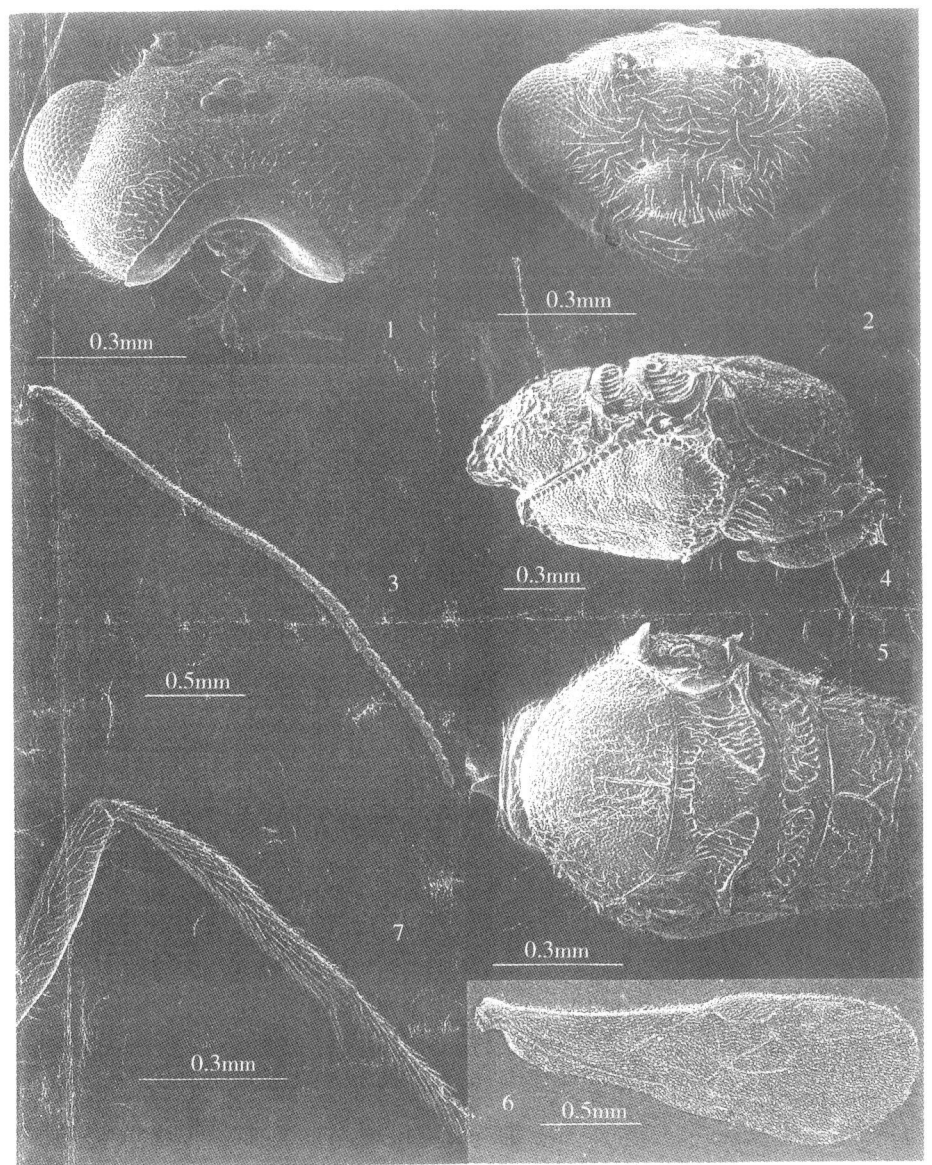

1. 头部背面观；2. 头部正面观；3. 触角；4. 胸部侧面观；5. 胸部背面观；6. 前翅；7. 中足。

图 24 荔枝蒂蛀虫愈腹茧蜂 *Phanerotoma conopomorphae* Tsang，You & van Achterberg

（仿 Tsang，You & van Achterberg，2011）

具 7～8 枚纵脊；中胸盾片具非常细的颗粒，无光泽（图 24，2）。胸腹侧脊正常。基节前沟仅后部收窄，中胸侧板颗粒状（图 24，3）。并胸腹节端部中度斜置，略为基部有横脊，中纵脊叉状，有皱纹，基部有微小颗粒（图 24，5）。前翅 Pt 长为宽的 2.5 倍，r 为 Pt 宽的 0.6 倍，1-R1 为 Pt 长的 1.3 倍，r 出自 Pt 基部 0.6 倍，Pt 大而黄色（图 24，6）。r：2-SR：3-SR：SRI＝10：33：14：88，2-SR 和 SR1 直型，r-m 和 3-SR 等长，m-cu 微前叉，2-CU1 为 1-CU1 的 2.3 倍，1-R1 约为 1-R1 到前翅端部距离的 1.6 倍（图 24，6）。中足胫节在略为基部微加宽（图

24，7），后足腿节、胫节、跗节基节长分别为其宽的 3.6、4.8 和 4.0 倍，后足各跗节长的比分别为 4.0：1.5：1.2：1.5：1.2，跗爪小。

腹部：腹部短于头胸之和，背面观长椭圆形，长为宽的 1.8 倍，腹部第 2 节背板的近端部为最宽，第 3 节背板平，长为第 2 节背板长的 1.4 倍（图 25，1），背脊短，第 1、2 节背板有稍为粗糙的纵皱，第 3 节背板基部有纵皱，其余部分密布小颗粒，中部无光泽。侧面有皱纹，产卵管鞘短，几乎不突出超过甲壳端部，肛下板端部平截（图 25，3）。

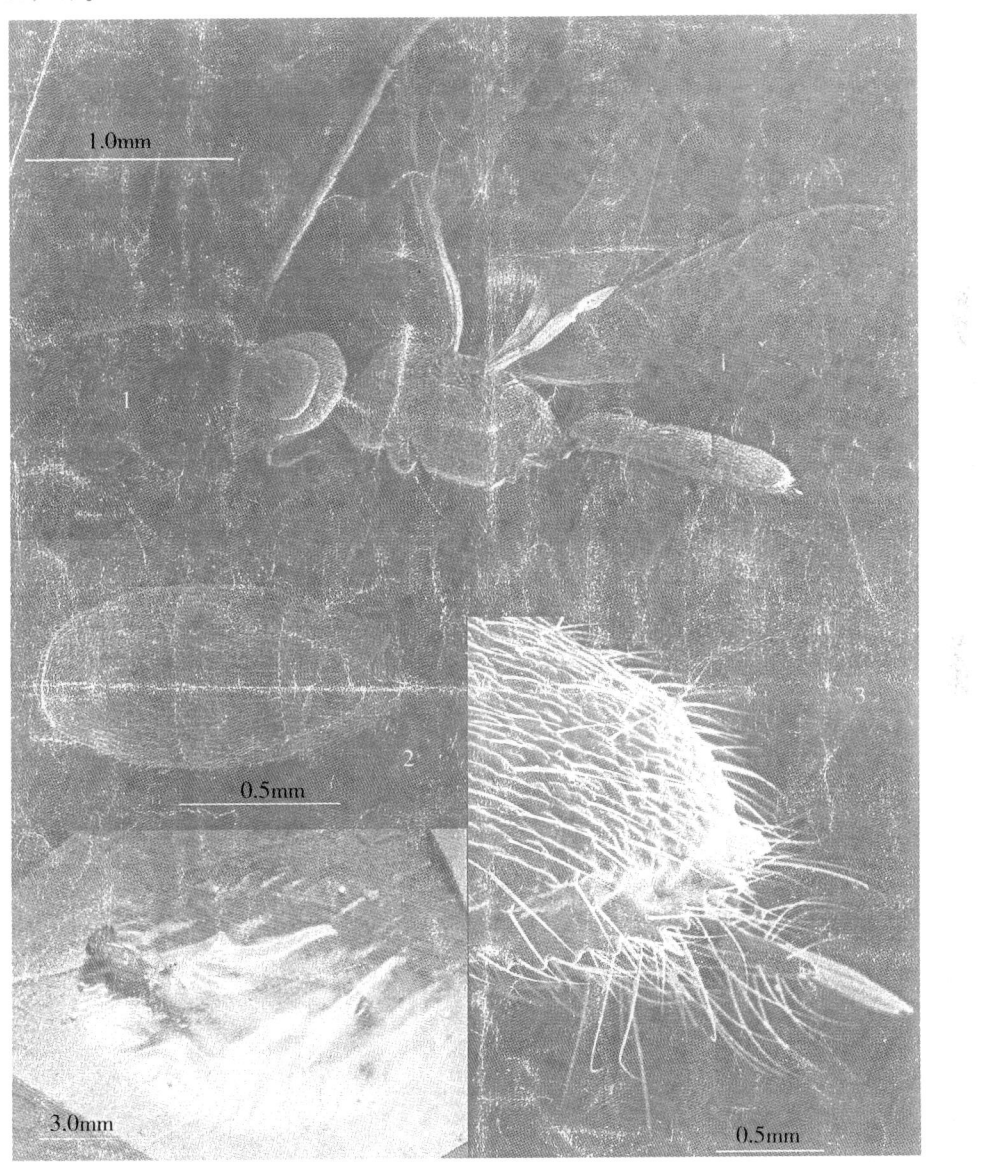

1. 虫体侧面观；2. 腹部背面观；3. 产卵管和产卵管鞘（可见腹部第 3 节背板的片状齿）；4. 成蜂在荔枝叶上的蜂茧羽化。

图 25　荔枝蒂蛀虫愈腹茧蜂 *Phanerotoma conopomorphae* Tsang，You & van Achterberg

（仿 Tsang，You 和 van Achterberg，2011）

雄蜂体长 2.6～3.0mm，前翅长 20.0～2.3mm。与雌蜂似，触角稍长。后足胫节端半部烟褐色。阳茎基侧突中等大小，细长，两侧平衡，尖突较长，刀型，阳茎端部小型，圆。

生物学：寄主荔枝蒂蛀虫 *Conopomorpha sinensis* Bradley（细蛾科 Gracillariidae），取食荔枝 *Litchi chinensis* Sonn 叶片。茧单个，长圆形（图 25，4）。寄主幼虫隐藏在荔枝叶，茎果内，本种茧蜂产卵管短，其寄生可能是产卵在寄主卵内（曾赞安，van Achterberg 等，2011）。

研究标本：65♀，44♂，2006. Ⅷ.22.，6♀，13♂，2006. Ⅸ.10.，20♀，9♂，2006. Ⅱ.6.，8♀，2♂，2007. Ⅰ.12.，10♀，4♂，2007. Ⅱ.21.，采自广东珠海有机荔枝园，OICO13，以上均为曾赞安采。

九、探茧蜂亚科 Ichneutinae Foerster，1862

前眼茧蜂属 *Proterops* Wesmael，1835

（29）黑翅前眼茧蜂 *Proterops nigripennis* Wesmael，1835（图 26）

Proterops nigripennis Wesmael，1835，Watanabe 1937，J. Fac. Agric. Hokkaido（imp.）Univ.，42（1）：142；You et al.，1994，Jour，Wuyi Sci.，11：124；He et al.，2000，Fauna Sinica Insecta（Hymenoptera，Braconidae），vol. 18，342；van Achterberg et al.，2009，Jour Nat. Hist.，43（11－12）：626，630；Yu，van Achterberg et al.，Taxapad，2012，Ichneumonidea 2011，Database on flash-drive，Ottawa，Ontario，Canada.

体长：雌 6.0mm。

体色：头部和胸部黑色。上颊下方，颜面、唇基、颚须、唇须、前胸背面前半部及腹部红黄色；前足，中后足基节至腿节黄褐色，中后足胫节和跗节黄色，后足胫节端部和跗节 1～3 节黑褐；Pt、翅脉，翅膜黑褐色；并胸腹节后半部刚毛褐色，van Achterberg 等报道（2009）朝鲜标本（存匈牙利自然历史博物馆 MTMA），并胸腹节后半部刚毛淡褐（1 头雌蜂刚毛暗褐色），产卵管鞘端部暗褐（1 头保加利亚雌蜂，存 MTMA），通常西北欧和中欧标本产卵管鞘端部暗褐（1 头保加利亚雌蜂，存 MTMA），通常西北欧和中欧标本产卵管鞘端部黄色，上颚，颚眼距腹面和唇基褐色。

头部：头顶光滑具细刻点，触角 38 节，第 3 节和第 4 节等长，单眼中等大小，中单眼位于触角窝之间；颜面隆起，宽为长的 1.75 倍，有带毛细刻点；唇基具窄腹缘（中部不明显）和颜面分界不甚明显，唇基稍隆起，幕骨陷深，上颚长，上齿

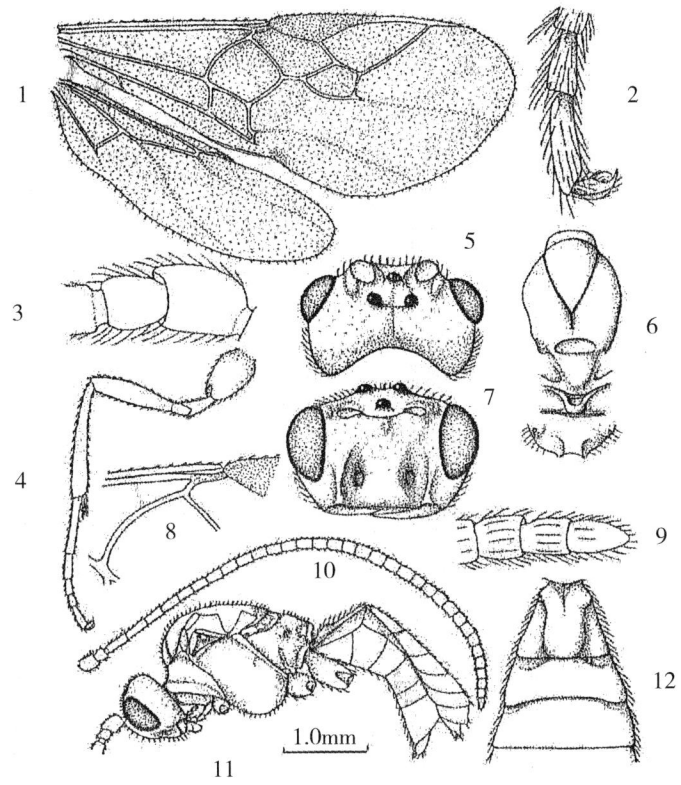

1. 前后翅；2. 后爪外面观；3. 触角柄节和梗节，侧面观；4. 后足；5. 头部背面观；6. 胸部背面观；7. 头部前面观；8. 前翅 1-M 脉，细部；9. 触角端部；10. 触角；11. 整体侧面观；12. 腹部 1～3 节，背面观。

图 26 黑翅前眼茧蜂 *Proterops nigripennis* Wesmael，1835（仿 van Achterberg，2009）

比下齿长大。

胸部：长为高的 1.3 倍，中胸盾片光滑，盾纵沟细后方会合，内无刻条，小盾片前凹深，中后胸侧板有毛，并胸腹节短，翅见图 26，1，2-SR 和 1-SR+M 直或几乎直形。

腹部：扁平、光滑。T1 长和末端宽约相等，中部隆起，侧面有纵沟，T2 和 T3 约等长，产卵管短，刚伸出肛下板。

雄蜂：同雌蜂。

生物学：国外寄主为黑三节叶蜂 *Arge atrate* Foerster，滑三节叶蜂 *Arge enodis* Linnaeus，叶蜂 *Hylotoma berberidis*、*Hylotoma rosae*、*Macrophyia* rustica，类三节叶蜂 *Arge simillima* Smith（Shenefelt，1973）。

研究标本：1♀、1♂，西藏易贡，1973.Ⅴ.9.，李继钧采。

分布：中国（黑龙江、吉林、西藏）。国外分布于朝鲜，日本，中欧和北欧，意大利（南部到西西里岛 Sicily），俄罗斯（北部、中部、远东）（van Achterberg 等，2009）。

小腹茧蜂亚科群 Microgastroid lineages

十、小腹茧蜂亚科 Microgastrinae Foerster，1862

绒茧蜂族 Apantelini

1. 绒茧蜂属 *Apanteles* Forster，1862

（30）柚木野螟绒茧蜂 *Apanteles machaeralis* Wilkinson，1928（图 27）

Apanteles machaeralis Wilkinson，1928，Bull. ent. Res. 19：123；Bhatnagar，
    1950，Indian J. Ent. 10：187；Nixon，1965，Bull. Br. Mus. nat. Hist.，
    Ent. Suppl.，2：72；游兰韶等，1984，Jour. Hunan Agric. Coll.，3：55.

体长：雌 2mm。

体色：黑色。足基节褐色，前足腿节基部、中足腿节基半部，后足胫节端半部
暗褐色，后足腿节深褐，其余部分黄褐色。

头部：头顶、额、颜面有密而微细的刻纹；两后单眼之间的距离大于后单眼到
复眼的距离；触角短于体长，第 17 小节长为宽的 1.25 倍，鞭节有极微细的柔毛。

胸部：中胸盾片稍暗，有细密而不明显的刻点，盾纵沟的皱纹带暗，在后端汇
合并加宽，形成连续的皱纹刻点；小盾片边缘有微细刻纹；并胸腹节有 U 形中区，
气门不被脊包围；中胸侧板前半部有皱纹；前翅 1 - R1 脉稍短，与 Pt 等长，r 与
2 - SR 脉的结合点呈弧形。

腹部：腹部第 1、第 2 节背板黑色。膜质边缘及其他背板均为暗褐色。第 1 节
背板两侧几乎平行，末端稍收缩，背板中部纵形凹陷不明显；第 3 节背板有微细刻
点；产卵管鞘短于后足胫节。

生物学：寄生柚木野螟 *Pyrausta machaeralis* Walker。国外寄生柚木野螟，
瓜野螟 *Glyphodes indica* Saunders。

研究标本：2♀，海南尖峰岭，1974. Ⅴ.，陈芝乡。

分布：中国海南尖峰岭。国外分布于印度、缅甸。

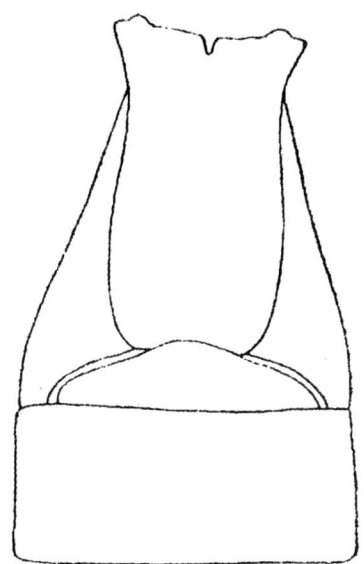

图 27 木野螟绒茧蜂 *Apanteles machaeralis* Wilkinson，1928 腹基部 3 节背板

（仿 Bhatnagar，1950）

注：Papp（1990）已将游兰韶等（1978—1990）发表的中国小腹茧蜂亚科 Microgasterinae 4 属 26 种作新组合 comb. nov. 处理。另游兰韶等（2000）亦将湖南小腹茧蜂亚科 Microgastrinae 的 19 种按 Mason（1981）分类系统报道，进行属的转移，放弃了 Nixon（1965）系统绒茧蜂属 *Apanteles* 按种团 group 分类的方法。宋东宝（2004）仍将上述作者已组合过的 30 多种作新组合 comb. nov. 报道，重复新组合并无分类学意义也无必要。本专著按 Yu，van Achterberg（2005）等的分类系统介绍。

(31) 黑绒茧蜂 *Apanteles ater*（Ratzeburg），1852（图 28）

Apanteles ater（Ratzeburg）Wilkinson，1945，Trans. R. ent. Soc. Lond. 95：197，Telenga，1955，Fauna SSSR 5（4）：61，Nixon，1965，Bull. Br. Mus. nat. Hist.，Ent. Suppl.，2：74；Nixon，1976，Bull. ent. Res. 65：707；Tobias 1976 Braconid of Caucasian（Hymenoptera，Braconidae）. Leningrad，pub. "Science"，P. 204；Papp，1980，Ann. Hist-Nat. Mus. Nat. Hung. 72：255 - 271；游兰韶等 1984，湖南农学院学报，3：52；何俊华等，2004，浙江蜂类志，645.

体长：雌 2.4mm

体色：黑色。足基节黑色，前足除转节和腿节基部暗褐色外，其余浅黄褐色；中后足转节，中足腿节基部 3/4 及后足胫节端部 1/2 深褐色，后足除腿节黑色外，其余金黄褐色。

头部：颜面、唇基、额，头顶都有微细刻点；两后单眼之间的距离小于后单眼

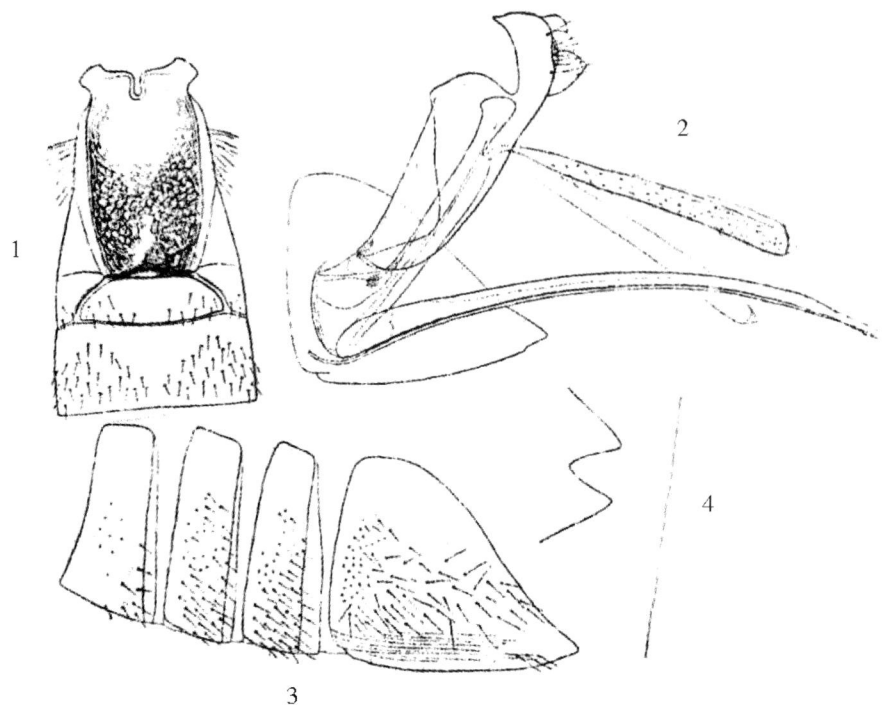

1. 腹基部 3 节背板；2. 产卵管和产卵管鞘，侧面；3. 肛下板，侧面观；4. 肛下板，背面观。

图 28　黑绒茧蜂 *Apanteles ater*（Ratzeburg），1852（仿 Wilkinson，1945）

至复眼的距离；触角短于体长（7：8），15～17 小节的长稍大于宽。

胸部：中胸盾片暗，稍有光泽，密集微细刻点，盾纵沟后端有细线和刻纹。小盾片有光泽，有浅而微细的刻点；并胸腹节有浅的 V 形中区，气门后方有一稍明显的斜脊，前翅透明，翅面微毛有色。Pt 浅黄色，具暗色边缘。前翅 C＋Sc＋R 脉、1－R1 脉、r 脉、2－SR 脉、2－M 脉均为浅褐色，其余脉无色。1－R1 脉长约为径室末端至 1－R1 脉距离的 4 倍；后翅臀叶最宽部分凹陷无缘毛；前足端跗节具一明显的端刺。

腹部：腹部第 1 节背板端半部明显变窄，有皱纹；产卵管鞘约与后足胫节等长，稍向下弯曲。

生物学：茧白色，群集。寄主有黄斑长翅卷蛾 *Acleris fimbriana* Thunberg，棉褐带卷蛾 *Adoxophyes orana* Fischer von Röslerstamm。国外寄主蔷薇斜条卷叶蛾 *Cacoecia rosana* Linnaeus，苹果角纹卷叶蛾 *Cacoecia xylosteana* Linnaeus，棉褐带卷蛾。

研究标本：2♀，山西太谷，日期不详，曹克诚。

分布：中国山西（太谷）。浙江、广东（何俊华等，2004）。国外分布于德国、英国、法国、俄罗斯。此种系古北区种。

（32）织网衣蛾绒茧蜂 *Apanteles carpatus*（Say，1836）（图 29）

Apanteles carpatus（Say），Muesebeck（1920）1921 Proc. U. S. natn. Mus。58：515；Watanabe 1934 Insecta matsum. 8：142；Fahringer，1936，Opusc.，bracon. 4（1－3）：158；Nixon 1965 Bull. Br. Mus. nat. Hist，Ent. Suppl. 2：75；Krombein et al. 1979 Cat. Hymen. Amer. N. Mex. Smithsonian Inst. press Vol.1，p.244；游兰韶 等，1984，湖南农学院学报，3：53.

Apanteles igae. Watanabe，1932，Insecta matsum. 7：97.

体长：雌 2.6mm。

体色：雌黑色。触角柄节暗褐色，鞭节红褐色；口器、腹部基腹面暗红褐色；前、中足基节暗红褐色，其余黄褐色；后足基节黑色，其余红褐色；翅透明，Pt 和翅脉褐色；翅基片黄色。产卵管鞘黑色。

头部：头具浅而愈合的刻点；触角粗壮，短于体长（16：17）；端前节长为宽的 2 倍，15～17 小节方形；头顶和颜面具浅而愈合的刻点。

胸部：中胸盾片有刻点，刻点在盾纵沟处细而密集，至后缘分布扩大；小盾片光滑，有光泽，有少数分散刻点，并胸腹节有粗糙网状皱纹，中区明显，中区内及并胸腹节基部有皱纹，分脊弱；Pt 宽，有白色基点；r 脉稍短于 Pt 的宽，长于 2－SR 脉，2－SR＋M 脉稍长于 2－M；后足基节有网状皱纹，胫距不等，内距长于后足跗节基节的 1/2。

腹部：腹部第 1 节背板端部宽于基部，长为端部宽的 1.37 倍（15：11），第 1

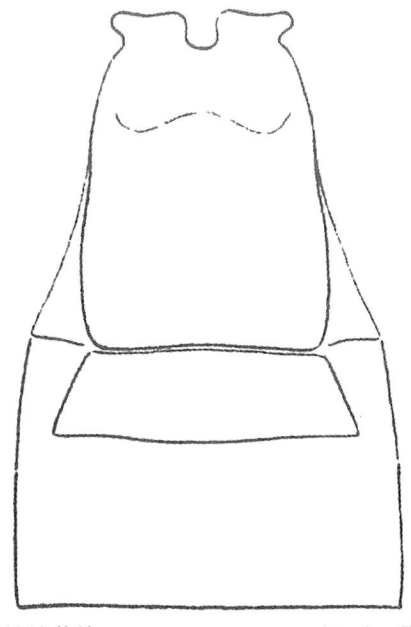

图 29　织网衣蛾绒茧蜂 *Apanteles carpatus*（Say），腹基部 3 节背板

节背板有纵皱纹，端部中央有一光滑小突起；第 2 节背板很短，其高约为第 3 节背板高的 0.43 倍，有微细皱纹，侧沟深；第 3 节背板及接续背板光滑有光泽；产卵管突出，产卵管鞘宽，有浅色长毛，稍长于后足胫节（31：30）。

生物学：织网衣蛾 *Tinea pellionella* Linnaeus。国外寄主织网衣蛾、毛毡衣蛾 *Trichophaga tapetzella*（Linnaeus）、负袋衣蛾 *Tineola biselliella*（Hummel）、衣蛾 *Tinea fuscipunctella* Haworth.

研究标本：1♀、1♂，四川重庆，1982. Ⅹ.，赵志模。

分布：四川重庆。浙江、台湾（何俊华等，2004）。亚洲、欧洲、澳洲、非洲和美洲。

注：本种为 Say 1836 年首先报道［Boston J. nat. Hist. 1（3）：263］，1932 年日本渡边千尚（C. Watanabe）将本种误定为新种 *Apanteles igae* Watanabe，后经美国 C. F. W. Muesebeck 指出 *Apanteles igae* Watanabe 为本种异名，尔后渡边千尚（1934）本人订正。本种在我国为周梁镒（1979）首先报道，分布台湾省。衣蛾绒茧蜂是寄主栖境专一性寄生蜂，对寄主栖息地利他素指示物和专门的栖境有反应，能被织网衣蛾危害的海狸或兔子的毛皮吸引（黄安平，游兰韶等，2015）。

（33）拟纵卷叶螟绒茧蜂 *Apanteles cyprioides* Nixon，1965（图 30）

Apanteles cyprioides Nixon，1965，Bull. Br. Mus. nat. Hist.，Ent. Suppl. 2：
48；游兰韶等，1983，农垦生防，（7 - 8）：17；陈家骅等，2004，中国小腹茧蜂，43.

体长：雌 2.4mm。

体色：黑色。下颚须和胫距浅黄色。

足：除所有基节，中足腿节基半部，后足腿节、胫节端部 1/4 为黑色，后足跗节暗褐色外，足的其他部分均为黄褐色；翅透明，前翅 C＋SC＋R 脉，Pt、1 - R1 脉暗褐色；r 脉和 2 - SR 脉连接处呈角度。腹部除膜质边缘暗褐色外，腹部黑色。

头部：背面观横置，头顶刻点细，颊有模糊刻点，触角长于体。

胸部：中胸盾片密布明显刻点，小盾片光滑有光泽；并胸腹节密布皱纹，有中区，围成中区的脊弱。

腹部：腹部第 1 节背板长方形，端部 1/3 处稍收窄；第 2 节背板有界限明显的中域，第 2 节背板为第 3 节背板高的 1/2；产卵管鞘长，与后足胫节等长；肛下板骨化弱，中部有中纵折。

雄蜂体长 2.2mm，触角比体长；Pt 透明，有暗褐色的边；足的颜色比雌蜂深。

茧：单个，体长 3.8mm，纯白色。

生物学：寄主甘薯暖地麦蛾 *Brachmia macroscopa* Meyrick（湖南长沙）。

研究标本：2♀，2♂，湖南长沙，1980.Ⅸ.5.，游兰韶。

分布：湖南（长沙），福建（陈家骅等，2004）。国外分布于菲律宾（Los Banos，

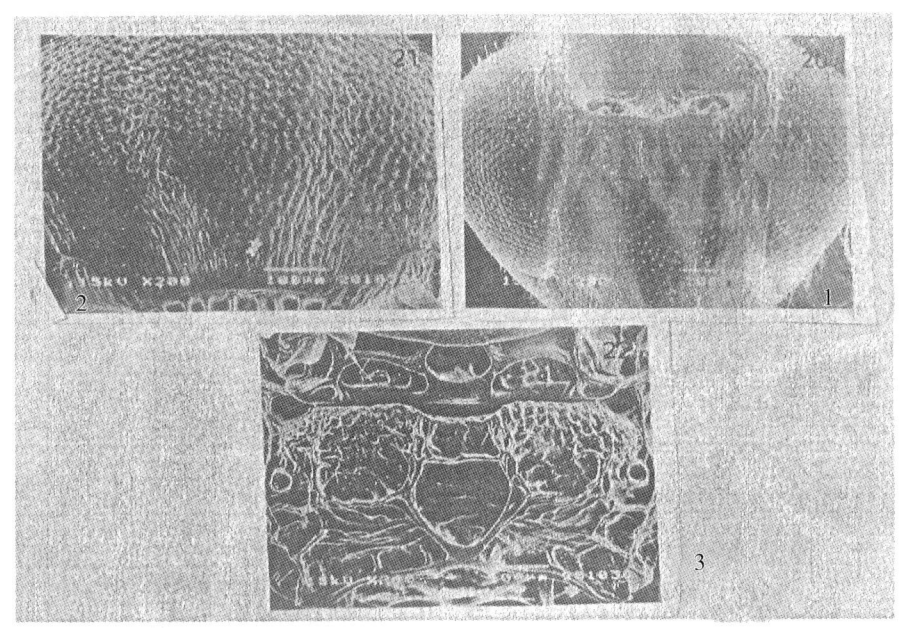

1. 头部正面观；2. 中胸盾片；2. 并胸腹节。

图 30 拟纵卷叶螟绒茧蜂 *Apanteles cyprioides* Nixon

吕宋岛、马尼拉），马来西亚、新加坡。

注：本种和纵卷叶螟绒茧蜂 *A. cypris* Nixon 相似，本种中胸小盾片光滑、有光泽；前翅 r 脉和 2-SR 脉连接处呈角度；后翅臀叶最宽部分稍凹陷；并胸腹节围成中区的脊弱；第 1 节背板长方形，第 3 节背板高为第 2 节背板高的 2 倍；产卵管鞘侧面观稍窄。纵卷叶螟绒茧蜂中胸小盾片光滑、有较少浅刻点；前翅 r 脉和 2-SR 脉连接处呈弧形；后翅臀叶最宽部分明显凹陷；并胸腹节围成中区的脊强；腹部第 3 节背板为第 2 节背板高的 3 倍。产卵管鞘侧面观稍窄。

福建省报道 1988—1998 年调查分布 19 个地点，捕获 96 头雌蜂，无寄主记录，湖南省寄主为红茹麦蛾，红茹分布普遍。

(34) 黑泽绒茧蜂 *Apanteles kurosawai* Watanabe，1940（图 31）

Apanteles kurosawai Watanabe，1940，Ins. Mats. 19（2 & 3）：91；Shenefelt. 1972，Hym. Cat.（nov. ed.），7：545；何俊华等，2004，浙江蜂类志，651；罗庆怀，2007，雷公山景观昆虫，628.

体长：2.5～3.0mm。

体色：体黑色，包括触角和翅基片均为黑色；须和胫距淡黄色或浅黄白色。Pt 褐色，边缘略深；足除前足腿节端半部、胫节和跗节带红褐色。中足胫节基部和腿节端部及跗节有时为褐色外，其余均为黑色。

头部：头部表面刻点致密；雌蜂触角等于或稍短于体长，雄蜂触角长为体长的 1.4～1.5 倍。

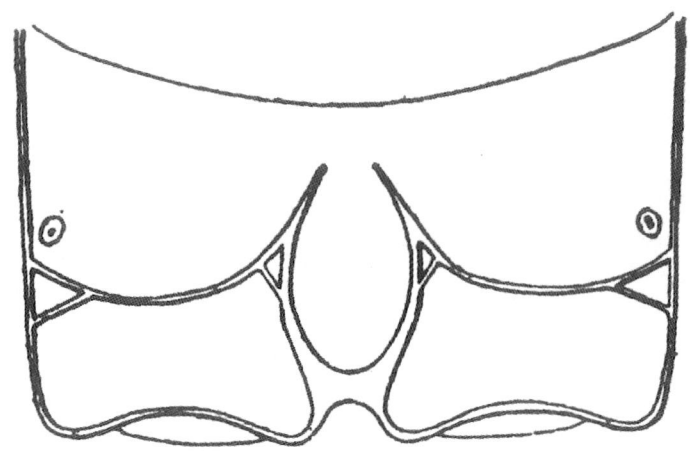

图 31 黑泽绒茧蜂 *Apanteles kurosawai* Watanabe，1940 并胸腹节（仿 Watanabe，1940）

胸部：中胸盾片密布刻点，盾纵沟不明显，后方稍凹，盾纵沟所在位置的刻点大于盾纵沟外的刻点；小盾片光滑有光泽，刻点模糊；中胸侧板后半部光滑，前半部具刻点；并胸腹节具皱纹，中区和分脊明显，中区基部开口。1 - R1 脉长于 Pt，Pt 长约为宽的 3 倍，Pt 宽约与 r 脉等长；r 脉稍长于 2 - SR，两者间的角度不十分明显；2 - SR 与 m - cu 约等长，2 - M 着色部分约等于 2 - SR 的 1/2，后足胫节长约为基跗节长的一半。

腹部：腹部第 1 节背板表面具皱纹（雄蜂此节表面较雌蜂的粗糙），长约为宽的 1.5 倍，除基部稍宽和端部略窄外，两侧缘近乎平行或略呈弧形；腹部第 2 节背板小，近三角形，端部宽约中部长的 3 倍以上；第 3 节背板长为第 2 节背板长的 1.5 倍。产卵管鞘和后足腿节等长。

生物学：寄主为桑绢野螟 *Diaphania pyloalis*（Walker）。

研究标本：1♀，1♂，贵州雷公山，日期不详，罗庆怀。

分布：贵州（雷公山）、浙江。国外分布于日本。

（35）长尾绒茧蜂 *Apanteles longicaudatus* You et Zhou，1991（图 32）

Apanteles longicaudatus You et Zhou，1991. Entomotaxonomia，13（1）：39.

体长：雌 5.4mm，产卵器 4.4mm，雄 4.0mm。

体色：雌，体黑色，大型；唇基、上颚、触角柄节基半部、足（除后足腿节端部、胫节端部及跗节色稍深外）均为红黄色；翅乳白透明，C＋Sc＋R、Pt 边缘及 1 - R1 深褐色，Pt（除边缘）及其余脉黄色。

头部：头横阔（17：9），略窄于胸部；颜面、头顶、后头均有微细刻点及白色柔毛，后头刻点稍大。单眼排列呈矮三角形，侧单眼距约为单复眼距的 0.82 倍，为侧中单眼间距的 3 倍。触角短于体，端前节长为宽的 3 倍。

胸部：胸部长（中胸盾片＋小盾片）、宽、厚之比为（48～49）：（35～36）：45；

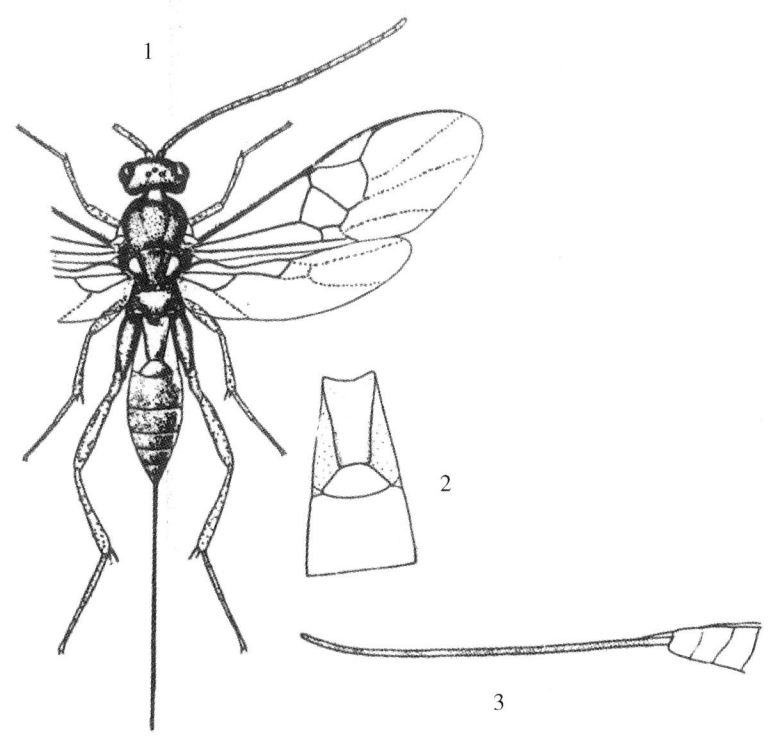

1. 背面观；2. 腹基部背板；3. 雌性外生殖器侧面观。

图 32　长尾绒茧蜂 *Apanteles longicaudatus* You et Zhou，1991

前胸背板有刻点，背沟明显。中胸盾片有微细均匀的刻点，盾纵沟上的刻点较为密集；中胸小盾沟浅而稍弯，沟内无脊；小盾片光滑，具极稀疏小刻点，小盾片侧面的光滑带较宽。中胸侧板前段刻点大而密集，后端小而分散。并胸腹节除端部中央、后侧区端部有皱纹及中部有极微弱浅刻点外，其余平滑有光泽。前翅约与体等长，Pt 短于 1－R1 脉（6：7），r 脉长于 2－SR 脉（4：3），两脉连接点不明显，其余见图 32，1。后足基节稍长于腹部第 1、2 背板之和，后足胫节内距、外距、跗节基节的比为 9：11：28。

　　腹部：腹部窄于胸部，长于头胸之和，第 1 背板拱形，中部有光滑的隆起，从基部向端部逐渐收缩，长为端部宽的 2.5 倍，除端半部两侧具极微弱的刻点外，完全光滑有光泽；第 2 背板中域小，梯形，光滑，侧沟不甚明显，端部的宽为长的 2.2 倍，长为第 3 背板的 0.44 倍。肛下板小，末端尖锐；产卵管鞘长为后足胫节长的 2.6 倍。

　　雄：触角长于体，翅透明，但不呈乳白色，其余同雌蜂。

　　生物学：寄主透翅蛾 *Synanthedon* sp.（采自檫树）。

　　研究标本：1♀，1♂，江西靖安，1982.Ⅵ.9，盛金坤采；2♀，4♂，江西靖安，1982.Ⅵ.9，盛金坤采。

　　分布：江西。

（36）蜡螟绒茧蜂 *Apanteles galleriae* Wilkinson，1932（图 33）

Apanteles galleriae Wilkinson，1932. Stylops，1：139；Wilkinson，1934，
Stylops，3：154；Fahringer，1936. Opusc. bracon. 4（1 - 3）：177；Te-
lenga，1955. Fauna SSR，5（4）：60；Nixon，1965. Bull. Br. Mus. nat.
Hist.. Ent. Suppl. 2：75；You et al.，1996. Jour. Hunan Agric.
Univ.，22（2）167；You et al.，2000，Jour. Hunan Agric. Univ.，26
（5）：396；He et al，2004. Hym. Insect Fauna Zhejiang，648；You et al.，
2006，Jour. Hunan Agric. Univ. 32（5）：517（biology）；He et al.，
2009，Chinese Jour. BioI. Cont. 25（3）：200（biology）.

生物学：寄主有大蜡螟 *Galleria mellonella*，蜡螟 *Achroia grisella*。在长沙
及贵州仁怀县以蜂茧（蛹）在中蜂 *Apis cerana* 蜂巢（蜂箱）内过冬。单寄生。茧
灰白色，单个，长 4.5mm，宽 2.4mm。何建云等（2006）报道此蜂在长沙室内饲
养每年 5 代，喜寄生 2～3 龄蜡螟幼虫。一生可产卵 34～68 粒，在 25℃条件下平均
寿命 35 天，在长沙地区以茧蛹在 10 月底至 11 月初越冬，翌年 5 月中旬化为成蜂。
解剖寄主幼虫，发现蜡螟绒茧蜂可在同一寄主体内产多粒卵，最多时可达 11 粒，
大多数卵在寄主体内均可孵化，但发育最占优势的幼虫可抑制其他幼虫的发育。若有

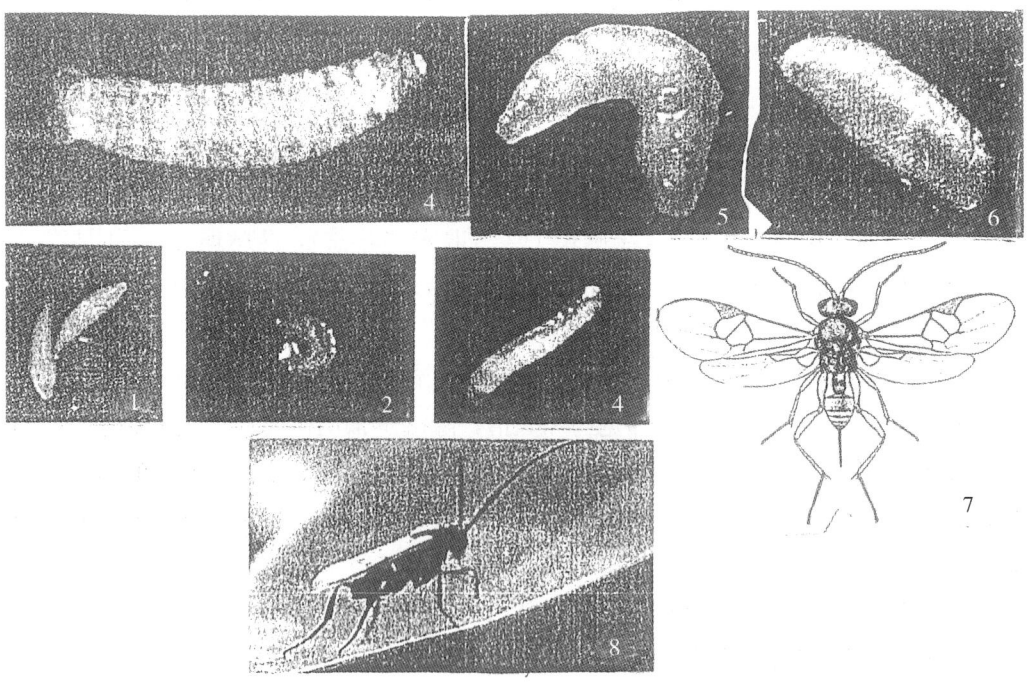

1. 在 25℃下发育 1 天的卵；2. 一龄幼虫；3. 二龄幼虫；4. 在寄主体内三龄幼虫；5. 钻出寄主体外的老
熟幼虫；6. 蜂茧；7. 雌蜂；8. 雄蜂。

图 33　蜡螟绒茧蜂 *Apanteles galleriae* Wilkinson（1～6、8 仿何建云等）

2～3头寄生蜂幼虫同时发育长大，则会严重影响寄主幼虫的发育，在寄生蜂未出茧之前，寄主幼虫死亡。

龄期选择：蜡螟绒茧蜂能寄生大蜡螟1～4龄幼虫，当2、3、4龄幼虫同时存在时，对2龄和3龄幼虫的寄生率显著高于对4龄幼虫的寄生率。寄生4龄幼虫的蜡螟绒茧蜂发育速度较寄生3龄和2龄幼虫要快，且成蜂的个体要大一些。蜡螟绒茧蜂对4龄幼虫的寄生能力随日龄增大而逐渐下降，通常不寄生5龄幼虫，可能是由于寄主个体大，活动性强，蜡螟绒茧蜂寄生攻击时难以制服寄主；或是寄主藏于蜂箱隧道中取食，寄生蜂难以接触到寄主之故（何建云等，2009）。

功能反应：设22℃、25℃、30℃、32.5℃、35℃5个温度，每个温度下设置6、12、18、24、30、36头大蜡螟2～3龄幼虫6个密度，各温度密度组合重复5～6次。试验时，在罐头瓶内置少量巢脾，按试验设计的虫口密度将大蜡螟2～3龄幼虫分别移入罐头瓶内，半小时后引入1头已交配雌蜂，移到设定温度下让其寄生16h后，去除雌蜂，继续饲养大蜡螟幼虫，每天检查直至大蜡螟幼虫化蛹或寄生蜂结茧完毕。

蜡螟绒茧蜂在不同温度、密度下寄生的寄生数见表1，结果表明，在一定的寄生密度范围内，大蜡螟被寄生幼虫数随寄主密度的增加而增加，而超过这个范围时，大蜡螟被寄生虫数反而减少。根据表1的数据，对Holling模型的参数进行估计，结果见表2。由表可知，在22℃～32.5℃温度范围内，瞬时攻击率随温度的升高而增加，处理时间随温度的升高而缩短。对模型进行显著水平检验，各温度下的Holling圆盘方程均达到显著水平，说明在各个温度下的功能反应均能用Holling圆盘方程拟合，以剩余平方和Q值的大小，判断各方程的拟合精度，以22℃条件下的模型拟合效果最好（何建云等，2006）。

研究标本：2♀，长沙，1996.Ⅷ.，游兰韶，刘劲军。

分布：湖南、贵州。浙江（何俊华等，2004）。国外分布于印度、法国、毛里求斯、阿根廷。

表1　　　　蜡螟绒茧蜂在不同温度、寄主密度下寄生的寄生数

温度/℃	寄主密度					
	6	12	18	24	30	36
22	2.33	4.83	6.33	7.16	8.33	8.83
25	3.83	7.83	12.33	13.67	15.83	14.67
30	3.67	8.33	12.83	14.67	16.00	15.50
32.5	4.17	9.33	14.67	16.33	17.50	17.17
35	4.33	8.50	12.00	14.67	15.62	15.33

表 2   不同温度下蜡螟绒茧蜂功能反应的参数估计值

温度/℃	a±Se	Th±Se	Q	F	P
22	0.0336±0.0026	0.9587±0.0911	28.9242	445.175	0.00003
25	0.0622±0.0137	0.5453±0.1393	99.7543	60.2609	0.00148
30	0.0645±0.0139	0.5182±0.1318	111.763	63.8966	0.00133
32.5	0.0746±0.0171	0.4865±0.1222	133.278	52.4241	0.00168
35	0.0667±0.0112	0.5546±0.0998	98.0878	100.271	0.00056

（37）茶谷蛾绒茧蜂 *Apanteles* **sp.** （图 34）

Apanteles sp.，Mason，1981，Mem. Entomol. Soc. Can.，115，50.

生物学：寄主茶谷蛾 *Agriophara rhombata* Meyrich（谷蛾科 Tineidae）。

研究标本：6♀，云南勐海，日期不详，罗亨文。

属征：肛下板大，末端尖，肛下板中部有一列纵细线，至少中部明显折叠；产卵管鞘常长，全长有毛，出自负瓣片或负瓣片端部，很少情况下产卵管鞘长为后足胫节长之半，产卵管缓缓地下弯，逐渐变尖，有些种类肛下板短，上无折叠，产卵器也短；腹部 T1 极长于宽，两侧近平行或桶形，端部明显收缩，末端中部有明显皱纹或刻条；T2 宽大于长，两侧分界不明显或明显分界，T3 稍长于 T2 或明显长

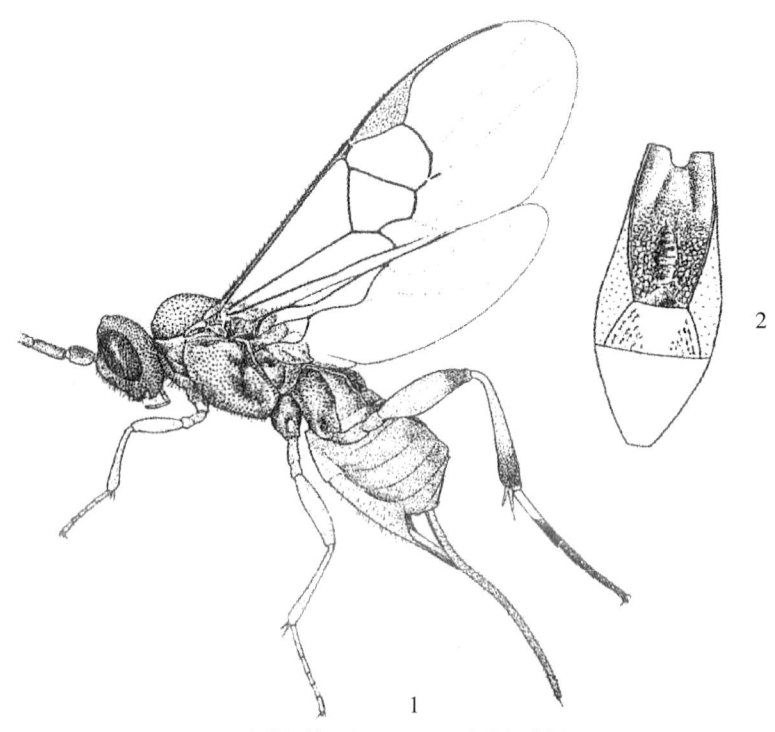

1. 成蜂整体，侧面观；2. 腹基部背板。

图 34   茶谷蛾绒茧蜂 *Apanteles* **sp.**

于 T2，并胸腹节无光滑或有粗糙皱纹，无中纵脊，有中区和分脊，无分脊时，中区呈 U 形，或中区呈凹入刻痕状；少数情况下并胸腹节光滑，有皱纹，无分脊。后胸侧板前缘有一对着生刚毛侧突，中胸循片有粗糙或微小皱纹，在小盾片之前，盾纵沟的后段是密生皱纹的亚侧区，皱纹呈纵细线。后翅臀叶边缘凹陷，后部无毛，或臀叶边缘直，有少数短毛，少数情况下臀叶边缘突出，突出的线条稍平，毛稀疏。后足胫节内距不或几乎不达到跗节基节的中部。后翅臀叶最宽处外方明显凹入，凹缘完全无缘毛，后翅 cu‐a 强内曲，明显长于 1‐IAo T1 后方收窄，背板（2＋3）的中区横置，产卵管鞘长约为后足胫节长的 1.6 倍。

（38）南宁绒茧蜂 *Apanteles* sp.（图 35）

Apanteles sp.，Mason，1981，Mem. Entomol. Soc. Can.，115，50.

注：本种属绒茧蜂属 *Apanteles* Foerster，属征见茶谷蛾绒茧蜂 *Apanteles* sp.。

本种属 Nixon（1965）分类系统的 *mycetophilus* 种团，此种团分布于印度—东洋区，在我国极少能捕获，特征为 IR1 至少为其至径室端部距离的 4 倍；后翅臀叶最宽处直，或均匀地微弯，无缘毛；后翅肘室不高于宽；并胸腹节无中纵脊，无中区。肛下板长，沿中线折叠，有折痕，产卵管鞘长于后足胫节；腹部第 1 背板至端部狭窄。Mason（1981）把此种团归入绒茧蜂属 *Apanteles*。

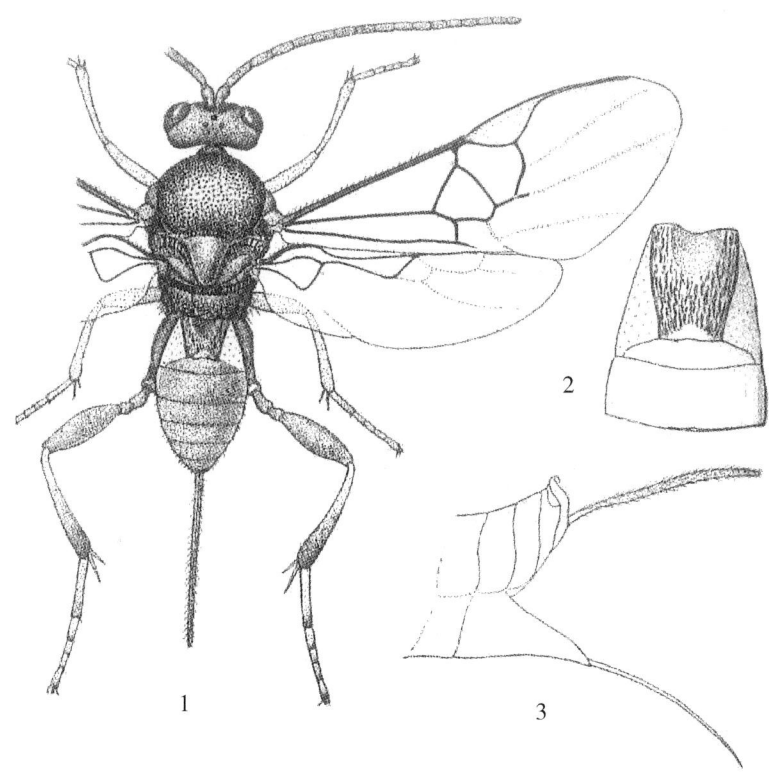

1. 成蜂整体图；2. 腹基部背板；3. 肛下板。

图 35 南宁绒茧蜂 *Apanteles* sp.

生物学：捕自冬青树（holly tree）。

研究标本：1♀，广西南宁，日期不明，周至宏采。

2. 长绒茧蜂属 *Dolichogenidea* Viereck，1911

(39) 稻三点螟长绒茧蜂 *Dolichogenidea amaris*（Nixon，1967）（图 36）

Dolichogenidea amaris（Nixon，1967），陈家骅等，2004，中国小腹茧蜂，99.

Apanteles amaris Nixon，1967，Bull. Br. Mus. nat. Hist.（Ent.）21（1）：32；游兰韶等，1983，动物学研究，4：176；游兰韶等，1984，湖南农学院学报，3：55；云南天敌资源协作组，1988，云南水稻害虫天敌种类鉴别，云南科技出版社，60；何俊华等，1991，中国水稻害虫天敌名录42.

雌：体长 2.2mm。

体色：黑色。触角柄节黑色，鞭节褐色；前足和中足红黄色，后足基节基半部黑色，端半部红黄色，转节、腿节、胫节除末端色暗外均为红黄色；前翅 C＋SC＋R 脉、1-R1 脉暗褐色，Pt 及其余脉褐色，Pt 有暗红色边缘。

头部：颜面、头顶、后颊均有光泽及极微细刻点；触角长于体（17：16），端前节长为宽的两倍，第 17 小节长宽相等。

胸部：中胸盾片暗，具绸缎光泽，刻点细而密，其盾纵沟上刻点粗糙；并胸腹节有模糊皱纹，中区不明显，后侧区明显。前翅中室密布有色微毛，第 1 肘室宽大于高（15：11）。

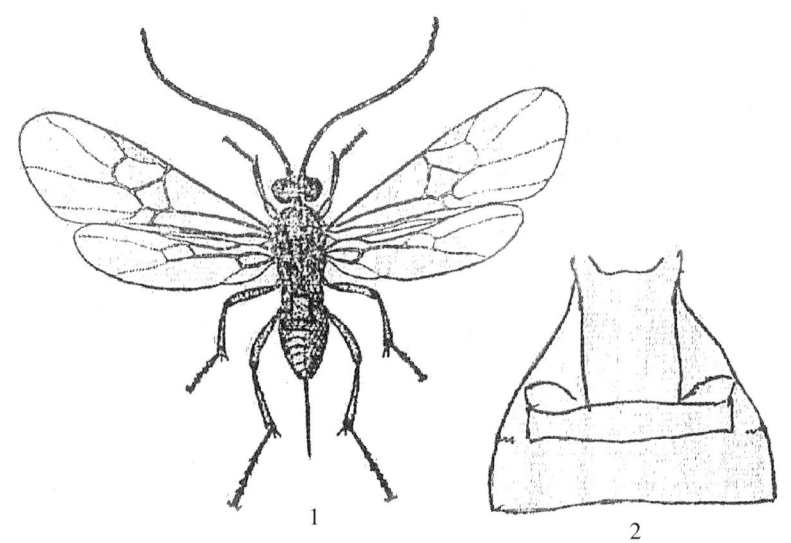

1. 整体图；2. 腹基部 3 节背板。

图 36　稻三点螟长绒茧蜂 *Dolichogenidea amaris*（Nixon）

（1 仿云南天敌资源协作组，1988；2 仿 Nixon，1967）

腹部：腹部第 1 节背板黑色，两侧平行，其长度明显大于它的宽，密布网状皱纹，两侧有较宽的暗红褐色膜质边缘；第 2、3 背板有光泽，中域有模糊的网状皱纹；腹部除第 1 节背板外，其余部分密布非常微细的柔毛；产卵管鞘稍长于后足胫节（30：29），产卵管向下弯曲。

生物学：寄主稻三点螟 *Nymphula depunctalis* Guenée，瑞丽 9 月上旬调查对稻三点螟幼虫寄生率达 74.86%。茧单个，长圆筒形，白色，在寄主幼虫卷成的筒形叶片内。国外泰国寄主稻三点螟。

研究标本：3♀，云南瑞丽，1981‑Ⅷ‑5，郑伟军。

分布：云南瑞丽；双江、勐腊、澜沧（云南天敌资源协作组 1988）。国外分布于泰国。

(40) 阿宗长绒茧蜂 *Dolichogenidea aso*（Nixon，1967）（图 37）

Apanteles aso Nixon，1967，Bull. Br. Mus. nat. Hist（ent.），21（1）：30；游兰韶
　　等，1983，动物学研究，4：176；游兰韶等，1984，湖南农学院学报，3：55；
Dolichogenidea aso（Nixon，1967），陈家骅等，2004，中国小腹茧蜂，101，
　　Yu et al.，2005 World Ichneamonoidea 2004，Taxapad，CD/DVD.

体长：雌 2mm。

体色：黑色。足基节黑色；前足除腿节端半部，中足除胫节基半部黄褐色外；其余暗褐色，后足腿节除末端和胫节基半部黄褐色外，其余部分黑色，而胫节端半部及跗节暗褐色。

头部：颜面、额和头顶有光泽和微细刻点；单眼排列呈三角形，两后单眼的距离小于后单眼至复眼的距离（3：5），触角比体稍短（15：17）；端前节长为宽的 2 倍。

胸部：中胸盾片密集刻点；小盾片平坦，有稀疏而微细刻点；并胸腹节中区大、六边形，基部开口，基横脊明显，除后侧区光滑有光泽外，其余部分有细刻纹；翅透明。前翅 Pt. C＋SC＋R 脉、1‑R1 脉暗褐色，Pt 基部色浅。中室微毛褐色，r 脉和 2‑SR 脉短结合点不明显，r 脉长于 m‑cu 脉和 Pt 的宽，m‑cu 脉和 Pt 的宽等长，1‑R1 脉长于 Pt。

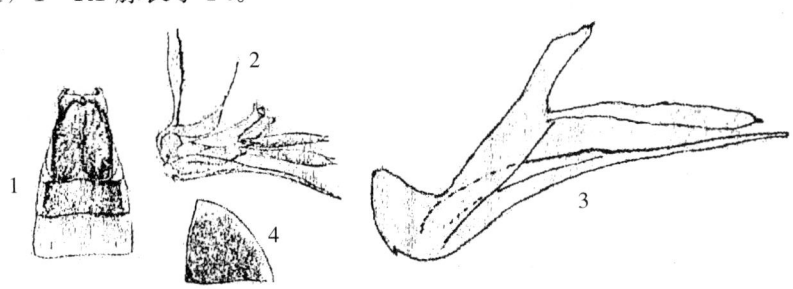

1. 腹部背板 1～3 节；2. 雌性外生殖器；3. 肛下板。

图 37　阿宗长绒茧蜂 *Dolichogenidea aso*（Nixon）（仿 Nixon，1967）

腹部：腹部除第 1、2 节背板膜质边缘，腹部基腹面暗黄褐色外，其余黑色；第 1 节背板几乎平行，背板中段有中脊，从中脊向两侧下方伸出纵刻纹；第 2 节背板有微弱皱纹；第 3 节背板及接续背板光滑有光泽；产卵管和后足跗节基节等长，产卵管端半部变细部分与基半部加宽部分等长，而产卵管鞘短于后足跗节基节（4：5）。

生物学：寄主云南松毛虫 *Dendrolimus latipennis* Walker。国外寄主枯叶蛾 *Lasiocampid* sp.。茧大，长 4cm，宽 2.7cm。白色，无光泽。附着在松毛幼虫体背和两侧呈棉絮状。

研究标本：3♀，2♂。云南昆明海口林场，1974. Ⅵ，蒋昭龙。

分布：云南昆明，印度。

注：Nixon（1967）取本种名为 aso，没有说明其含义。我们权且借用"日本姓名译名手册"（张竞干主编，1978，科学技术出版社，P18），该书 Aso 译为阿宗。宋东宝（2004）改中文种名为阿棕未见说明。

（41）刺蛾长绒茧蜂 *Dolichogenidea parasae*（Rohwer，1904）（图 38）

Apanteles parasae Rohwer，1922，Treubia，3：54；Wilkinson，1928，Bull. ent. Res. 19：129；Nixon，1967，Bull. Br. Nixon，1967，Bull. Br. Mus. nat. Hist.（Ent.），21（1）：22；游兰韶等，1983，动物学研究，4：176；游兰韶等，1984，湖南农学院学报，3：56.

Dolichogenidea parasae（Rohwer，1904），何俊华等，2004，浙江蜂类志，656；曾爱平等，2009，茧蜂分类和雄性外生殖器的应用，143.

体长：雌 2mm。

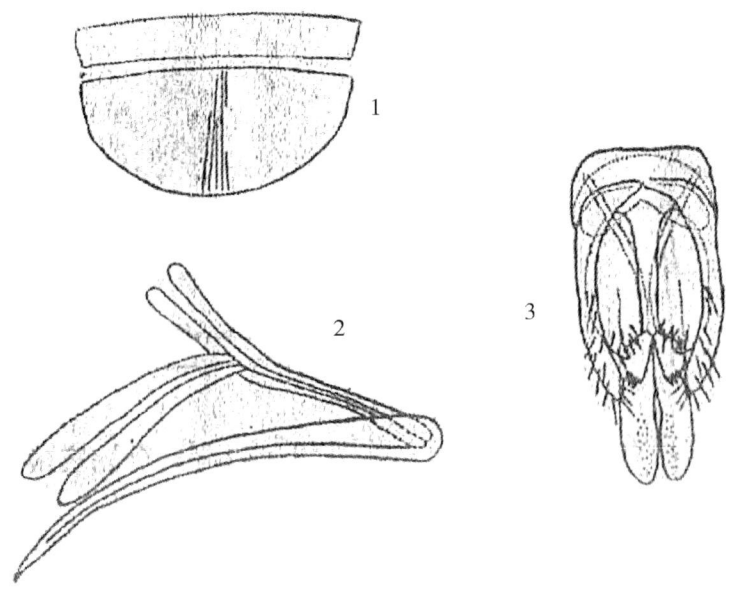

1. 肛下板；2. 雌性外生殖器；3. 雄性外生殖器。

图 38　刺蛾长绒茧蜂 *Dolichogenidea parasae*（Rohwer），示雌雄外生殖器（著者原图）

体色：黑色。前足和后足（除中足腿节基部外）。后足胫节基半部、腹部基腹面均为红褐黄色；后足腿节、后足胫节端半部和跗节色暗；前翅 C＋SC＋R 脉黄褐色，Pt 褐色。

头部：颜面有极微细刻点；后头有不明显的微细刻点。

胸部：中胸盾片具明显、分散而稍浅的刻点；小盾片有光泽，具分散而稀疏刻点；并胸腹节除后侧区外，有微细刻纹，分脊围成中区的脊明显。中区基部开口；前翅 m－cu 脉等于 Pt 的宽，短于 r 脉，长于 2－SR 脉，而 2－SR 脉长于 2－SR＋M 脉，为 2－M 脉的两倍；Pt 短于 1－R1 脉；后足基节光滑，有光泽，无刻点；后足胫节略等长，约为后足跗节基长的 1/2。

腹部：腹部第 1 节背板中部暗，有皱纹隆起，端部多光滑，有光泽；第 2 节背板中域有微细皱纹；产卵管鞘约和后足腿节等长。

雄：体长 1.9mm。除触角较雌蜂细长外，其余同雌蜂。

生物学：寄主荨麻刺蛾 *Parasa lepida* Cramer（丽绿刺蛾）。国外寄主荨麻刺蛾，椰黄褐刺蛾 *Setora nitens* Walter。

茧：单个，白色，长圆筒形。

研究标本：4♀、3♂，海南儋县（杧果），1978.Ⅺ.29，罗永明。

分布：海南（儋县）。浙江、江西、湖南、广东（何俊华等，2004）。国外分布于印尼、菲律宾、斯里兰卡。

（42）大蓑蛾长绒茧蜂 *Dolichogenidea claniae*（You et Zhou，1990）（图 39）

Dolichogenidea claniae（You et Zhou，1990），陈家骅等，2004，中国小腹茧蜂，709；Yu et al.，2005，World Ichneumonoidea 2004. Taxapad，CD/DVD.

Apanteles claniae You et Zhou，1990，Entomotaxonomia，12（2）：152.

体长：雌 2.4mm。

体色：体黑色，足（除基节及后足胫节端部），触角柄节、梗节、翅基片、腹基部第 1、2 节背板膜质边缘，第 3 节背板两侧，腹部腹面（除末端）及产卵管黄色；前翅 Pt（基斑黄白色），1－R1 脉褐色；C＋SC＋R 脉、r 脉、2－SR 脉、2－SR＋M 脉和 2－M 脉有色部分淡褐色，其余脉无色。

头部：头横置（7：3）；颜面、头顶和后头均有微小刻点；单眼排列成矮三角形，侧单眼茧距为单复眼间距的 1.2 倍，为侧中单眼间距的 6 倍；触角长于体（6.8：5.9）。

胸部：胸部中胸盾片和小盾片长、宽和高的比率为 27：23：25、前胸背板光滑，背沟不明显；中胸盾片有微细刻点，盾纵沟上的刻点较密集，至盾片后缘刻点渐变稀疏；小盾沟直、浅，其内的脊极微细；中胸小盾片长、光滑，仅两侧具极微弱刻点，悬骨微露；并胸腹节密布刻点，呈皱纹状，无分脊，端部有中区痕迹；中

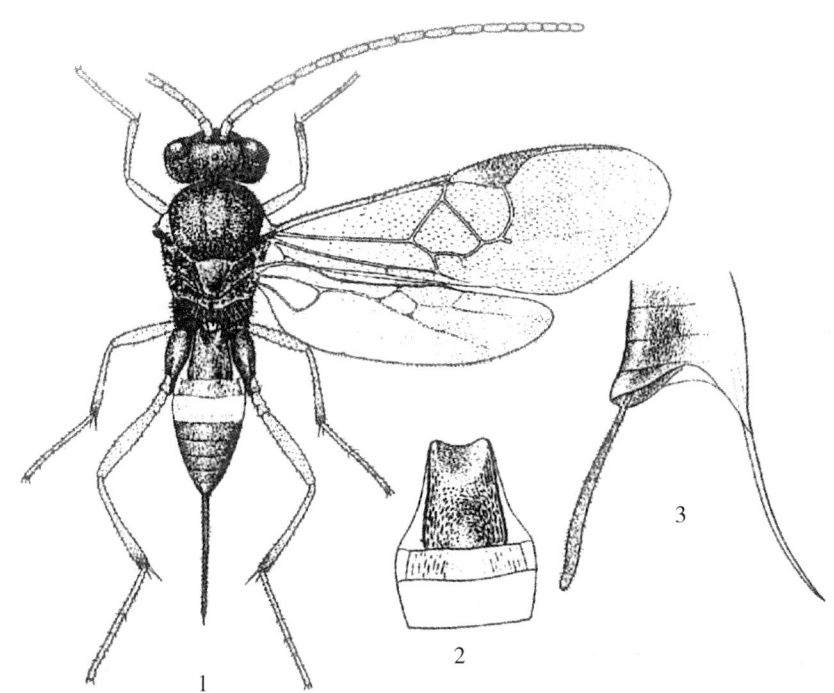

1. 雌成虫；2. 腹基部背板；3. 产卵管和产卵管鞘。

图 39 大簑蛾绒茧蜂 *Dolichogenidea claniae*（You et Zhou）

胸侧板前段有刻点，后段平滑有光泽，翅基下脊下方刻点尤为密集。翅透明，长于体（92：83），其余见图 39，1。后足基节光滑，仅外侧有极微细刻点；后足胫距不等，长距为后足跗节基节长的 1/2，短距不及 1/2。

腹部：腹部约与胸部等长；第 1 节背板两侧平行，从背板的 1/2 处向端部略加宽，长约为端部宽的 1.15 倍，基部光滑有光泽，中部隆起处有环形皱纹及细皱，端部中央有一光滑小突起，两侧有纵皱纹；第 2 节背板长为第 3 节背板的 1/2，中域横置，宽约为长的 4 倍，有微弱纵皱纹，第 3 节背板及以后背板光滑有光泽（图 39，2）。肛下板大，末端尖锐，产卵管鞘稍长于后足胫节（2.2：1.9）（图 39，3）。

雄：未知。

生物学：寄主；大簑蛾 *Clania variegata* Snellen。

研究标本：3♀，江西南昌梅岭，1987.Ⅷ.2.，盛金坤采。

分布：江西、吉林、福建。

（43）背刺蛾长绒茧蜂 *Dolichogenidea belippicola*（Liu et You，1988）（图 40）

Apanteles belippicola Liu et You，1988，Acta Ento. Sin.，1988，31（3）：318.

Dolichogenidea belippicola（Liu et You，1988），何俊华等，浙江蜂类志，2004，654；曾爱平等，茧蜂分类和雄性外生殖器的应用，2009，143.

体长：雌 2.4mm，雄 2.2mm。

体色：雌蜂，体黑色，有白色微毛。上颚褐色，下颚须乳白色；后足胫节距淡黄或灰白色；除前、中、后足基节黑色，后足腿节末端，后足胫节端部 1/3，各足跗节为褐色（跗节基节色浅）外，各足其余部分均为黄色；前翅 C＋SC＋R、Pt 和 1－R1 均为褐色，其余脉为浅褐色；腹部腹面及腹部第 1、2 节背板的膜质边缘黑褐色；产卵管黄色，产卵管鞘黑色，其上多有微毛。

头部：头横置，头顶宽与高比为 7:4，复眼和单眼均为黑色，单眼大，排列成矮三角形，后单眼至复眼距离为两后单眼距离的 1.66 倍；颜面有明显的刻点，上方稍隆起，隆起处刻点稍密稍大；头顶、颊、后颊均有细刻点，后头光滑。触角约与体等长，端前节长为宽的 3～4 倍，触角上有微毛。

胸部：胸部和腹部等长，中胸背板宽大于头部宽（8:7），其长、宽、厚之比为 28:24:25；中胸盾片有明显密集的刻点，盾纵沟的刻点更为密集，后缘刻点稍稀疏；中胸小盾沟稍弯而浅，小盾片也有稀疏刻点；并胸腹节有六边形中区，基横脊明显，除两后侧区平滑有光泽外，均有细皱及刻点；前胸背板背沟明显，中胸侧板前半部有刻点，后半部光滑有光泽；后足胫节距约为跗节基节的 1/2，短距稍短于 1/2。翅：翅透明，有紫色闪光，密布黑色微毛。前翅长于体（100:83）。1－R1 脉长，为径室末端至 R1 脉距离的 6 倍，r 脉长于 2－SR 脉（4:3），两脉连接呈弧形，1－SR 脉和 2－SR＋M 脉等长（图 40，1）。后翅狭，肘室大。

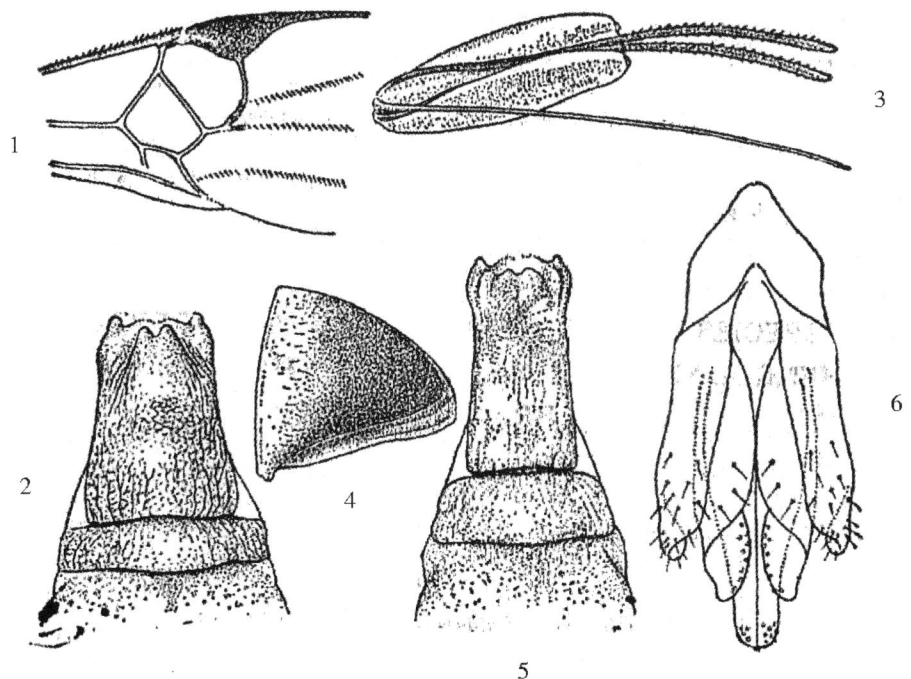

1. 前翅；2. 雌蜂腹基部背板；3. 产卵管和产卵管鞘；4. 肛下板；5. 雄蜂腹基部背板；6. 雄性外生殖器。

图 40　背刺蛾长绒茧蜂 *Dolichogenidea belippicola*（Liu et You）

腹部：腹部第 1 节背板和第 2 节背板均有光泽。第 1 节背板长为基部宽大 1.83 倍，为端部宽的 1.28 倍；基部两侧略平行，至 1/2 处向端部加宽；除基部凹陷光滑外，均有纵皱纹，从基部 1/3 处开始皱纹加粗，中部隆起。第 2 节背板长为第 3 节背板的 3/7，中域横置，宽为长的 4 倍，宽于第 1 节背板端部，整个背板密布微细纵刻纹（图 40，2）。第 1 横沟稍弯，第 3 节背板及以后背板均平滑。产卵管和产卵管鞘（图 40，4）约与后足跗节等长。肛下板短，有纵褶（图 40，4）。

雄蜂，除腹部第 1、2 背板形状与雌蜂不同（图 40，5）。足色稍深，触角长于体（1.58∶10）外，其余同雌蜂。雄性外生殖器形状见（图 40，6）。

生物学：寄主背刺蛾 *Belippa horrida* Walker，背刺蛾幼虫为害蓖麻、苹果、梨、桃、葡萄、蔷薇等。

茧：纯白色，群集，表面覆盖疏松棉絮状白色丝状物。

性比：共观测 142 头成虫，雌蜂 120 头，占 84.5%；雄蜂 22 头，占 15.5%。

研究标本：119♀，21♂。四川西昌县马坪坝（海拔 1600 米），1984.Ⅹ.2，刘联仁采。

分布：四川（西昌）。浙江（何俊华等，2004）。

（44）杨透翅蛾长绒茧蜂 *Dolichogenidea paranthrenea*（You et Dang，1987）
（图 41）

Dolichogenidea paranthrenea（You et Dang，1987），Yu et al.，2005，World Ichneumonoidea 2004，Taxapad，CD/DVD.

Dolichogenidea paranthreneus（!），宋东宝.2004，中国小腹茧蜂，131. comb. nov. 种名词尾性别有误。

Apanteles paranthreneus You et Dang，1987，Entomotaxonmia，9（4）：278.

体长：雌 3mm。

体色：雌，体黑色。触角柄节暗褐，其余红褐色；足基节黑色，除后足胫节末端及跗节各节端部色暗外，均为黄色；前翅翅基片黄色，Pt 暗褐基部有白斑；腹部除第 1、2 节背板膜质边缘为暗黄色外，均为黑色。

头部：头顶宽为高的 3 倍；颜面略呈方形，宽为高的 1.14 倍（15∶13）。密布微细刻点和白色柔毛；复眼内缘两侧几乎平行；侧面观颊长与复眼宽度比为 5∶12；单眼呈矮三角形，侧中单眼间距等于侧单眼的直径；额和头顶有光泽。

胸部：中胸背板（中胸盾片＋小盾片）的宽度大于头部的宽度，其长、宽、高之比为 26∶21∶17；中胸盾片密布微细刻点。两后缘角和中胸小盾片前缘刻点稀少；小盾沟窄，具 14～16 枚小脊；小盾片长，舌形，平滑，有光泽，具微细浅刻点；并胸腹节有 U 形中区，围成中区的脊不完整，仅基部明显，端部两侧的脊不明显，中区内有纵脊，并胸腹节其他部分有刻点。后足胫距外距长于内距（7∶6），不及后足基跗节的一半（7∶20）。Pt 短于 1－R1 脉 [（25～27）∶30]。R1 脉长为径

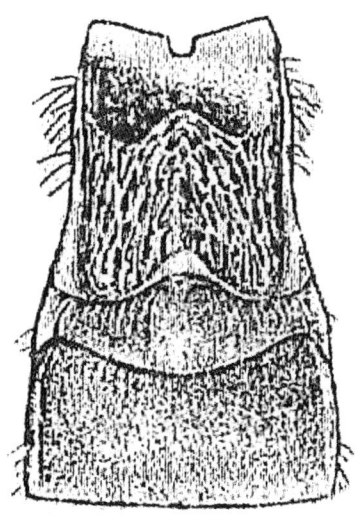

图 41 杨透翅蛾长绒茧蜂 *Dolichogenidea parantenea*（You et Dang）腹基部三节背板

室末端至 R1 距离的 5 倍；r 脉从 Pt 中部伸出，长于 2 - SR 脉（2：1），与 2 - SR 脉连接成弧形；后翅臀叶均匀突出，有缘毛。

腹部：腹部约与胸部等长（58：55），第 1 节背板长为端部宽的 1.33 倍（4：3），两侧几乎平行，末端稍加宽；基半部中央凹陷，光滑有光泽，中部中央隆起有皱纹，端半部有纵皱纹和刻点；第 2 节背板横置，中间光滑，两侧有微细纵皱纹，长为第 3 节背板的 2/3；第 1 横沟明显弯曲；第 3 节背板及接续光滑有光泽（图 41）。产卵管鞘约后足胫节的 1.53 倍（20：13）。

雄蜂：未知。

生物学：寄主杨透翅蛾 *Paranthrene tabaniformis* Rott。

茧：白色，单个。

研究标本：2♀，2♂，陕西榆林，1977.Ⅵ.，屈秋耘采。

（45）斑驳夜蛾长绒茧蜂 *Dolichogenidea expulsa*（Turner，1918）（图 42）

Apanteles expulsus Turner，Wilkinson，1928 Bull. ent. Res. 19：125；

Apanteles expulsus Turner，Wilkinson，1934 Stylops 3（7）：152；*Apanteles expulsus* Turner：Nixon，1967 Bull. Mus. nat. Hist（Ent.）21（1）：27；游兰韶等，1983，农垦生防，7 - 8 期，20.

Dolichogenidea expulsus（!），宋东宝，2004，中国小腹茧蜂，115，comb. nov. 种名词尾性别有误。

体长：雌，2mm。

体色：雌，黑色，小型种。前足跗节端节小刺发达；足，腿节，胫节和跗节（除后足跗节和后足胫节端部 1/4 稍暗），C＋Sc＋R 脉均为红褐黄色；触角、1 - R1 脉及 Pt 暗褐色。

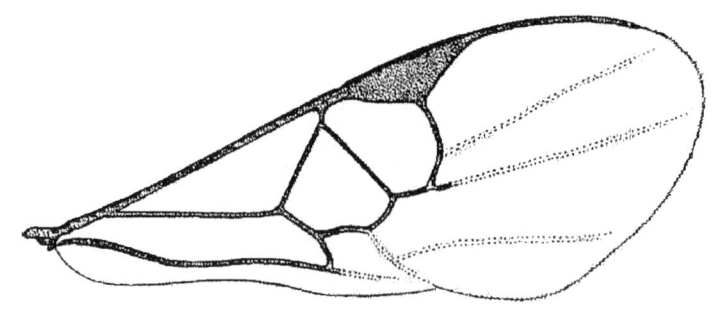

图 42 斑驳夜蛾长绒茧蜂 *Dolichogenidea expulsa* （Turner）前翅（仿陈家骅等，2004）

头部：颜面有微细刻点。

胸部：中胸盾片具强刻点，刻点之间表面粗糙；小盾片中间有刻点具光泽。翅透明，前翅 r 脉稍长于 m－cu 脉，稍短于 Pt 的宽，长于 2－SR 脉，与 2－SR 相接处均匀地弯曲；Pt 的长度短于 1－R1 脉。并胸腹节具光泽，有分脊和中区，中区基部开口。后足胫距不等，长距不及后足跗基节之半，短距约为后足跗基节长的 1/3。

腹部：腹部第 1 节背板有强皱纹，中部稍隆起；第 2 节背板中域有强纵皱纹；第 3 节背板及连续背板光滑。产卵管鞘和后足跗基节等长。

生物学：国内寄主不明。国外寄生夜蛾 *Anticarsia irrorata* Fab.，*Amyna punctum* F.，*Plusia chalcites* Esp.；棉小造桥虫 *Anomis flava* Fabr.。

研究标本：1♀，广西昭平县，1980.Ⅲ，采集人不明。

分布：广西、福建。国外分布于斐济（模式产地）、斯里兰卡，萨摩亚群岛、马克萨斯群岛（大洋洲）。此蜂异名为 *Dolichogenidea mendanae* （Wilkinson）。

（46）尺蛾长绒茧蜂 *Dolichogenidea hyposidrae* （Wilkinson，1928）（图 43）

Apanteles hyposidrae Wilkinson，1928. Bull. ent. Res.，19：125；Nixon，1967，Bull. Br. Mus. nat. Hist. （Ent.）21 （1）：29；Shenefelt，1972，Hym. Cat. （nov. ed）. 7：535；You et al.，1995，Jour. Hunan Agric. Univ. 21 （5）：507.

Dolichogenidea hyposidrae （Wilkinson，1928），陈家骅等，2004，中国小腹茧蜂，121；Yu et al.，2005，World Ichneumonoidea，2004，Taxapad，CD/DVD.

体长：雌 2mm。

体色：体黑色，前足（除基节）、中足腿节中部到端部、后足胫节基部 2/3 红黄褐色，前足腿节最基部微暗，后足跗节微暗，后足胫节基部 1/3 色浅，端部 1/3 微暗，烟褐色。后足腿节和触角柄节暗色至黑色，鞭节暗褐，前翅 Pt 和 1－R1 脉褐色，S＋Sc＋R 基段黄褐色，Pt 无白色基点，中室刚毛无色。

头部：触角长于体，头顶具细刻点，单眼高三角形。

胸部：中胸小盾片无刻点，光滑有光泽，基角和侧面有刻点，中胸盾片刻点密，

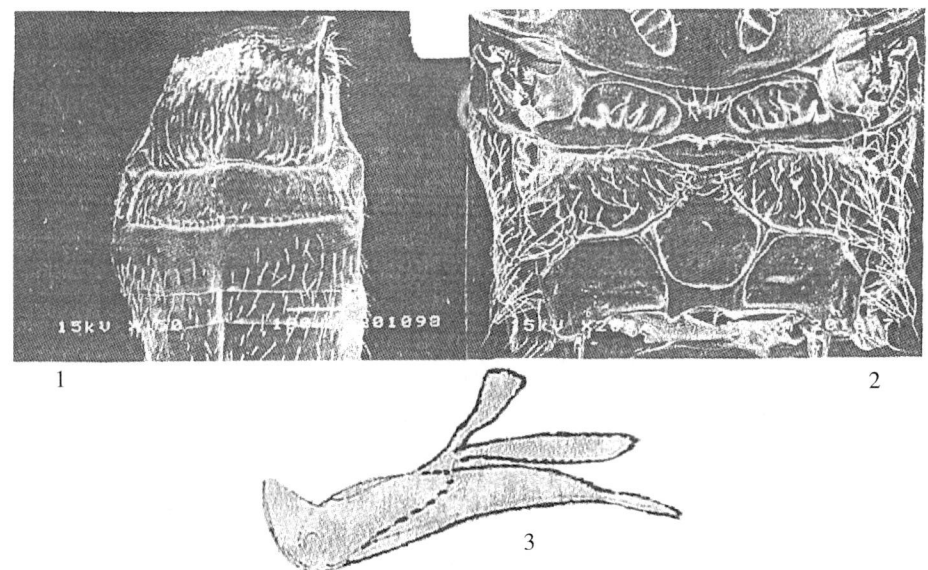

1. 腹基部 3 节背板；2. 并胸腹节；3. 产卵管和产卵管鞘（1、2 仿陈家骅等，2004；3 仿 Nixon，1967）。

图 43　尺蛾长绒茧蜂 *Dolichogenidea hyposidrae* Wilkinson

盾纵沟处刻点宽。前翅 r 和 2－SR 相接处均匀圆形。m－cu 脉等于或短于 Pt 的宽，Pt 短于 1－R1 脉，盘室宽于高，但不明显，并胸腹节见图 178。

腹部：腹部第 1 节背板端半部有皱纹细线和刻点，背板（2+3）的中区比背板 1 端部光滑，肛下板短，不达腹部末端，产卵管鞘短于后足跗节基节，产卵管见图 43，2。

生物学：寄主为茶尺蠖 *Ectropis oblique hypulina* Wehrli；国外尺蠖 *Hyposidra* sp.，*Anomis flava* Fab.，夜蛾 *Stictoptera cucullioides* Guenee（Shenefelt，1972）。

茧纯白色，群集成块，覆以白色绒毛。

研究标本：2♀，长沙东郊螺丝塘（茶），1964.，游兰韶采。

分布：湖南。台湾、湖北、福建（陈家骅等，2004）。国外分布于印尼爪哇、印度、缅甸、澳大利亚、新不列颠以及巴布亚新几内亚北部（Wilkinson，1928；Nixon，1965；Shenefelt，1972）。

注：本种据周梁镒博士借用的分布于台湾桃园县的标本鉴定。

（47）涓野螟长绒茧蜂 *Dolichogenidea stantoni*（Ashmead，1904）（图 44）

Apanteles stantoni（Ashmead，1904），Wilkinson，1928 Bull. Ent. Res. 19：131. Bhatnagar（1948）1950 Indian J. Ent. 10：180；Nixon 1967，Bull. Br. Mus. nat. Hist（Ent.）21（1）：12；游兰韶等，1985，昆虫天敌，7（1）：52；何俊华等，2004，浙江蜂类志，657.

Dolichogenidea stantoni（Ashmead，1904），Yu et al.，2005，World Ichneumonoidea，2004，Taxapad，CD/DVD.

体长：雌 2.8mm。

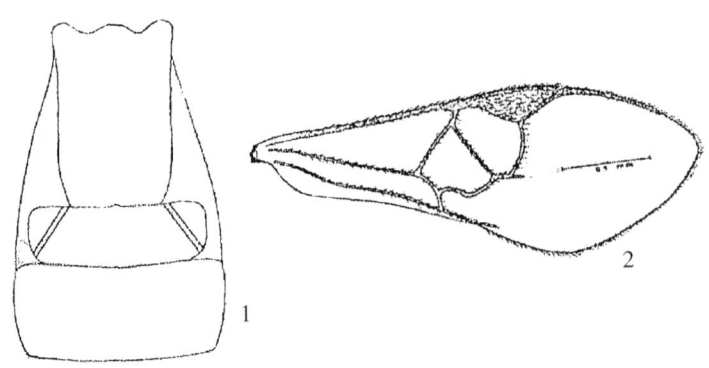

1. 腹基部 3 节背板；2. 前翅。

图 44　涓野螟长绒茧蜂 *Dolichogenidea stantoni*（Ashmead）（仿 Bhatnagar，1948）

体色：体黑色，触角柄节黄色，鞭节暗褐色；足（除基节）黄褐色，后足跗节和胫节端部褐色；C+Sc+R 脉褐黄色，Pt 和 1 - R1 脉褐色。近翅基部脉色浅。

头部：颜面有微细刻点，头顶和后头有微细皱纹。

胸部：胸部中胸盾片有密集的刻点，小盾片基半部有模糊的浅刻点；并胸腹节（除基部）无刻纹，中区和分脊明显，中区基部开口，两后侧区光滑有光泽。翅透明，前翅 Pt 的宽稍小于 r 脉（7：8），大于 m - cu 脉的长（7：5），m - cu 脉长于 2 - SR 脉（5：4），2 - SR+M 脉约等于 2 - SR 脉，为 2 - M 脉的 2 倍，Pt 短于 1 - R1 脉；后足基节有光泽，基部上方有非常不明显的刻点，后足胫距长距约为后足基跗节的一半（5：10），短距约为基跗节长的 1/3（3：10）。

腹部：腹部第 1 节背板两侧几乎平行，端部稍加宽，中部隆起，有网状皱纹和刻纹，末端光滑有光泽，第 2 节背板光滑，有光泽，为第 3 节背板的一半；产卵管鞘短于后足跗节（5：6）。

雄：腹部第 1 节背板末端微狭，其余同雌蜂。

生物学：寄主桑绢野螟 *Diaphania pyloalis*（Walker），国外寄生宽缘绢野螟 *Diaphania laticostalis*（Guenee）、瓜绢野螟 *D. indica*（Saunders）、海绿绢野螟 *D. glauculalis* Guenée、野螟 *D. marnarginata* Hampson 等。茧白色，群集。印度报道一头野螟 *Margaronia laticostalis* 和 *M. vertumnalis* 幼虫育出的成蜂最多分别为 18 头和 36 头。7 月至 11 月此蜂幼虫期约 1 周，蛹期 4 至 6 天。12 月蛹期 10 天，1 月至 2 月蛹期延长至 26～31 天。2 月成蜂可存活 15 天。

研究标本：1♀，1♂，广西南宁西乡塘，1982.Ⅵ.4.；1♀，柳州 1980.Ⅷ.，均为周至宏采；1♀，鹿寨，1981.Ⅸ.6.，韦小平（桑园）。

分布：广西；浙江（何俊华等 2004）。国外分布于菲律宾、马来西亚、印度、斐济（Shenefelt，1972）。

（48）暗边小刺蛾长绒茧蜂 *Dolichogenidea* sp.（图 145）

Dolichogenidea sp.，Mason，1981，Mem. Entomol. Soc. Can. 115，31.

体长：2mm。

体色：雌，黑色。触角和单眼暗红褐色，上颚端部红褐色，下颚须、下唇须暗浅褐色。各足基节黑色，其余暗褐色。中足转节和腿节，后足转节、腿节、胫节端部色较深。各足胫距黄白色。翅透明，前翅 Pt、C+SC+R、1-R1、r 和 2-SR、2-m 均为暗褐色，其余浅至无色。腹部第 3 节背板暗红褐色，产卵管瓣赤褐色。

头部：头横形，宽为长的 2.1 倍，具微细刻点，被灰白色柔毛，单眼矮三角形排列，后单眼间距为后单眼与复眼间距的 0.85 倍，颜面上端中央有一光滑的短纵条突出。

胸部：胸部比腹部稍长；前胸背板背沟明显；中胸盾片的宽约与头宽相等，具紧密的强刻点，前端宽大，盾纵沟不明显，后端有浅的凹陷；小盾片具稀疏粗浅刻点，小盾片前凹宽，横沟窄而深，具脊；并胸腹节有脊，基部具小刻点，端部光滑有光泽；中胸侧板前部具明显刻点，被毛，中部中央凹陷，中部和后部光滑有光泽；前足胫节 1 距，与基跗节等长，稍弯曲；后足基节和腿节侧扁，基节长约为腹部长的一半，内距较外距略长，为基跗节的 0.52 倍。前翅比体长（90：75）；Pt 约与 1-R1 等长（43：46）；r 自 Pt 中央垂直伸出，长于 Pt 宽度（16.5：15），为 2-SR 的 1.9 倍；2-SR+M 与 2-M 着色部分等长，比 1-SR 略微长（9：7）。

腹部：腹部第 1 节背板长为端部宽的 1.3 倍，端部比基部稍宽（21：17.5），基部凹陷，表面光滑，中部隆，有皱状粗刻纹，中央呈锥状突起；末端光滑，中央稍隆起，具光泽；第 2 节背板中区横形，端缘弧形向后突出，中央凹缺；第 3 节背板长为第 2 节背板的 1.8 倍；第 2、3 背板表面光滑具光泽；产卵器鞘长为后足胫节的 0.84 倍。

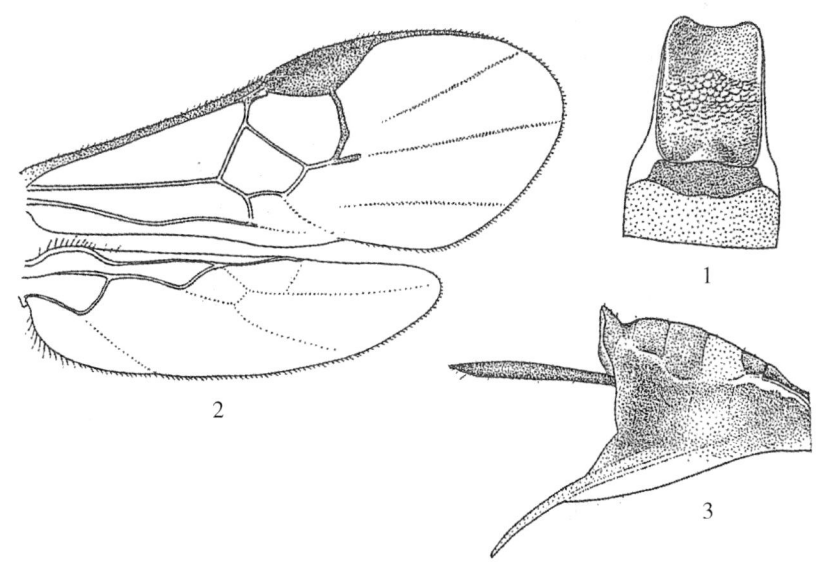

1. 前后翅；2. 腹基部背板；3. 肛下板。

图 45 暗边小刺蛾长绒茧蜂 *Dolichogenidea* sp.

生物学：寄主暗边小刺蛾 *Trichogyia nigrimergo* Hering（褐边小刺蛾）（茶）。

研究标本：2♀，云南勐海，日期不详，罗亨文采。

分布：云南勐海。

注：本种属 Nixon 分类系统的 *Laevigatus* 种团（Nixon，1965）。

(49) 茶白毒蛾长绒茧蜂 *Dolichogenidea* sp.（图 46）

Dolichogenidea sp.，Mason，1981，Mem. Entomol. Soc. Can.，115.34.

属征：触角每节鞭节有 2 个板形感器，排成 2 列；颜面不呈喙形。前胸背板背沟存在；中胸盾片有光泽，具粗糙明显分散的刻点，当并胸腹节脊不明显或减弱时，中胸盾片刻点仍然明显，或因有绸缎样光泽（由于刻点），刻点变弱或不明显；小盾片侧盘大，小盾片后方有一连续的光滑带，中央未被断开；并胸腹节从有粗糙皱纹到光滑，并胸腹节端部宽大于高。前翅 r－m 脉缺如；1－CU1 脉短于 2－CU1 脉；后翅臀叶端缘均匀凸出，很少后方平直，有明显的缘毛。腹部第 1 节背板长大于宽，常平行或端部变宽，端部常有一中纵槽；腹部第 2 节背板总是宽大于长，多少短于第 3 节背板。肛下板中等大小到大型，常有一系列的中纵细线，或至少有明显的纵褶；产卵管鞘长，整长有毛，起自负瓣片的端部或近端部；产卵管直到稍微下弯；有时产卵管短，则产卵管鞘起自负瓣片端前部；或肛下板小，具一明显的纵褶。阳茎基腹铗上有 2～4 根钢毛；抱器背突为阳茎基腹铗长度的 0.38～0.50 倍；抱器背后突呈新月形，端部尖且背向，基端部有 1～2 齿；阳茎端超出阳茎基侧突的长为 0.06mm，阳茎基侧突端部有很少的毛，集中于近端部。

注：本种又属 Nixon（1965）分类系统的 *laevigatus* 种团，此种团特征为后翅臀叶均匀凸出，整体有缘毛，前翅 r 出自 Pt 中部，少数情况下出自中部外方。1－R1 长于 Pt，有时 Pt 基部有白色斑点；并胸腹节无中区，有些种类显示有 V 形短臂

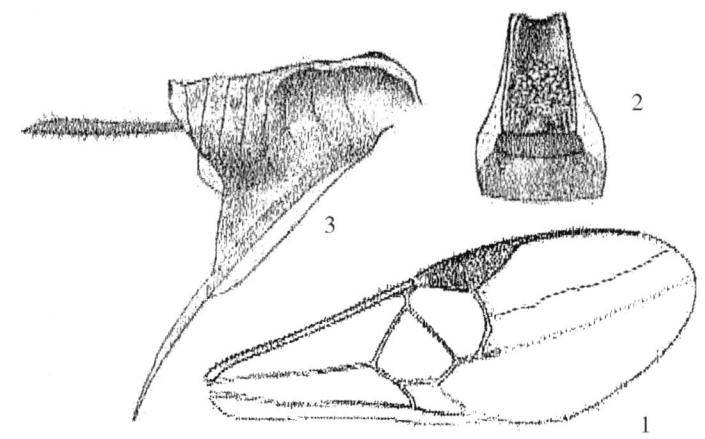

1. 前翅；2. 腹基部 3 节背板；3. 肛下板。

图 46 茶白毒蛾长绒茧蜂 *Dolichogenidea* sp.

的刻痕，无中纵脊。T1 两侧平行，少数情况下向端部收缩，T2 中域横置，短于 T3，不呈三角形，肛下板有褶线，产卵管鞘至少长于基跗节第 3 节。

寄主：茶白毒蛾 *Arctornis alba* Bremer。

研究标本：8♀，云南勐海，时间不详，罗亨文采。

(50) 楚南长绒茧蜂 *Dolichogenidea sonani*（Watanabe，1932）

Apanteles sonani Watanabe，1932，Watanabe，1937，J. Fac. Agric，
  Hokkaido（imp.）Univ.，42（1）125；Shenefelt，1972，Hym. Cat.
  (nov.，ed)，7：634；Chou，1979，Jour. Agric. Res. China，23（4）：302.

Dolichogenidea sonani（Watanabe），宋东宝，2004，中国小腹茧蜂，137；
  Yu et al.，2005 World Ichneumonoidea 2004，Taxapad CD/DVD.

生物学：寄主 *Chalcosia argentata* Moore。茧白色，群集成大块，外覆以疏松的丝（周梁镒，1979）。

分布：台湾省。

注：渡边千尚（Watanabe，1932）建立此新种时以 Sonan（楚南仁博）拉丁化作为此种的种名，以记述楚南仁博的贡献。Sonan，J.（1892—1984 楚南仁博）是日本著名的昆虫分类学家，亦有以楚南仁博发表日文论文。宋东宝（2004）将本种称为索纳长颊茧蜂，"索纳"一词和名人史实不符。楚南仁博的生卒年份由 van Achterberg 博士提供。

盘绒茧蜂族 Cotesiini

3. 盘绒茧蜂属 *Cotesia* Cameron，1891

(51) 荨麻蛱蝶盘绒茧蜂 *Cotesia vanessae*（Reinhard，1880）（图 47）

Cotesia vanessae（Reinhard，1880），Papp，1990，Acta Zool. Hung.，36（1-2）：
  117；陈家骅，宋东宝.2004，中国小腹茧蜂，173，comb. nov. 新组合重复。

Apanteles vanessae Reinhard：Fahringer，1936 Opusc. bracon. 4（1-3）：144；
  Telenga 1955 Fauna SSSR 5（4）：130；Nixon 1974 Bull，ent. Res. 64：501；
  Tobias 1976 Braconid of Caucasia（Hymenoptera，Braconidae）.—Leningrad，
  pub. "Scienece"，P.178；游兰韶等，1984，湖南农学院学报，3：60.

体长：雌 1.9mm。

体色：前足、中足基节暗黄褐色，后足基节黑色（端部稍浅），后足腿节红黄褐色，其余均为浅黄褐色；腹部第 1 节背板和腹末两节黑色，第 2 节背板黄褐色，其余黄色。

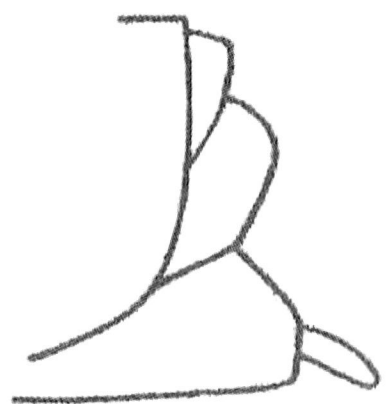

图 47 荨麻蛱蝶盘线茧蜂 *Cotesia vanessae*（**Reinhard**）示肛下板和产卵管（仿 Tobias，1976）

头部：颜面有微细刻点，有光泽，额和头顶光滑有光泽；后单眼至复眼距离与两后单眼间距离相等，触角比体稍短（33：35）。

胸部：中胸盾片盾纵沟明显，其后方刻纹的分布面大；两侧叶有光泽，侧叶后段刻点稀少；小盾片有光泽和微弱刻点；后翅臀叶最宽部分边缘直，有缘毛；并胸腹节无中纵脊，有网状刻纹；后足胫距略等，不及后足跗节基节的一半；足稍细长。

腹部：腹部第 1 节背板长稍大于宽（11：10），向后方稍加宽，端半部有纵刻纹；第 2 节背板中域侧沟弱，中域稍小于第 2 节背板，中部光滑稍隆起，两侧有微细纵皱纹，第 3 节背板及接续背板光滑有光泽，产卵管鞘短，不到后足跗节基节的 1/2；肛下板短，端部平截。

生物学：国外寄主有荨麻蛱蝶 *Vanessa urticae* L.、蛱蝶 *Vanessa* sp.、暗褐贝母蛱蝶 *Argynnis aglaia* Linn.、甜菜夜蛾 *Spodoptera exigua*（Hübner）、夜蛾 *Hyphilare littoralis*（Curti）和 *Ochropleura praecox*（L.）。茧白色，块状。

研究标本：5♀，新疆（石河子），1981.Ⅵ.29，李彦发。

分布：新疆（石河子）。国外分布于德国、英国、匈牙利、土耳其、俄罗斯、澳洲、北非和东非（Shenefelt，1972）。

（52）微红盘绒茧蜂 *Cotesia rubecula*（**Marshall，1885**）（图 48）

Cotesia rubecula（Marshall，1885），He et al.，2004，浙江蜂类志，667：陈
　　家骅等，2004，中国小腹茧蜂，166；游兰韶等，2012，Jour. Hunan. Agric.
　　Univ.，62.

前后翅及雄性外生殖器：微红盘绒茧蜂的成蜂、茧、寄主、分布等已有文献（Wilkinson，1945）记述。观察结果表明，微红盘绒茧蜂前翅 Pt 边缘稍直，Pt 长（图 48，1），后翅后肘室向外方收窄（图 48，2），雄蜂外生殖器阳茎基侧突长，抱器背突长茄形，有 6 齿（图 48，3 和图 48，4）。

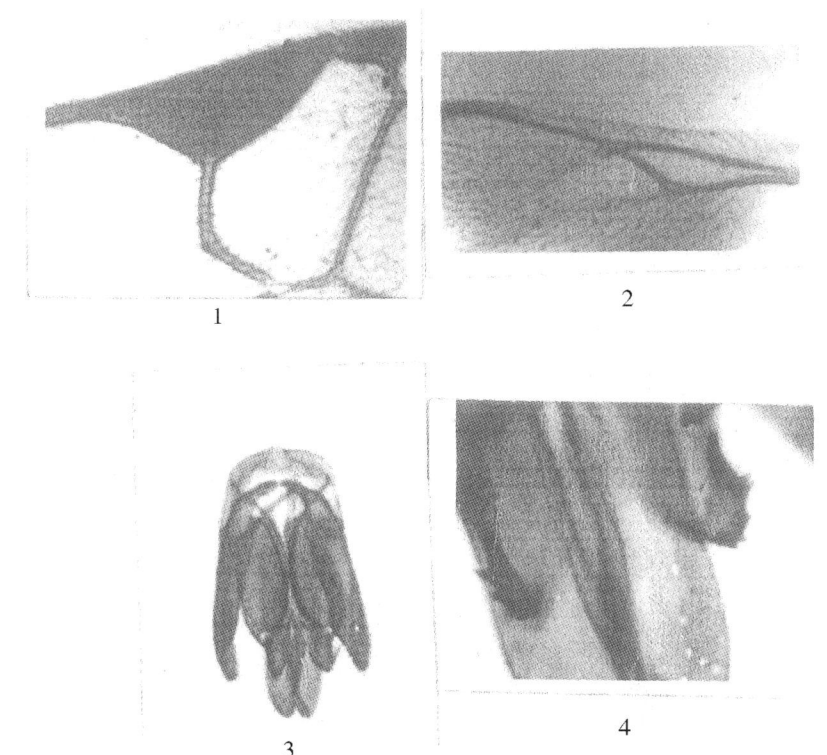

1. 前翅 Pt 长；2. 后翅后肘室端部收窄；3. 雄性外生殖器示阳茎基侧突长，抱器背突长茄形；4. 抱器背突放大，右边的可见 6 齿。

图 48　微红盘绒茧蜂 *Cotesia rubecula*（Marshall）

研究标本：2♀，2♂，加拿大圭尔夫大学（University of Guelph）育出，魏德忠提供标本。

分布：欧洲、澳洲、加拿大（Wilkinson，1945；何俊华等，2004；陈家骅等，2004）。

注：为防治菜粉蝶 *Pieris rapae* L.，胡萃等 1979 年从加拿大引进微红盘绒茧蜂 *Cotesia rubecula*，1981 年他们报道在北京市郊的菜粉蝶幼虫上育出微红盘绒茧蜂，试图用于防治菜粉蝶，并认为与引进的微红盘绒茧蜂是同种，但在触角、翅基片、Pt、痣外脉色泽及体长上存在差异（胡萃等，1981）。著者研究了这两种蜂的形态，发现雄性外生器有很大的不同，结果如上述及下叙。

（53）拟微红盘绒茧蜂 *Cotesia* sp.（nr. *rubecula* Marshall）（图 49）

Cotesia sp.（nr. *rubecula* Marshall），游兰韶等，2012，Jour. Hunan Agric. Univ.，62.

前后翅及雄性外生殖器：由北京菜粉蝶 *Pieris rapae* L. 幼虫育出的盘绒茧蜂，定名为拟微红盘绒茧蜂 *Cotesia sp.*（nr. *rubecula* Marshall），前翅 Pt 稍短，边缘不直（图 49，1），后翅后肘室不向外方收窄（图 49，2），雄性外生殖器阳茎基侧突不似微红盘绒茧蜂的长，末端尖，抱器背突端部圆，有4～5齿（图49，3和图49，4），阳茎端稍长（图49，4）。

生物学：在北京西山农场，菜粉蝶幼虫育出的拟微红盘绒茧蜂，1979年6至11月，1980年5至10月对菜粉蝶幼虫的自然寄生率分别为6.1%～42.6%和4.7%～53.6%（胡萃等，1981）。

研究标本：4♀，4♂，北京西山农场，日期不详，魏德忠采。

注：比较加拿大的微红盘绒茧蜂和北京郊区的拟微红盘绒茧蜂的形态，认为2种盘绒茧蜂应是2个不同的物种，可从前翅Pt长度、后翅后肘室形状、雄性外生殖器阳茎基侧突及抱器背突形状及齿数区分。此外，茧的颜色亦不相同。中国30多年来报道的微红盘绒茧蜂是否存在，应再作研究。

拟微红盘绒茧蜂是土著种，胡萃等（1981）报道，北京雌蜂与加拿大雄蜂能正常交尾，并得雌性后代，后代能育，出现此一情况的原因可能是不同物种在人为条件下相遇，隔离作用不显著，杂交后能得到可育的后代，但在自然条件下不能交配（郑乐怡，1987），或说在试验中可出现基因交流，由于种群分布不重叠，在自然界

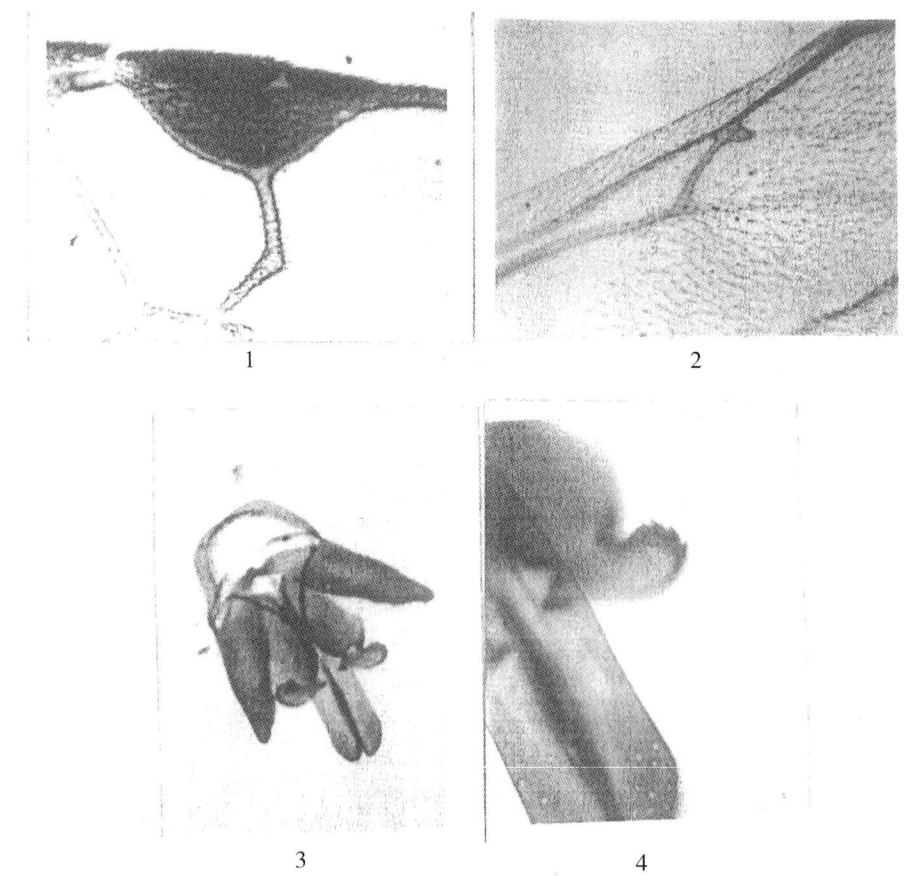

1. 前翅Pt圆，稍短；2. 后翅后肘室末端不收窄；3. 雄性外生殖器示阳茎基侧突末端收窄，抱器背突末端圆；4. 抱器背突放大，可见4～5齿。

图49 拟微红盘绒茧蜂 *Cotesia* sp. （nr. *rubecula* Marshall）

不可能发生此种基因交流情况（Kimani 等，1995）。

自 1981 年后，中国各地时有微红盘绒茧蜂生物学特性的报道（殷永升等，1984；赵洪真等，1984；杨怀文，1985）应再作研究。

（54）夹色盘绒茧蜂，*Cotesia alternicolor*（You et Zhou，1988）（图 50）。

Cotesia alternicolor（You et Zhou，1998），曾爱平等，2009，茧蜂分类和雄性外生殖器的应用，153.

Apanteles alternicolor You et Zhou，1988，Acta Zootaxonomia，Sinica，13 （3）：305.

体长：雌 2mm，雄 2.0mm。

体色：雌，单眼座、触角鞭节、中胸小盾片后端及侧面光滑带、后小盾片、后胸侧板、并胸腹节、腹部末端、爪及产卵管鞘均为暗褐色，下颚须长，黄白色，其余部分为鲜黄色。

头部：背面观微横形（19：15），正面观略呈球形，宽于胸部；复眼后方稍隆起，颜面有极微细的刻点，在触角下方有一微弱纵脊；头顶及后头刻点稍稀而大。单眼排列呈矮三角形，后单眼至复眼距离为两后单眼距离的 2 倍。单眼后方至后头有一深色的中纵脊。触角约与体等长。

胸部：中胸背板（中胸盾片＋小盾片）长、宽、厚的比为 2.5：2：2；前胸背板背沟浅，脊弱。中胸盾片具稀疏而浅的刻点，小盾沟宽而浅，几乎形成凹窝，凹窝内有少数细脊；小盾片狭，长，刻点稀而少，末端有光滑的隆起；中胸侧板仅在翅基下脊附近有少数浅刻点。并胸腹节密布皱纹刻点，但在中部及气门周围有皱脊，少数个体中部皱脊减少呈纵脊状，两后侧区呈三角形，内有短脊，围成后侧区的脊强。前翅狭长，长度约与体相等；r 脉从 Pt 中央稍外方伸出；r、2－SR、m－cu 脉三者约等长；1－SR、2－SR＋M、1－M 之比为 3：2：2。后足基节光滑有光泽，后足胫距等长，长度不及后足跗节基节的一半（3：10）。

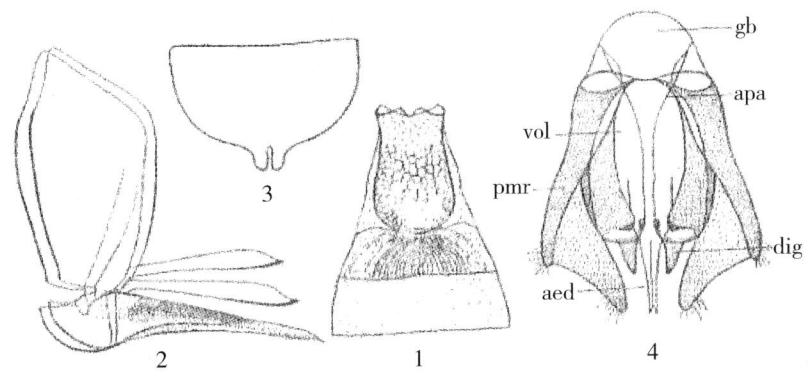

1. 腹基部背板；2. 产卵管和产卵管鞘；3. 肛下板；4. 雄性外生殖器；（aed 阳茎端；apa 阳茎内突；dig 抱器背突；gb 生殖基；pmr 阳茎基侧突；vol 阳茎基腹铗）。

图 50　夹色盘绒茧蜂 *Cotesia alternicolor*（You et Zhou，1988）

腹部：第 1 节背板长为端部最宽处的 1.66 倍，两侧从基部向端部稍加宽，至末端呈圆形收缩，背板基部中央凹陷，凹陷处光滑，其余部分密布细皱纹；第 2 节背板稍短于第 3 节背板（4：5），其中域近似三角形，侧沟不甚明显，中域内具微细纵皱纹；第 3 节背板及接续背板平滑有光泽（图 50，1）。产卵管鞘稍长于后足胫距（图 50，2）；肛下板均匀骨化，形状如图 50，3。

雄：除触角比雌蜂长，虫体暗褐色部分比雌蜂更深外，其余与雌蜂相似。外生殖器见图 50，4。

生物学：寄主芦螟 *Chilo luteellus*（Matschulsky），茧白色，群集于芦苇杆内。

研究标本：1♀，1♂，山东微山县，1983.Ⅹ.10. 刘自然采；27♀，13♂，山东微山县，1983.Ⅹ.10.，1984.Ⅵ.28.，刘自然采。

分布：山东省微山（湖）县。

(55) 麦田和稻田的 2 种盘绒茧蜂（图 51）

螟蛉盘绒茧蜂 *Cotesia ruficra*（Haliday）可以寄生 56 种鳞翅目害虫（Shenefelt，1978），其分布广泛，如稻、麦田。腹部 2～3 节或 2～4 节背板色泽变化大，有黄色（Nixon，1974），红黄色至黄色（Papp，1986），黄褐色（何俊华等，2004）或第 3 节背板及后续背板暗红色，（Wilkinson，1928，1932）或暗红褐色（何俊华等，2004），色泽差异大，是否同种引起我们疑惑，本书从不同生境、不同寄主育出腹部 2～3 节或 2～4 节颜色不同的盘绒茧蜂，解剖其♀、♂外生殖器，研究其是否有种间或种下差异，弄清其确切的分类地位。

1978—1982 年，定期在长沙市郊黄花镇分别采集水稻田稻螟蛉 *Naranga aenescens* 已有绒茧蜂蜂茧逸出的幼虫，和小麦普通黏虫 *Pseudaletia separata*（Mythimna separata）已有绒茧蜂蜂茧逸出的黏虫幼虫，剪下水稻叶和小麦叶，带回实验室内待其出蜂。

经研究寄生稻螟蛉的是螟蛉盘绒茧蜂 *Cotesia ruficra* Haliday，寄生麦田黏虫的是拟螟蛉盘绒茧蜂 *Cotesia* sp.（nr. *ruficra* Haliday）[*]。

螟蛉盘绒茧蜂 *Cotesia ruficra*（Haliday，1834）

Microgaster ruficrus Haliday，1834，Ent Mag. 2：253.

Cotesia ruficrus（Haliday. 1834），Papp，1986，Ann.，Hist-Nat，Mus，Nat，Hung，78：235；Austin et al.，1992，Invertebr. Taxon.，6：22；He et al.，2004，Hymenoptera Insect Fauna of Zhejiang，668；Chen et al.，2004，Systematic Studies on Microgastrinae of China，168；You et al.，2006，Fauna Hunan Hymenoptera Braconidae（1），135.

---

[*] 并非我国报道的水稻田寄生稻纵卷叶螟 *Cnaphalocrocis medinalis* Guenee 幼虫的拟螟蛉绒茧蜂 *Apanteles* sp. 。

Apanteles ruficrus Haliday，Fahringer，1936，Opusc，bracon. 4 （1 - 3）：
133；Bhatnagar，(1948)，1950，lndian J. Ent. ，10：139；Telenga，1955，
Fauna SSSR，5（4）：107；Rao ＆ Chalikwar，1970，Marathwada Univ. J.
Sci. ，9：110；Nixon，1974，Bull. ent. Res. ，64，494；何俊华等，1991，
中国水稻害虫天敌名录，43.

Apanteles antipoda Ashmead，1900，Proc. Linn. Soc. N. S. W. ，25：355.

Apanteles manilae Ashmead，1904，JIN. Y. ent. Soc. ，12：19.

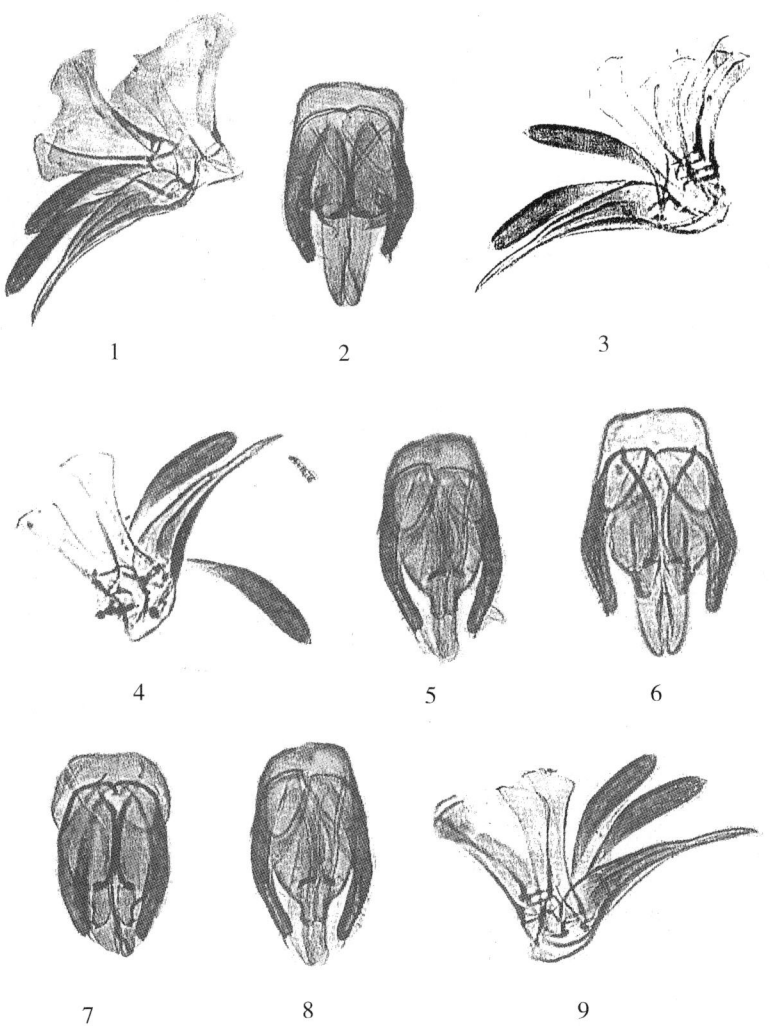

1、3～5、7～9：螟蛉盘绒茧蜂 *Cotesia rufiicra*；2、6：拟螟蛉盘绒茧蜂 *Cotesia* sp.（nr. *ruficra*）；2、
6：雌雄外生殖器。1：腹部1～3节背板色暗，采集日期7月；2：腹部暗红色，采集日期3月；3：腹部黄
色，采集日期6月；4～5：腹部黑色，采集日期6月；6：腹部鲜红色，采集日期3月；7～8：腹部黑色，采
集日期6月。1、3～5、7～9由稻螟蛉幼虫育出，采自稻田；2、6由黏虫幼虫育出，采自小麦田。

图51 麦田和稻田的2种盘绒茧蜂

Apanteles（*Protapenteles*）*narangae* Viereck，1913，Proc. U. S. natn. Mus. ，

43：642。

①形态特点

形态见以下描述，详细研究雄性外生殖器的形态，发现区别如下：螟蛉盘绒茧蜂 Cotesia ruficra 阳茎基侧突侧缘不外弯，抱器背突末端钝圆，端齿明显，长度约为阳茎长度的一半（图51，7-8）；拟螟蛉盘绒茧蜂 Cotesia sp.（nr. ruficra Haliday）阳茎侧突侧缘明显外弯，抱器背突末端尖，长度不到阳茎之半（图51，1-51，6）。

研究标本：6♀，1978.Ⅵ. 上旬；6♀，1980.Ⅵ.20；4♀，4♂，1980，Ⅵ.20；8♂，1982.Ⅵ. 上旬；8♂，1982.Ⅵ. 中旬；6♀，1982.Ⅵ.，（以上均为螟蛉盘绒茧蜂自水稻田稻螟蛉育出，采集地点长沙市郊黄花镇，均游兰韶采）。6♂，1979.Ⅲ.；6♂，1981.Ⅲ.（以上均为拟螟蛉盘绒茧蜂，小麦田普通黏虫育出，采集地点长沙市郊黄花镇，均游兰韶采）。

②van Achterberg 博士，研究 2 个种的雄性外生殖器照片后，认为麦田黏虫和水稻稻螟蛉育出的 2 种盘绒茧蜂为 2 个物种。

③饲养鉴定结果

育出蜂后作雌雄外生殖器研究，鉴定结果见表 3。

表 3　不同类型田块盘绒茧蜂 Cotesia sp. 鉴定结果（1979—1982，长沙黄花镇）

采集时间	田块类型	寄主	成蜂腹基部三节背板颜色	观察外生殖器茧蜂头数	鉴定结果
1978 年 7 月	水稻	稻螟蛉	暗红色	6	螟蛉盘绒茧蜂（Cotesia ruficra 雄）（图51，1）.
1979 年 3 月	小麦	普通黏虫	暗红色	6	螟蛉盘绒茧蜂（Cotesia sp. 雄）（图51，2）.
1980 年 6 月 20 日	水稻	稻螟蛉	黄色	6	螟蛉盘绒茧蜂，雌（图51，6）
1980 年 6 月 20 日	水稻	稻螟蛉	黑色	8	螟蛉盘绒茧蜂，雄（图51，6）
1981 年 3 月	小麦	普通黏虫	鲜红色	6	螟蛉盘绒茧蜂，雄（图51，6）
1982 年 6 月上旬	水稻	稻螟蛉	黑色	8	螟蛉盘绒茧蜂，雄（图51，5）
1982 年 6 月上旬	水稻	稻螟蛉	黑色	8	螟蛉盘绒茧蜂，雄（图51，7）
1982 年 6 月	水稻	稻螟蛉	红黄色	6	螟蛉盘绒茧蜂，雌（图51，8）

注：采集地点长沙市郊黄花镇，稻螟蛉 Naranga aenescens Moore，普通黏虫 Pseudaletia separata (Walker)。

④结论

国内外许多文献报道螟蛉盘绒茧蜂 Cotesia ruficra（Haliday）寄生黏虫，腹部 1～3 节背板色泽在黑、黄、红之间变化。本节研究长沙市郊麦田普通黏虫育出的盘绒茧蜂 Cotesia sp. 和稻田稻螟蛉育出的螟蛉盘绒茧蜂 Cotesia ruficra（Haliday）形态相似，腹部 1～3 节都有相同的色泽变化，但根据雄性外生殖器研究，两个种是相似的独立物种，麦田黏虫育出的暂定为拟螟蛉盘绒茧蜂 Cotesia sp.（nr. ruficra Haliday）。多年来国内许多专著及论文把黏虫幼虫育出的盘绒茧蜂定

名为螟蛉盘绒茧蜂 *Cotesia ruficra*，拟有重作鉴定的必要。

(56) 稻毛虫盘绒茧蜂 *Cotesia simurae*（You et Chou，1989）（图 52）

Cotesia simurae（You et Chou，1989），陈家骅等，2004，新组合，中国小腹
　　茧蜂，170，comb. nov.

Apanteles simurae You et Chou，1989，Entomotaxonomia，11（4）：307；何
　　俊华等，1991，中国水稻害虫天敌名录，43.

体长：雌，2.4mm，雄 2.2mm。

体色：雌蜂体黑色。触角深褐色，基节黑色。下颚须、足、后足胫距、腹部腹
面黄色。后足腿节端部、胫节基部和端部、跗节均为褐色。C＋Sc＋R 脉和 1‑R1
脉深褐色，Pt 及翅脉黄褐色。翅基片黑褐色。

头部：头横置，略窄于胸部（20：21）；颜面上方稍隆起，颜面，头顶、后头
均有微细刻点，触角长于体（17：15），端前节长为宽的 2 倍。单复眼间距为侧单
眼间距的 1.25 倍，为侧中单眼间距的 2 倍。

胸部：胸部（中胸盾片＋小盾片）长、宽、高比为 22：21：21。前胸背板背沟
下方有刻点；中胸盾片具粗糙刻点，中叶隐现微弱的中纵皱，侧叶两侧刻点稀疏，
后方及盾纵沟部位刻点较密集；中胸小盾沟宽而深，有小脊 5～7 个，小盾片光滑
有光泽（图 52，1），小盾片悬骨外露。并胸腹节有网状皱纹及中纵脊，气门被脊包
围，气门附近及后侧区皱纹减弱。中胸侧板前半部有细刻点，后半部光滑有光泽。
前翅长于体（16：15），Pt 约与 1‑R1 等长，r 由 Pt 端部 1/3 处伸出，与 2‑SR 等
长（图 52，4）。后翅臀叶不凹陷，最宽部分边缘有缘毛。后足基节平滑有光泽，后
足胫距略等，不及后足基跗节的一半。

腹部：腹部侧扁，长于（37：32）和窄于（5：7）胸部；第 1 节背板向后端稍
加宽然后收缩，长为最宽处的 1.33 倍（4：3），除基部中央凹陷有光泽，中部中央
有一光滑的隆起外，其余部分有纵皱纹。第 2 节背板横置，长为第 3 节背板的 2/3，

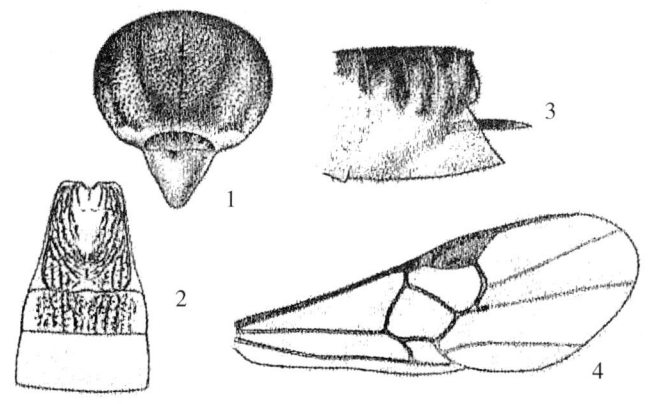

1. 中胸背板；2. 腹基部 3 节背板；3. 雌蜂产卵器和肛下板（侧面观）；4. 前翅。

图 52　稻毛虫盘绒茧蜂 *Cotesia simurae*（You et Chou）

有纵皱纹；第 3 节背板平滑有光泽（图 52，2）。产卵管鞘约为后足基跗节长的 1/3，肛下板发达，末端尖锐（图 52，3）。

雄除足较雌蜂色深外，其余同雌蜂。

生物学：寄主稻毛虫（稻白脉夜蛾）*Simura albovenosa* Goeze。茧堆大，长形，长 2.3cm，宽 1.2cm，黄色，群集，外复以棉絮状黄丝。

研究标本：1♀，1♂，云南昆明，1♀，1974. Ⅷ.，7♀，1980. Ⅸ. 16.，12♀，1980. Ⅶ. 8.，5♀，1980. Ⅶ. 9.（以上产地云南昆明，采集者王履浙）。

分布：云南。

（57）金钢钻盘绒茧蜂 *Cotesia scabricula*（Reinhard，1880）

Apanteles eguchi Watanabe, 1935. Insecta matsum., 10：49；Watanabe, 1937. J. Fac. Agric. Hokkaid：（imp.）Univ., 42（1）：122；Shenefelt, 1972. Hym. Cat.（nov. ed），7：495；You et al., 1980. Hunan Agriculture Science and Technology, 2：56；Papp, 1987. Ann. Hist Nat. Mus. Nat. Hung., 79：219.

Cotesia eguchi（Watanabe）comb. nov., Papp, 1990. Acta Zool. Hung., 36（1 - 2）：117；You et al., 2000, Jour. Hunan Agricul. Univ., 26（5）：397；He et al., 2004, Hymenoptera Insect Fauna Zhejiang, 662；You et al., 2006, Fauna Hunan Hymenoptera Byaconidae [1]，141.

Cotesia equchi（Watanabe）（！）. 宋东宝，新组合，2004，10：154，comb. nov. 新组合重复。

Apanteles scabriculus（Reinhard，1880），Papp，1987，Ann. Hist-Nat. Mus. Nat. Hung., vol，79，219.

Apanteles scabriculus Reinhard，1880，Nixon，1974，Bull. ent. Res.，64. 505.

Cotesia scabricula（Reinhard，1880），Yu et al.，2005，World Ichneuruonoidea 2004，Taxapad，CD/DVD.

研究标本：5♀，7♂，长沙，1979，Ⅵ，14.，游兰韶；6♂，长沙，1980. Ⅵ. 24.，游兰韶；1♀，岳阳，1974. Ⅶ. 22.，徐璨；4♀，9♂，湘阴，1980. Ⅷ. 30.，游兰韶。

分布：湖南（长沙、岳阳、湘阴）。文献报道国内分布于浙江、河北、山东、陕西、湖北、四川（何俊华等，2004）；国外分布于朝鲜，捷克斯洛伐克（Nixon，1974）；奥地利、匈牙利、俄罗斯、意大利（Shenefelt，1972）。

生物学：寄主为鼎点金钢钻 *Earias cupreoviridis* Walker（棉田），茧单个，长圆筒形，硫黄色，长 4.4mm，宽 1.6mm。幼虫均在 3 龄以前被寄生，湖南长沙县各代寄生率为：第二代 24.32%，第三代 16.4%，第四代 28.3%，第五代 4.41%。

捷克斯洛伐克，寄主为金钢钻 *Earias colrana*（L.）（Nixon，1974）。小卷蛾 *Olethreutes capreana*（Shentfelt，1972）。

注：著者 20 世纪 70 年代末期和匈牙利自然历史博物馆 Papp. J 交换标本后，Papp. J 曾来信指出 *C. eguchi* Watanabe，1935 为本种异名，限于未见模式标本，我们以后的论文并没有接受 Papp. J 的意见。Papp. J（1987、1990）分别指出金钢钻盘绒茧蜂 *Cotesia eguchi* Watanabe 和 *C. scabriculus* Reinhard 是同一种，或重申 *C. eguchi* Watanabe 是粗糙盘绒茧蜂 *C. scabriculus*（Reinhard）的次同名（Junior homonym）（游兰韶等，2006）。现按 Yu 等（2005）的系统进行报道，按拉丁文 *Cotesia scabriculus* 翻译的中文名应为粗糙盘绒茧蜂，因金刚钻盘绒茧蜂中文名通俗，实际上，已在我国使用 30 多年，暂仍按寄主维持原中文名。

(58) 柳毒蛾盘绒茧蜂 *Cotesia melanoscela*（Ratzeburg，1844）（图 53）

Microgaster melanoscelus Ratzeburg，1844，Marshall，1885，Trans. R. ent. Soc. Lond.，1885；187（as synon of *difficilis* Nees von Esenbeck）.

Apanteles melanoscelus Ratzeburg，Muesebeck（1920）1921，Proc. U. S. natn. Mus. 58：554；Fahringer，1936，Opusc. bracon.，4（1－3）：118；Telanga，1955，Fauna SSSR，5（4）：105；Shenefelt，1972，Hym. cat. (nov. ed) 7：568；Nixon，1974，Bull. ent. Res.，64，469；You et al.，1980，Jour. Hunan Agricul. College，6（3）：54；游兰韶等，1982，湖南农学院学报，8（1）：5；Papp，1990，Acta Zool. Hung.，36（1－2）：117.

Cotesia melanoscela（Ratzeburg，1844），MicheI-Salzat et al.，2004，Sys. Entomol.，29，3 71.

Cotesia melanoscelus（！）宋东宝，2004，中国小腹茧蜂，160，种名性别有误。

Apanteles solitarius（Ratzeburg，1844）Nixon，1974，Bull. ent. Res.，64，469.

体长：雌 2.6mm。

体色：唇须黄色，C＋Sc＋R 和 Pt 暗褐色。所有足除基节外主要为淡红色，后足胫距黄色。腹部第 1 节背板除边缘外为黑色。

头部：颜面和头顶有细刻点。

胸部：中胸盾片稍有光泽，有由细弱刻点组成的细刻纹，小盾片具光泽，亦有极细的刻纹，并胸腹节无中区，有明显的中纵脊及皱纹，端部中央密布斜列皱纹；1－R1 脉比 Pt 长，r 脉长于 pt 的宽，和 m－cu、2－SR 等长。前足跗节端节有明显的距，后足胫距，外距稍长于内距，均不到后足基跗节的 1/2。

腹部：腹部第 1 节背板端部扩大，基部凹陷平滑，其余部分有强皱纹；第 2 节背板中域横长方形，和整个第 2 节背板同样广阔，有粗糙皱纹；第 3 节背板基部有

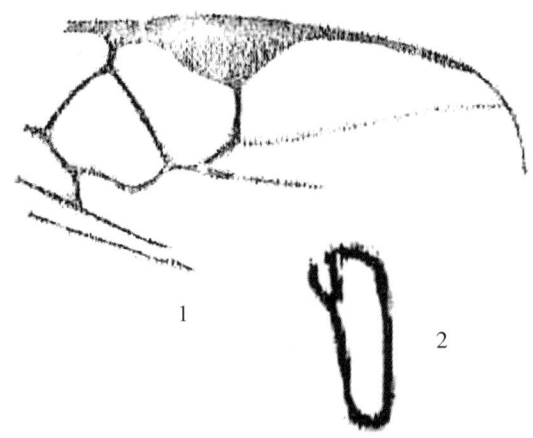

1. 前翅；2. 前足端跗节小距。

图 53　柳毒蛾盘绒茧蜂 *Cotesia melanoscela*（Ratzeburg）（仿 Nixon，1974）

皱纹。

生物学：湖南寄主为柳毒蛾 *Leucoma salicis*（L.），国外寄主舞毒蛾 *Lymantria dispar* Linnaeus、古毒蛾 *Orgyia antipua*（L.）、白斑天幕毛虫 *Hemerocampa leucostigma* J. E. Smith。茧：单个、白色，长 4.8mm，宽 1.2mm。

研究标本：2♀，岳阳，1977. Ⅺ.，游兰韶（柳树）。

分布：湖南。湖北、福建（陈家骅等，2004）。国外分布于西北欧、蒙古、北非、澳大利亚、英国（引入）（Shenefelt，1972）。

注：本种雌蜂前足跗节端部的小距较难看见，当第 3 节背板皱纹退化时，对于确定此蜂很有价值（Nixon，1974）。

（59）枯叶蛾盘绒茧蜂 *Cotesia gastropachae*（Bouche，1834）（图 54）

Apanteles gastropachae Bouche 1834，Fahringer，1936，Opusc. bracon，4（1 - 3）：103；Watanabe，1937，J. Fac Agric. Hokkaido（imp.）Univ.，42（1）：122；Wilkinson，1945，Trans. R. ent. Res. 44：328；Telenga，1955，Fauna SSSR，5（4）：129；Shenefelt，1972，Hym. Cat.（nov. ed），7：517；Nixon，1974，Bull. ent. Res. 64，482；Abjinbecova，1975，brac. nid of Azerbaijan，246；Tobias，1976，braconid of Caucasus，174；Tobias et al.，1986，Fauna SSSR，3（4）：396；You et al.，1990，A parasitic wasp atlas of forest pests，55；You，1990，Jour，Hunan Agric. Univ.，21（5）：507.

Cotesia gastropachae（Bouche，1834），Papp，1990，Acta Zool. Hung；36（1 - 2）：117 comb. nov；宋东宝，2004，中国小腹茧蜂，comb. nov.，155 新组合重复；Yu et al.，2005，World Ichneumonoidae 2004，Taxapad CD/DVD.

体长：雌 2.5mm。

体色：黑色。前中足（除基节暗黄褐、转节色暗）、后足腿节（除端部和基部，或端部 1/3 色暗）、后足胫节（除端部）红褐黄色（有时后足腿节烟褐至黑色），后足跗节暗色；下颚须和胫距色浅；翅基片黑色至褐色，翅透明，翅面微毛无色，前翅 Pt、1-R1 脉，r 脉，2-SR 脉，2-SR+M 褐色，其余脉红黄褐色。

头部：头部唇基、颜面、额窝、额、头顶均有规则的微细刻点、侧单眼间距和单复眼间距等长；触角薄，约和体等长。

胸部：中胸盾片密布刻点，盾纵沟处刻点较密集，较强，在盾纵沟后方形成一大片细线刻点区；小盾片有刻点，并胸腹节有皱纹，两后侧区光滑有光泽，中纵脊弱或缺；后足基节有微细、分散的刻点；前翅 Pt 宽，1-R1 脉短。约为径室端部至 1-R1 距离的 3 倍；中室内中脉一侧的刚毛不稀疏，后翅臀叶有缘毛；后足基节有微细、分散的刻点，后足胫距长距为后足跗节基节长的 2/3，短距为 3/5。

腹部：腹部第 1 节背板基半部凹陷，光滑有光泽，端半部有皱纹刻点，后端稍加宽；第 2 节背板中域有皱纹，不和第 2 节背板同宽；侧沟拱形，宽为中部高的 2.3～2.6 倍；第 3 节背板及以后背板光滑，产卵管鞘短于后足跗节基节，产卵管长于后足跗节基节，侧面观产卵管端部有齿部分短于其基部的厚（图 54，2）。

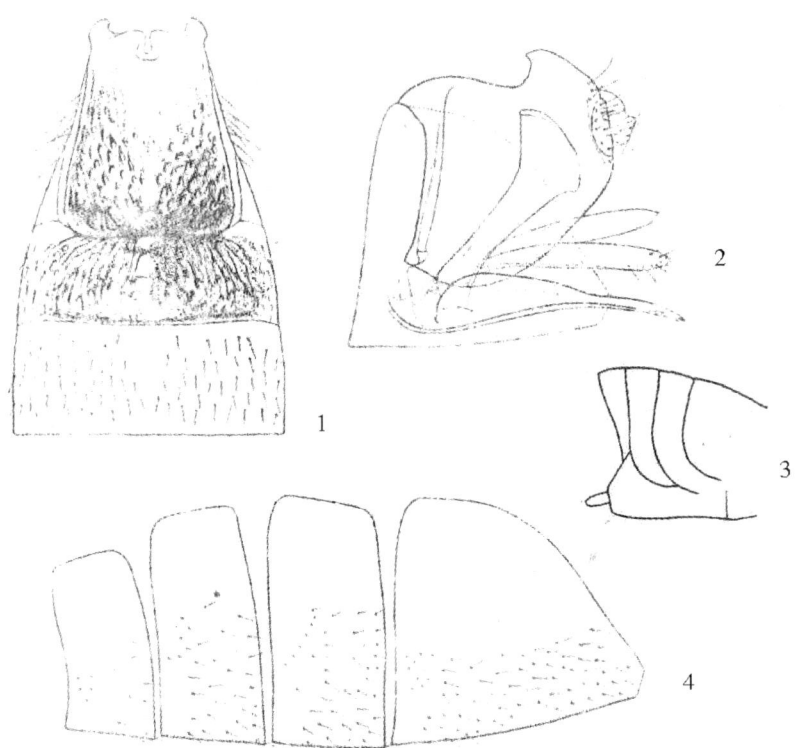

1. 腹基部 3 节背板；2. 产卵管和产卵管鞘；3. 肛下板；4. 示肛下板短。

图 54　枯叶蛾盘绒茧蜂 Cotesia gastropachae（Bouche）

（1～2、4 仿 Wilkinson, 1945；3 仿 Tobias, 1986）

雄：未知。

生物学：吉林寄主为枯叶蛾 *Gastropacha* sp. 群集寄主。国外寄主为天幕毛虫 *Malacosoma neustri* L.、松毛虫 *Dendrolimus pini* L.、李枯叶蛾 *Gastropacha quercifolia* L.、舞毒蛾 *Lymantria dispar* L. 等 10 种（Shenefelt，1972）。

研究标本，4♀，吉林长春，日期不详，杨光安。

分布：吉林、陕西。国外分布于日本，欧洲，俄罗斯。

（60）胫盘绒茧蜂 *Cotesia tibialis*（Curtis，1830）（图 58）

Apanteles tibialis（Curtis），Fahringer，1937，Opusc. bracon；4（4－6）：259；Shenefelt，1972，Hym，Cat.（nov. ed）7：652；Nixon 1974，Bull. Ent. Res.，64，496；Papp：1986. Ann Hist-Nat Mus. Nat. Hung.，78：230；You et al，1988，EntonoI，Scand.，19：41.

Cotesia tibialis（Curtis），Papp，1990. Acta Zool. Hung.，36（1－2），117；Yu et al. 2005，World Ichneumonoidea 2004，Taxapad CV/DVD.

Apanteles congestus（Nees），Telenga，1955，Fauna USSR，5（4）110；Abjinbecova，1975，Braconid of Azerbaijan，246.

体长：雌 2.5mm.

体色：夏末出现的后足腿节完全黑色，或多数情况下，腿节两侧淡红色，中足腿节或至少前足腿节基半部全黑，有时中足腿节淡红色，早夏出现的后足腿节全部黄色或红黄色。

头部：不强烈横置，后切线到前单眼并不接触到后面一对单眼，单眼非低三角型，触角两端前节长为宽的 1～1/3 倍，

胸部：中胸盾片盾纵沟的皱纹带在盾片后方形成混合的皱纹区，此处无刻点（对

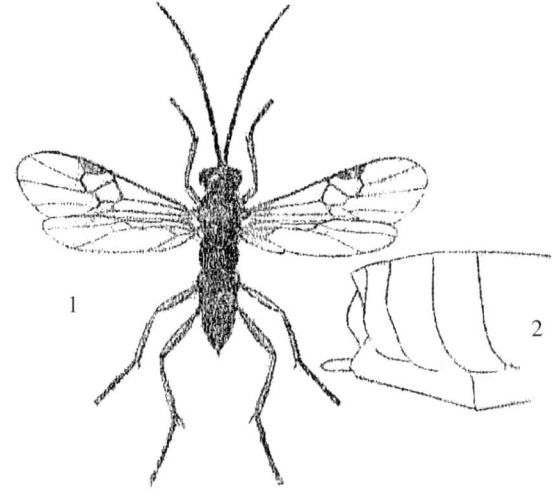

1. 雌蜂整体图；2. 雌蜂产卵管和肛下板（侧面观）。

图 55 胫盘绒茧蜂 *Cotesia tibialis*（Curtis）（1. 仿 Telenga，1955；2. 仿 Nixon，1974）

比螟蛉盘绒茧蜂 *Cotesia ruficra* 和小菜蛾盘绒茧蜂 *Cotesia vestalis*），前半部多无刻点，侧叶有光泽，小盾片光滑，有光泽，无刻点，小盾片悬骨隐藏，后翅臀叶全部有发达缘毛，前翅 r 出自 Pt 端部或非端部，后足基节全有皱纹，胫距内距短于外距，不能达到基跗节中部，前足跗节端节有小刺（小距），该节着生小刺处并不凹入。

腹部：第 1 节背板全有皱纹，中部有短中脊，中区和第 2 节背板等同宽大，第 2 节背板整体有皱纹，背板（2＋3）端部刚毛呈一列。肛下板短，端部平截（图 55，2）。

雄蜂：触角端半部黄色或黄褐色，色较基半部浅。

生物学：寄主甘兰夜蛾 *Mamestra brassicae* L.，黄地老虎 *Agrotis segetum*。茧白色群集，复以疏松的白丝。国外寄主眼蝶 *Maniola juytina*，*Pyronia tithonus*，夜蛾 *Anarta nyrtill*；*Phytometro ornatissima*（Nixon，1974）。

研究标本：4♀，2♂，新疆伍家渠，1981. Ⅶ.，Hong Chengli，采；6♀，2♂，石河子，1981. Ⅹ. Ⅵ.，4♀，1♂，石河子，1981. Ⅵ.29.，李彦发采；4♀，甘家湖，1984. Ⅴ 26.，赵剑霞。

分布：新疆。国外分布于南韩、日本、朝鲜、蒙古、俄罗斯（Papp，1990），西北欧（Nixon，1974）。

（61）复合群支序系统学研究（图 56－59）

螟黄足绒茧蜂复合群系统发育的支序分析研究。李志文，游兰韶等（2004）运用支序系统学的方法采用 Hennig86 支序分析软件，讨论螟黄足绒茧蜂复合群 *Cotesia flavipes* complex 内分布全世界的 5 个种种间的系统发育关系，其中大螟黄足绒茧蜂 *Cotesia sesamiae*（Cameron）是分布于非洲的种类。将研究对象芦螟盘绒茧蜂、二化螟盘绒茧蜂、螟黄足盘绒茧蜂、汉寿盘绒茧蜂和大螟盘绒茧蜂作为内群。外群的选择有 2 种办法，一种办法是使用近缘属的种类斑螟沟腹茧蜂 *Diolcogaster spretus*（Marshall）和载侧沟茧蜂 *Microplitis gerula* Papp 作外群，性状分析是使用 25 个形态学性状，其中头部 7 个，胸部 9 个，腹部 3 个，雄性外生殖器 6 个；另一种是使用同属种类螟蛉盘绒茧蜂 *Cotesia ruficra*（Haliday），黏虫盘绒茧蜂 *Cotesia kariyai*（Watanabe），粉蝶盘绒茧蜂 *Cotesia glomerata*（Linnaeus）作外群，使用了 24 个形态学性状，其中头部 7 个，胸部 8 个，腹部 3 个，雄性外生殖器 6 个。然后使用外群比较法逐一对所选取的形态学性状进行论证，确定近祖性状和近裔性状。软件分析是采用 Hennig86 支序分析软件，所得系统发育支序图见图 56－59。

小结：从本项支序系统学研究的结果可以看出，其总的趋势是，螟黄足绒茧蜂复合群的单系群性质始终是确定的，芦螟盘绒茧蜂和汉寿盘绒茧蜂亲缘关系始终靠近，二化螟盘绒茧蜂和大螟盘绒茧蜂近缘，而螟黄足盘绒茧蜂相对独立。造成螟黄足盘绒茧蜂复合群单系性质确定的原因也是由该复合群成员形态决定的，该复合群成员头部发达，立方形，雌蜂触角粗短，胸、腹部极度扁平，适合钻入寄生钻蛀禾本科作物的鳞翅目昆虫。研究结果也和 Smith 等（1999）使用的线粒体 16S 核糖体 rRNA 和 NADHI 脱氢酶基因序系列研究结果基本相同，也和 Micheal-Salzalt 和 Whitfield（2004）使用 mt16SrDNA，n28SrDNA，NADHI，LWRH4 基因用于全球盘绒茧蜂属 *Cotesia* 支序系统学研究表现出的螟黄足绒茧蜂复合群 *Cotesia flavipes* complex 研究结果基本相同。

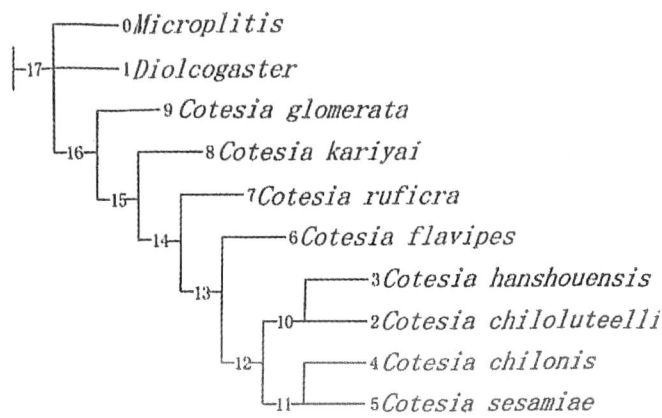

图 56 螟黄足盘绒茧蜂复合群 *Cotesia flavipes* complex 系统发育支序图

（L＝40，C_i＝0.75，R_i＝0.83）（据李志文，游兰韶，2004）。

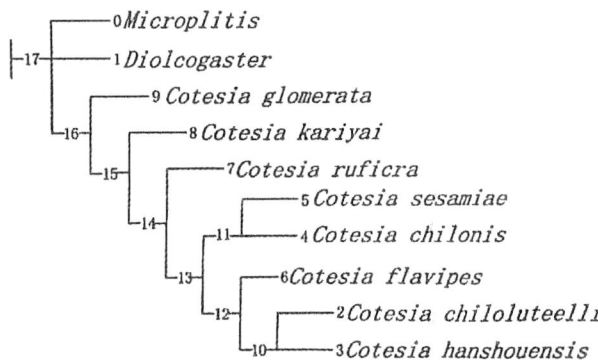

图 57 螟黄足盘绒茧蜂复合群 *Cotesia flavipes* complex 系统发育支序图

（L＝40. C_i＝0.75，R_i＝0.83）（据李志文，游兰韶，2004）。

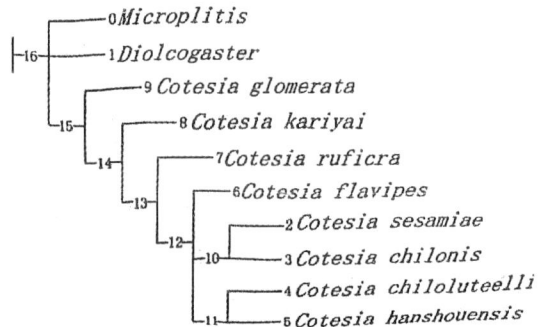

图 58 螟黄足盘绒茧蜂复合群 *Cotesia flavipes* complex 系统发育支序图

（L＝40，C_i＝0.75，R_i＝0.83）（据李志文，游兰韶，2004）。

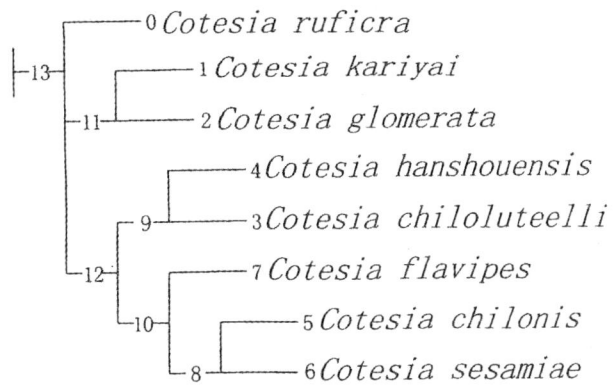

图 59　螟黄足盘绒茧蜂复合群 *Cotesia flavipes* complex 系统发育支序图

(L＝40，C_i＝0.75，R_i＝0.83)（据李志文，游兰韶，2004）。

(62) 邻盘绒茧蜂 *Cotesia affinis*（Nees von Esebeck，1834）

Microgaster affinis Nees von Esenbeck，1834. Hym. lchn. affin. Mon. 1：176.

Apanteles affinis Nees von Esenbeck，Watanabe，1937. J. Fac. Agric. Hokkaido（imp.）Univ.，42（1）：121；Wilkinson，1945. Trans. R. ent. Soc. Lond. 95（3）73；Telenga，1955. Fauna SSSR，5（4）：122；Shenefelt，1972. Hym. Cat（nov. ed.）7：43 5；Nixon，1974. Bull. ent. Res.，64：462；You et al.，1980. Jour. Hunan Agric. Univ.，6（3）：22；Tobias et al.，1986. Fauna SSSR，34（1）：400；Papp，1987. Ann. Hist-Nat. Mus. Nat. Hung. 79：214；You et al.，1988. Ent. scand.，19：39. You et al.，1990，In：A parasitic wasp Atlas of forest，53.

Apanteles okamotoi Watanabe，1932. Insecta matsum. 7：86；Watanabe，1937. J. Fac. Agric. Hokkaido（imp.）Univ.，42（1）：121；Shenefelt，1972. Hym. Cat（nov. ed.）7：586；Papp，1987. Ann. Hist-Nat. Mus. Nat. Hung.，79：214；You et al.，1988. Ent. scand.，19：40.

Apanteles planus Watanabe，1932. Insecta matsum. 7：84；Watanabe，1937. J. Fac. Agric. Hokkaido（imp.）Univ.，42（1）：121；Shenefelt，1972. Hym. Cat.（nov. ed.）7：603；You et al.，1980. Hunan Agricultural Science and Technology，3，55；Papp，1987. Ann. Hist-Nat. Mus. Nat. Hung.，79：214；陈家骅等，2004，中国小腹茧蜂，165.

Cotesia affinis（Nees von Esenbeck），Papp，1990. Acta Zool. Hung.，36（1－2）：117；You et al.，2000. Jour. Hunan Agric. Univ.，26（5），397；He et al.，2004. In：Hymenopteran Insect Fauna of Zhejiang：658；You 等 2006，湖南茧蜂志（一），132.

Cotesia okamoto（Watanabe），Papp，1990. Acta Zool. Hung.，36（1－2）：

117；He et al.，2004．In：Hymenopteran Insecta Fauna of Zhejiang，665．

Cotesia planus（Watanabe），Papp，1990．Acta Zool．Hung．，（1 - 2）：117；
　He et al.，2004．In：Hymenopteran Insecta Fauna of Zhejiang，665；陈家
　骅等，2004，中国小腹茧蜂，165．

生物学：寄主二尾舟蛾 *Cerura* sp.（贵州），柳天蛾 *Smerinthus planus*
（Walker），杨二尾舟蛾 *Cerura meniciana* Moore（湖南岳阳）。茧群集，纯白色，
长圆筒形，由疏松的丝结集在一起。

研究标本：4♀，贵州独山，1979．Ⅴ.25.，宋学佩；3♀1♂，湖南岳阳，
1977.Ⅵ.15.，游兰韶。

分布：贵州，湖南。国外分布于日本。

(63) 松毛虫盘绒茧蜂 *Cotesia ordinaria*（Ratzeburg，1844）（图 60）

Apanteles ordinarius（Ratzeburg），Marshall，1885，trans．R．ent．Soc.
　Lond.，1885：168；Watanabe，1932，lnsecta matsum.，7：79；
　Fahringer，1936，Opusc bracon.，4（1 - 3）：123；Watanabe，1937，J.
　Fac．Agric．Hokkaido（imp.）Univ.，42（1）：117；Wilkinson，1945，
　Trans．R．ent．Soc．Lond.，95（3）：69；Telenga 1955，Fauna SSSR，5
　（4）：108，Shenefelt，1972，Hym，Cat.（nov．ed），7：588；Nixon，
　1974，Bull，ent．Res.，64：494；Tobias，1976，braconid of Caucasus，
　172；游兰韶等，1980，湖南农学院学报，18；Tobias et al.，1986，Fauna
　SSSR.，3（4）：393；Papp，1987，Ann，Hist-Nat．Mus．Nat．Hung.，79，
　226；You et al.，1988，Entomol．scand.，19：40．

Cotesia ordinarius（!）．种名词尾性别有误。宋东宝，2004，中国小腹茧蜂，
　162；何俊华等，2004，浙江蜂类志，665．

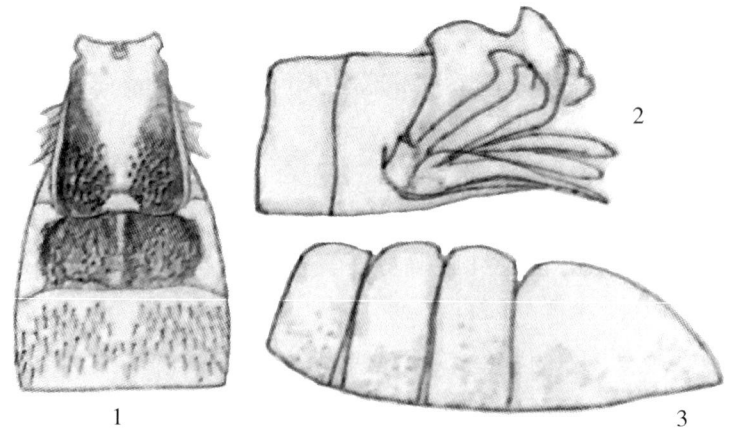

1．腹基部 3 节背板；2．雌性外生殖器；3．肛下板。

图 60　松毛虫盘绒茧蜂 *Cotesia ordinaria*（Ratzeburg）（仿 Wilkinson，1945）

Cotesia ordinaria，Papp，1988，Ann，Hist-Nat. Mus. Nat. Acta. Hung.
80，155.

体长：雌 3mm。

雌：黑色。须浅和胫距黄色或微微的红黄褐色，上颚端部黄褐色至黑褐色。足
黄褐色，转节第 1 节黑色，第 2 节黄褐色；中足腿节上面、后足腿节上面和端部
（或全部）、胫节的端部黑褐色至黑色。翅透明，或微微的烟色，翅面微毛有色，翅
基片、翅脉和 Pt 暗褐色。腹部端部下面及腹部第 1～2 节背板窄的边缘黄色。

头部：头横置，后方圆形收窄，有光泽；颜面和唇基有刻点，头的其他部分光
滑，唇基和颜面分界明显，颊长等于上颚基部的宽；两后单眼间的距离和后单眼至
复眼距离相等。

胸部：中胸盾片密布刻点，微有光泽。小盾片有细而较稀疏的刻点并具光泽。
中胸侧板有刻点及光泽。前翅 r 出自 Pt 中部，明显长于 2 - SR。并胸腹节有中纵脊
和基横脊，并有粗糙的网状皱纹。后足基节具刻点及光泽，其胫节长距比第 1 跗节
的 1/2 长。胸部侧板具刻点及光泽，后胸背板有脊。

腹部：腹部稍长于胸部，第 1 节背板长于宽，长为端部的 1.5 倍后端稍加宽；
基部 1/2 或 2/5 处凹陷、平滑有光泽，端部 1/2 或 3/5 处有皱纹，具平滑的中脊；
第 2 节背板短于第 3 节背板，中域略呈矩形，刻纹与第 1 节背板相似；其余各节平
滑有光泽。产卵管鞘与后足跗节基节等长。（图 226）。

雄：四前足腿节基部有暗斑，唇须和胫距色浅，或微红黄色。

生物学：寄主松毛虫 *Dendrolimus tabulaeformis* Tsai & Liu（游兰韶等，
1988）；落叶松毛虫 *D. superans*，赤松毛虫 *D. spectabilis*，马尾松毛虫 *D.
punctatus*（何俊华等，2004）；国外欧洲松毛虫 *D.* pini L. 白脉松毛虫 *D.
albolineatus* Mats（Wilkinson），*Macrothylacia rubi* L.（Fahringer，1936）；茧：
白色，有时在松枝上并排安置成列（Wilkinson，1945）。

研究标本：1♀，28♂，陕西宜川（黄龙山林区），1976.Ⅳ.9.，党心德；1♀，
黑龙江，1975. Ⅴ 18.，采集人不详。

分布：陕西、黑龙江。浙江、吉林、辽宁、江苏、湖南、广西（何俊华等，
2004）。国外分布于日本，欧洲（高加索）、俄罗斯（Shenefelt，1972；Tobias，
1976）。

(64) 樗蚕盘绒茧蜂 *Cotesia dictyoplocae*（Watanabe，1940）（图 61）

Apanteles sp.，魏成贵，1980，昆虫学报，23（2）：173.

Apanteles dictyoplocae Watanabe，1940，Insecta matsum.，15：51；You et
al，1985，农垦生防 10：21；You et al，1992. In：Iconography of forest in-
sects in Hunan，China，1263.

Apanteles dictypolocae（!）Watanabe，1940，You et al，1988，Entomol， scand, 19: 39; You et al., 2000, Jour Hunan Agric. Univ. 26 (5): 397.

Apanteles pictyoplocae (!) Watanabe, 1940, You et al., 1990, In: A parasitic wasp atlas of forest, 54.

Cotesia dictyoplocae (Watanabe), Papp, 1990. Acta Zool. Hung., 36 (1-2): 117; He et al, 2004. In: Hymenoplera Inset Fauna of Zhejiang, 660; 陈家骅等，2004，中国小腹茧蜂，152；游兰韶等，2006，湖南茧蜂志（一），134；戚俐等，2012，辽宁农业科学，6：12（生物学）。

研究标本：3♀，1♂，云南昆明，1983. Ⅸ.，陈尔厚；2♀，1♂，沅江，1983. Ⅳ.，游兰韶；10♀，辽宁凤城 2001. Ⅵ，戚俐。

生物学：此蜂寄主有柞蚕 *Antheraeo pernyi*（辽宁凤城，魏成贵，1980）；樗蚕 *Philosamia cynthia*（云南昆明，1983，陈尔厚；湖南沅江，1983，游兰韶）；银杏大蚕蛾 *Dictyoploca japonica*（栗蚕，辽宁凤城，2001，戚俐）。茧白色，带淡黄，群集，围以疏松的丝（图 229）。国外分别报道此蜂寄生以上 3 种寄主（Shenefelt，1972）。

分布：辽宁（魏成贵，1980；戚俐等，2012）；云南、湖南（游兰韶，1985，2006）；福建（陈家骅等，2004）；浙江（何俊华等，2004）。国外分布于日本（Shenefelt，1972）。

图 61　樗蚕盘绒茧蜂 *Cotesia dictyoplocae* Watanabe 幼虫逸出栗蚕体，作茧化蛹
（仿戚俐等，2012）

（65）茶蓑蛾盘绒茧蜂 *Cotesia* sp.（图 62）

Cotesia sp., Mason, 1981, Mem. Entomol. Soc. Can. 115, 110.

属征：触角通常长于体长，大部分鞭节有 2 个板形感器，但螟黄足盘绒茧蜂复合群的雌性触角短于体长，鞭节仅 1 个板形感器；颜面不呈喙形；前胸背板侧面具上下背沟；小盾片后方有一连续的光滑带；后胸背板前缘由小盾片端缘退出，悬骨常外露；并胸腹节通常具粗糙皱纹，无中区，常有一中纵脊，中纵脊可能因皱纹而部分模糊，侧面常有不完整的横脊将光滑的前区和斜的皱纹分开；前翅 r‑m 脉缺如，小翅室开放；1‑CU1 脉短于 2‑CU1 脉；1‑R1 长；后翅臀叶端缘明显凸出，通常有缘毛；后足基节正常，短于 T1；后足胫节距短于基跗节之一半；T1 常宽大于长，但通常微长于宽，端部宽，有时稍为桶形或两侧平行，端部绝不狭窄，有时端角呈圆形收缩，端部无中纵端槽；T2 至少为 T3 长的一半，呈亚长方形，有后方分叉的侧沟，如 T2 锥形或半圆形，则其基部的宽大于中部的高，端部的宽近于或大于中部的高 2 倍；T1 基部常光滑，但后方具皱纹或皱纹刻点，T2 总是具皱纹或针刻状皱纹，T3 类似 T2，从光滑到粗糙刻纹，肛下板短，两侧均匀骨化，无纵褶，很少情况下沿中线或仅在端部有皱褶；产卵管鞘短，大部分为肛下板隐藏，通常短于后足胫节之一半，大部分光滑，仅近端部有少量的毛，起自负瓣片的基部；第 2 产卵瓣端部变宽；阳茎基腹铗上有 6～15 根刚毛；抱器背突为阳茎基腹铗长度的 0.27～0.52 倍；抱器背突不呈弓形或新月形；端部呈圆形或宽平截，常有 2～5 齿；阳茎端超出阳茎基侧突的长为 0.03～0.09mm，阳茎基侧突上有少量的毛，集中于近端部。

本种又属 Nixon（1965）分类系统的 *glomeratus* 种团，此种团的特征为：并胸腹节无中区，有粗糙的皱纹，至多具一中纵脊，后侧区光滑或不光滑；腹部第 1 节

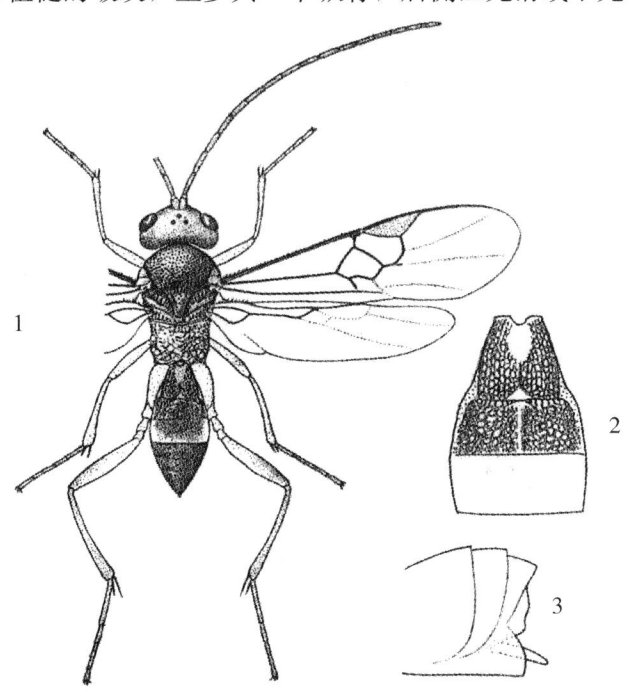

1. 雌蜂整体图；2. 腹基部背板；3. 肛下板。

图 62　茶蓑蛾盘绒茧蜂 *Cotesia* sp.

背板以不同程度向端部加宽，第 2 节背板的中域如为亚三角形，则三角形两边短于底边，如第 2 节背板中域横置，则形状、大小和第 2 节背板相似，第 2 节背板短于第 3 节背板；后翅臀叶最宽部分的边缘大多直，整个边缘有缘毛或只臀叶基部有缘毛，有些种类缘毛短而稀，前胸背板有背沟。

生物学：寄主茶蓑蛾 *Gryptothelea minuscula* Butler。

研究标本：7♀，云南勐海，日期不详，罗亨文（茶树）。

7. 拟麦蛾茧蜂属 *Pseudovenanides* Xiao & You，2002

Pseudovenanides Xiao & You，2002，Acta Zootaxonomlca Sinica，27（3）：616；Yu et al.，2005，World Ichneumonoidea 2004，Taxapad，CD/DVD.

Typa species：*Pseudovenanides hunanus* Xiao & You，2002

体小型。雄性触角正常，雌性触角粗短，短于体长，大部分鞭节每节有 2 个算盘子结；前胸背板侧面仅下背沟存在；中胸盾片盾纵沟处有微细刻点，使盾纵沟仍能显现；中胸盾片和小盾片有光泽，光滑，两者之间仅为一很窄的盾间沟断开；小盾片侧盘大，在小盾片后方中央处连续，不为刻点或刻纹所断开；后胸背板光滑，无突出的刚毛侧突；并胸腹节光滑，仅基半部有极微细刻纹，有一完整的中纵脊；前翅 r−m 脉缺如，小翅室开放；2r 稍长于 lRs，两者相遇成角状；1−CU1 脉短于 2−CU1 脉；痣后脉 1−R1 很长，几乎伸达径室的末端；后翅臀叶边缘凹入，有长缘毛；后足基节大，上方扁平，伸达超过腹部第 1 节背板的末端；后足胫节内距长于基跗节的一半；腹部第 1 节背板向后方突然收窄；腹部第 1 节背板的基半部或更长处中央有一明显深凹的纵沟，但不达于端部；腹部第 2 节背板为一三角中区，前角约为 110°，与腹部第 3 节背板之间的沟不明显，但背面观可见其分界；整个背板表面光滑，有光泽；肛下板短，均匀骨化；产卵管鞘极短，大部分为肛下板所隐藏，在近端部具少量微毛，短于腹部的其他毛。

根据本属的肛下板短，均匀骨化，前翅 r−m 脉缺如，产卵管和产卵管鞘短等特征将其安排在 Mason（1981）小腹茧蜂亚科分类系统的盘绒茧蜂族 Cotesiini 中。游兰韶等（1982）在按 Nixon（1965）分类系统报道新属的模式种时曾将其定在广义绒茧蜂属 *Apanteles* s. l. 的 *sundanus* 种团中 [*sundanus* 种团现已归入 Mason（1981）分类系统的扁股茧蜂属 *Iconella* Mason 1981]，并定为甘薯麦蛾绒茧蜂 *Apanteles ariadne* Nixon，1965。事实上本属与扁股茧蜂属 *Iconella* Nixon（1965）的 *sundanus* 种团确有许多相似特征，如 1−R1 脉长，r−m 脉缺如，并胸腹节有一完整的中纵脊，腹部第 1 节背板向后方变窄等特征，但扁股茧蜂属的 1−CU1 比 2−CU1 稍长，腹部第 1 节背板基中部呈 U 形，无中纵沟，且肛下板大，中部有褶和细线，产卵管鞘长于后足胫节的一半或更长，全长有许多毛，这些特征无疑使扁股茧蜂属隶属于 Mason（1981）分类系统的小腹茧蜂族 Microgastrini 中，从而与拟麦蛾茧蜂属区别开来。拟麦蛾茧蜂属与同族的麦蛾茧蜂属 *Venanides* Mason（1981）

近似，它们都寄生于小型鳞翅目昆虫体上，具有许多共同特征，如前翅 r－m 脉缺如，1－R1 脉长，雌性触角粗短，肛下板短，均匀骨化，产卵管鞘短等特征。但麦蛾茧蜂属并胸腹节无中纵脊，腹部第 1 节背板的基半部无中纵沟，腹部第 2 节背板三角形中区小，雌蜂角角鞭节仅有一个算盘子结，茧群集，后翅臀叶边缘无毛等，易与本属分开。拟麦蛾茧蜂属 *Pseudovenanides* Xiao & You 和缯腹茧蜂属 *Deuterixys* Mason 的相似特性为肛下板短，均匀骨化，产卵管鞘短，近端部或端部有毛；T1 向端部收窄，基部或基半部有中纵沟；并胸腹节光滑，有中纵脊。但缯腹茧蜂属 *Deuterixys* Mason 和拟麦蛾茧蜂属 *Pseudovenanides* Xiao & You 的不同点为 T2 和 T3 宽，四边形，背板 2 和背板 3 之间突然缯缩；背板 1～3 合腹，其他节隐藏，并胸腹节有一对小的端角朝前的小纵脊；前翅 r 和 2－SR 等长，后翅臀叶突出，特殊的生物学特性为在寄主（潜蛾 *Bucculatrix*，潜蛾科 Lyonetidae）体内作茧化蛹（所有小腹茧蜂亚科的种类都离开寄主体，即在寄主体外作茧化蛹）。拟麦蛾茧蜂属 *Pseudovenanides* Xiao & You 可以成立。

生物学：寄主麦蛾科 Gelechiidae。茧单个，圆筒形，上有少量绒丝。

分布：湖南，广西。

（66）湖南拟麦蛾茧蜂 *Pseudovenanides hunanus* Xiao & You，2002（图 63）

Pseudovenanides hunanus Xiao & You，2002，Acta Zootaxonomica，Sinica，27（3）：617；Yu et al.，2005，World Ichneumonoidea 2004，Taxapad，CD/DVD.

体长：雌体长 2.4mm，前翅长 2.2mm。

体色：黑褐色。触角从基半部到端半部由棕黄色到黑褐色变化；口器棕红色，下颚须和下唇须白色。翅基片浅黄色。腹部除腹部第 1 节背板和腹部第 2 节背板的中域为黄色以外，其余黑褐色。后足胫节端部外侧 1/3 处棕色，后足的其余部分以及前足和中足黄色或浅黄色。Pt 棕黄色，翅脉浅黄色或白色。

头部：头高为宽的 0.6 倍；触角长为 1.5mm，约为体长的 0.6 倍；除端部 3 节外其余鞭节都有 2 个算盘子结；柄节长与宽等长；鞭节第 1 节、第 2 节和端节长分别为宽的 2.5、2.5 和 1.3 倍；颜面不呈喙形，具极微细刻点，中部略隆起，高与宽约等长；额唇基沟与复眼下连线成一直线；前幕骨陷小，明显；头顶光滑无刻点，有光泽；单眼小，呈高三角形，OD：APOL：POL：OOL＝2：3：3：5；复眼高为宽的 1.7 倍，内缘平行。

胸部：比头部稍窄；长：宽：高＝48：38：31。前胸背板光滑，侧面仅有一条背沟；中胸盾片有光泽，具微刻点，在盾纵沟处集中有微细刻点；盾间沟为一细线，中胸盾片和小盾片几乎在一个平面上；小盾片光滑，有光泽；小盾片侧盘宽，在小盾片后方中央处连续；后胸背板与小盾片紧贴，前侧缘无突出的刚毛叶；并胸腹节光滑前方具少量的细刻纹，有一完整的中纵脊。

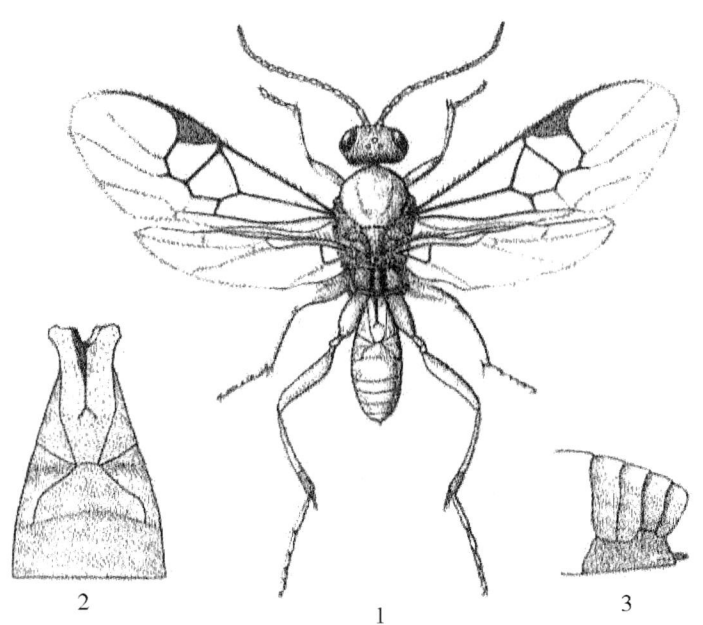

1. 整体，背面观；2. 腹部第 1 至第 3 节背板，背面观；3. 早腹部末端，侧面观。

图 63　湖南拟麦蛾茧蜂，*Pseudvenanides hunanus* Xiao & You

翅：前翅长为宽的 2.8 倍；Pt 长为宽的 3 倍；1－R1 脉分别为其至缘室端部距离和 Pt 的 5.7 倍和 1.1 倍；2r 脉直，从 Pt 中部稍外方伸出，2r 脉与 2－SR 脉相遇成角状，r 脉：2－SR 脉＝3：2；r－m 脉缺如，小翅室开放；第 1 盘室高为宽的 1.3 倍；1－CU1 脉为 2－CU1 的 0.71 倍。后翅后中脉第 1 段 M＋Cu 为第 2 段 1M 的 0.62 倍；后翅臀叶凹入，基缘有长缘毛，端缘仅有缘毛的痕迹。

足：足光滑，有光泽。后足基节大，端部伸达腹部第 1 节背板端缘，后足腿节长为宽的 3.2 倍；后足胫节长为跗节的 0.79 倍；后足胫节内距长为基跗节的 0.58 倍；后足跗节端节有 2 爪。

腹部：腹部长为 0.9mm。腹部第 1 节背板在近中部处突然收窄，长为最大宽度的 2 倍；腹部第 1 节背板基半部的中央有一呈 V 形的纵槽，"V"字末端凹入延长；腹部第 2 节背板有三角中区，前角约为 110°；腹部第 2 节背板与腹部第 3 节背板之间沟不明显，但背面观可见其分界；腹部第 3 节背板约与腹部第 2 节背板等长；整个腹部背板光滑，有光泽；腹部第 2 节背板后的背板在中后方有许多白色柔毛。肛下板短，均匀骨化，无纵褶；产卵管鞘极短，大部分为肛下板所隐藏，伸出肛下板的部分仅为后足胫节长的 0.1 倍；产卵管鞘上的毛几乎不可见，短于鞘宽的一半。

雄蜂：体长 2.4mm，触角正常，长 2.9mm，为体长的 1.3 倍。前翅长 2.4m。体色比雌性深，除腹部第 1 节背板为褐色外，其余黑色。足的颜色也加深，除后足基节基部 1/3 处和后足胫节端半部黑褐色，后足跗节黑色以外，足的其余部分黄色至黄褐色。Pt 黑褐色，翅脉浅黄色。其余特征与雌性相似。

生物学：寄主红薯暖地麦蛾 *Brachmia macroscopa* Meyrick（麦蛾科 Gelechiidae）幼虫。茧：单个，白色，圆筒形，上有少量的绒丝，长为 3.7mm，直径为 2.0mm。

研究标本：3♀，1♂，湖南长沙，1987.Ⅶ.16.，吴慧芬采；1♀，广西鹿寨县，1980.10.，周至宏。

分布：广西（鹿寨县）、湖南（长沙）。

8. 原绒茧蜂属 *Protapanteles* Ashmead，1898

Mason（1981）的小腹茧蜂亚科 Microgastrinae 分类系统中，其中盘绒茧蜂族 Cotesiini 内有 2 个近缘属，刻绒茧蜂属 *Glyptapanteles* Ashmed，1905 和原绒茧蜂属 *Protapanteles* Ashmead，1898。Mason（1981）没有仔细研究处理许多古北区的类群如刻绒茧蜂属（Whitfield，2002）。Mason（1981）指出刻绒茧蜂属有约 1000 种，此属并不是客观的自然类群。当前普遍接受的 Yu 等（2005）的分类系统，把刻绒茧蜂 *Glyptapanteles* Ashmead 作为原绒茧蜂属 *Protapanteles* Ashmead 的异名处理，又把盘绒茧蜂族 Cotesiini 内的 7 个属降格为亚属（subgenus），归入原绒茧蜂属 *Protapanteles*（Yu et al，2009）。和中国有关的有 5 个亚属：原绒茧蜂指名亚属 *Protapanteles* Ashmead，独茧蜂亚属 *Distatrix* Mason，光鞘茧蜂亚属 *Rasivalva* Mason 和麦蛾茧蜂亚属 *Venanides* Mason 及宋东宝（2005）报道的尼氏茧蜂属 *Nyereria* Mason（后作亚属处理）。和本书有关的 3 个亚属是原绒茧蜂属指名亚属 *Protapanteles* Ashmead，独茧蜂亚属 *Distatrix* Mason，尼氏茧蜂属 *Nyereria* Mason，介绍于后。

（67）茶细蛾原绒茧蜂 *Protapanteles*（*Protapantles*）*theivorae*（Shenefelt，1972）
（图 64）

Apanteles theivorae Shenefelt，1972. Hym. Cat.（nov. ed.）7：651；You et al.，1990. In：A parasitic wasp atlas of forest，68；You，1992. In：Iconography of forest insects in Hunan，China，1262.

Apanteles gricilariae Sonan，1942. Trans. nat. Hist. Soc. Formosa 32：127.

Glyptapantetes theivorae（Shenefelt），You et al.，2000. Jour. Hunan Agric. Univ. 26（5）：397；何俊华等，2004，浙江蜂类志，672；You et al.，2006，Fauna Hunan Hymenoptera Braconidae（1），145；罗庆怀，2007，雷公山景观昆虫，629；曾爱平等，2009，茧蜂分类和雄性外生殖器的应用，162.

Protapanteles（*Protapanteles*）*theivorae*，Yu et al.，2005，World Ichneumonoidea 2004 Taxapad，CD/DVD.

体长：雌 2.5mm。

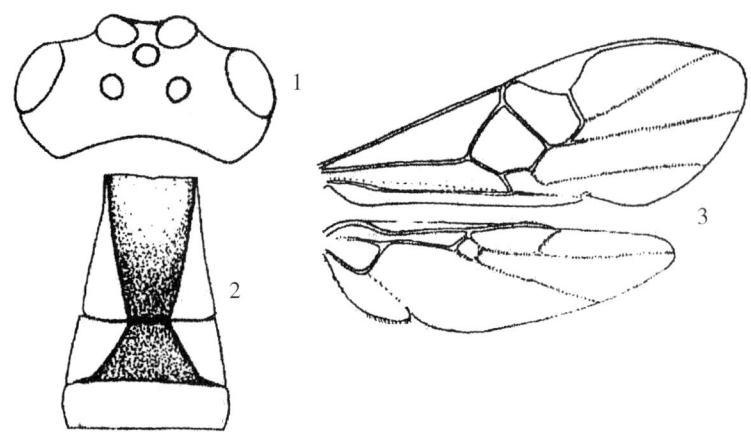

1. 头部背面观；2. 前后翅；3. 腹部基部 3 节背板。

图 64　茶细蛾原绒茧蜂 *Protapanteles*（*Protapanteles*）*theivorae*（Shenefelt，1972）

体色：体黑色，须白色或黄白色；上唇、触角柄节、前足和中足、后足（除基节大部、胫节端部 1/3 和跗节大部分深褐色外）、翅基片、腹部 1～3 节背板侧膜边缘至腹面黄色至黄褐色。翅透明，Pt 深褐色。

头部：头顶光滑，颜面和后头密布刻点，单复眼间距与侧单眼间距等长，为侧单眼直径的 1.5 倍。

胸部：长、宽、高的比为 38：24：27，中胸盾片密布刻点，小盾片有稀疏刻点，并胸腹节密布刻点，中部稍凹陷，无中区和分脊，有侧脊。

翅：r 稍长于 Pt 的宽，Pt 的宽大于 m－cu 的长。cu－a.m－cu 和 2－SR 脉等长，Pt 短于 1－R1。

足：后足基节外侧面有密集刻点，后足胫距的长距为后足基跗节长度的 1/2，短距稍小于后足基跗节长的 1/3。

腹部：腹部第 1 节背板长为基部宽的 1.7 倍，基部 2/3 处两侧平行，到端部 1/3 处开始往末端收窄，有稀疏刻点，端部收窄部分和膜质边缘等宽；第 2 节背板光滑，中域三角形，侧沟直，端部稀疏刻点，和第 3 节背板等长，中域端部和两侧部等宽；第 3 节背板及以后背板无刻点。产卵管鞘和后足跗节第 2 节等长。

雄性：体长 2.0mm，其余同雌蜂。

生物学：寄主茶细蛾 *Gracilaria theivora* Walsingham。茧乳白色，单个。

研究标本：1♀，1♂贵州雷公山，日期不详，罗庆怀；1♀，1♂，贵州湄潭，1979，夏怀恩采。

分布：湖南、贵州。云南、浙江（何俊华等，2004）。

注：本种原系 1942 年 Sonan 发表，学名为 *Apanteles gracilariae* Sonan（Trans. nat. Hist. Soc. Formosa 32：127），但因学名已为 Wilkinson 先占有（*Apanteles gracilariae* Wilkinson. 1940. Proc. R. ent. Soc. Lond. B 9：26），Shenefelt（1972）在 Hym. Cat.（nov. ed.），7 卷 P. 651 上重订新名，至今属名又数度变动。

（68）三巷原绒茧蜂 *Protapanteles*（*Protapanteles*）**sp.** （图 65）

Protapanteles（*Protapanteles* ）sp.，Yu et al.，2005，World Ichneumono-
idea 2004，Taxapad CD/DVD.

体长：3.3mm

体色：雌，大体黑色。上颚黄褐色，末端深褐色；下颚须、下唇须淡黄褐色；
单眼褐色；触角黑褐色；前足、中足、后足基节末端以下暗黄褐色；前、中足端跗
节及爪、后足腿节末端及胫节端部以下深褐色；翅基片黄褐色；Pt 暗黄褐色，边缘
色深；C＋Sc＋R 脉、1－R1 脉暗褐色；腹部背板第 1 节侧膜、第 2、3 节两侧暗黄
褐色；第 3 至第 5 腹部背板后缘略带浅灰色。

头部：头被灰白色短柔毛，背面观横形，长为宽的 0.68 倍，背面具不明显的
微小刻点；头顶较隆高，额稍平凹；颜面具浅刻点，中央呈纵脊状稍突；上颚上端
齿长，尖锐，下齿长为上齿的 1/2，末端平截；下颚须长，约与头高相等；触角长
为体长的 1.5 倍，末节长为宽的 3 倍；单眼呈矮三角形排列，侧单眼间距为侧单眼
至复眼间距的 0.61 倍。

胸部：胸部比腹部长（16∶14）；前胸背板背沟宽，两侧分叉成两小沟，分别
向上下角方向延伸；中胸盾片宽大，近似圆形，前面弧形垂直，呈圆球状，宽比头
略大，表面布微小的浅刻点，被短柔毛；小盾片表面稍均匀隆起，具稀疏浅刻点，
前沟明显，深而直，内具纵脊；并胸腹节短，两侧近于平行，长为宽的 0.42 倍，
具浅的小刻点，密被较长的柔毛，无中区；中胸侧板前部具稀疏浅刻点，其余大致
光滑无刻点，具光泽，中部有一向后延伸的宽凹陷。后足基节粗大，长为腹部长的
0.61 倍；后足胫距长距略长于基跗节的 1/2。前翅长为体长的 1.3 倍；Pt 长与 1－
R1 相等；r 自 Pt 中央稍外方略斜伸出，长度与 Pt 宽和 2－SR 约相等，比 m－cu
短，与 2－SR 相交处内方约成 1200，外方有一短延脉；1－SR＋M 与 2－SR＋M 着

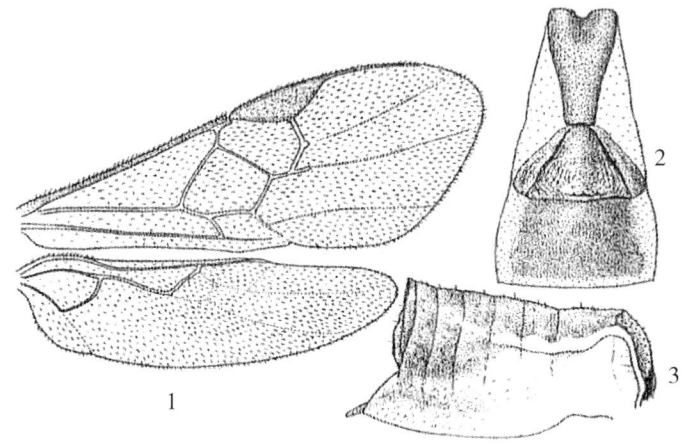

1. 前后翅；2. 腹基部背板；3. 肛下板。

图 65 三巷原绒茧蜂 *Protapanteles*（*Protapanteles*）**sp.**

色部分等长，比 1 - SR 长。

腹部：腹部第 1 节背板长为基宽的 1.6 倍，端部逐渐缩窄，基宽为端宽的 2.3 倍，具稀疏刻点，基部中央凹陷；第 2 节背板长约为端宽的一半，中域有模糊的纵列粗浅刻点或纵皱，两侧沟明显，伸达后缘；第 3 至末节背板光滑，无刻点；产卵管鞘短，稍伸出腹末。

雄蜂：未知。

生物学：未知。

研究标本：1♀，福建武夷山三巷，日期不详，黄居昌采。

注：本种和兰氏原绒茧蜂 *Protapanteles* （*Protapanteles*）*lamborni* （Wilkinson, 1928）相似，但本种 r 和 2 - SR 结合点角状，T2 中域不为钟罩状，1 - R1 约与 Pt 等长可以区别。

（69）莘金纹细蛾原绒茧蜂 *Protapanteles*（*Protapanteles*）sp. （图 66）

体长：雌 1.75mm。

体色：黑褐色。上颚黄褐色，下颚须、下唇须、足黄色，但后足基节基部、胫节末端，各跗节端部褐色；触角暗褐色，柄节腹面黄色；单眼赤褐色；翅基片、C＋SC＋R 脉、r 脉、2 - SR 脉黄色；Pt 淡黄色，其外缘和 1 - R1 脉黄褐色；腹部第 2、第 3 节背板及产卵管鞘暗赤褐色。

头部：被银灰色短柔毛，正面观近似圆形，高为宽的 0.84 倍，背面观横形，长为宽的 0.54 倍；颜面具细刻皱，均匀隆凸，脸唇基沟强度向下弯曲，唇基中部凸起，端缘弧形内凹；上颚细窄；额稍凹陷，头顶突起，于侧单眼处最高；单眼矮

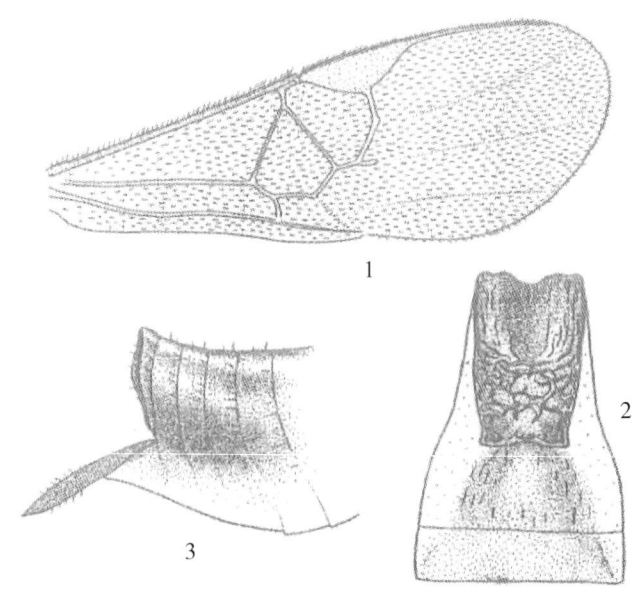

1. 前翅；2. 腹部 3 节背板；4. 肛下板和产卵管鞘。

图 66 莘金纹细蛾原绒茧蜂 *Protapanteles*（*Protapanteles*）sp.

三角形排列，中单眼后缘正好在侧单眼前缘连线上，侧单眼间距为侧单眼与复眼间距的 0.75 倍；触角比体长，约与前翅等长，末三节最短，末节最小且尖，倒数 1～4 节长度比为 9：7.2：8.5：11。

胸部：比腹部稍长；前胸背板背沟明显，两侧分成上下两沟；中胸盾片密布浅的小刻点，宽比头宽略小，前缘圆形，后端较平坦，后缘弧形凹入；小盾片具稀疏浅刻点，表面略平，前沟明显，颇深；并胸腹节短，长约为宽的 1/2，表面光滑，具光泽，中区模糊，具分脊，端区处具若干皱脊；中胸侧板光滑无刻点，具光泽；前足胫距 1 个，弯曲，长度超过前足基节的一半；后足基节大，长为腹部长的 0.55 倍，胫节长距约为后基跗节的一半。翅：无色透明，比体长，前翅 1 - R1 比 Pt 略长（20：18），r 自 Pt 中央垂直伸出，长为 Pt 宽的 0.66 倍，为 2 - SR 长的 0.72 倍，比 2 - SR 短，两脉相交处内方弧形，外方成角，M - CU 略比 2 - SR 脉短。

腹部：第 1 节背板长约为基部宽的 1.5 倍，两侧近中部和端部稍收窄，基半光滑，基部中央凹陷，端半具网状粗皱脊；第 2 节背板近于三角形，有分散的皱脊，两侧沟宽，伸达后端，第 3 节背板横形、光滑，长为宽的 0.5 倍，比第 2 节背板稍长（23：19）；产卵管鞘与后足基跗节等长。

生物学：寄主苹金纹细蛾 *Lithocolletis ringoniella* Matsumura。茧白色，圆筒形单个。在山东文登 5 代/年，以茧在落叶虫斑内越冬。

研究标本：5♀，4♂，山西太谷，日期不详，曹克诚。

分布：山西太谷、陕西洛川、杨陵、山东文登。

注：孟婺等（2010）、张金钰等（2011）、赵龙等（2013）分别将寄生苹金纹细蛾 *Lithocolletis ringoniella* Matsumura 幼虫的茧蜂误定为茶细蛾原绒茧蜂 *Protapanteles*（*Protapanteles*）*theivorae*（Shenefelt）[*Glyptapantes theivorae*（Shenefelt）] 此处予以纠正，这两种茧蜂形态明显不同（图 66）不同，特别是苹金纹细蛾原绒茧蜂，腹部第 1 节背板端部有明显刻纹，可资鉴别。

（70）拟桑毒蛾原绒茧蜂 *Protapanteles*（*Protapanteles*）*inclusus*（**Ratzeburg, 1844**）（图 67）

Protapanteles（*Protapanteles*）*inclusus*（Ratzeburg，1844），Yu et al. 2005，World Ichneumonoidea 2004，Taxapad，CD/DVD.

Apantales inclusus（Rtzeburg，1844）Fahringer 1936，Opusc. bracon. 4（1 - 3）221；Wilkinson 1945 Trans. R. ent. Soc. Lond. 95：125；Telenga 1955 Fauna SSSR 5（4）：118；Nixon 1965 Bull. Br. Mus. nat. Hist.，Ent. Suppl. 2：187；Nixon 1973 Bull. ent. Res. 63：187；Tobias 1976 Braconid of Caucasi（Hymenoptera，Braconidae）.—Leningrad，pub. "Science"，P. 183；游兰韶等，1984，湖南农学院学报，3：57.

体长：雌 2.4mm。

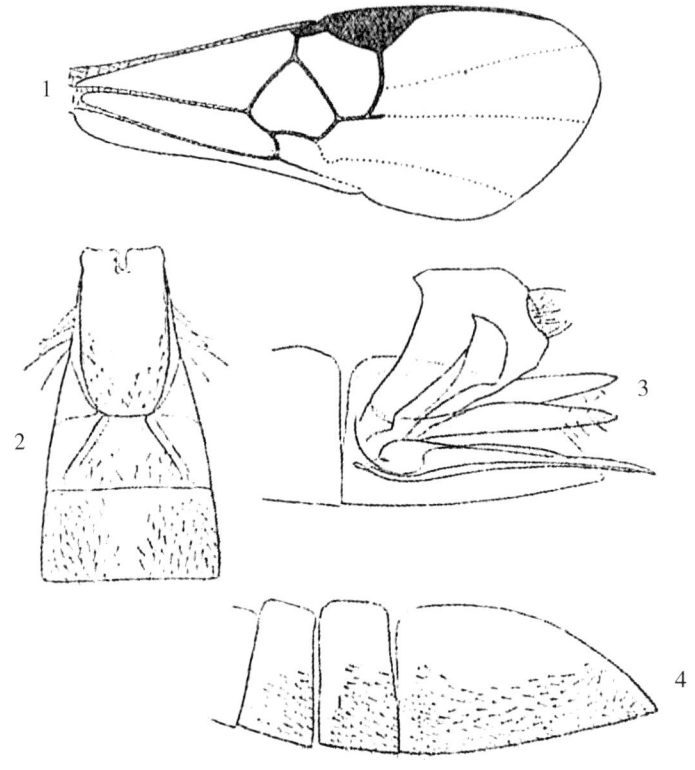

1. 前翅；2. 腹基部 3 节背板；3. 雌蜂产卵管和产卵管鞘；4. 雌蜂肛下板。

图 67　拟桑毒蛾原绒茧蜂 *Protapanteles*（*Protapanteles*）*inclusus*（Ratzeburg）
（2～4 仿 Wilkinson，1945）

体色：黑色。前足（除基节）、中足（除基节、转节和腿节基半部）、后足胫节基部 1/4，腹部基腹面均为红褐黄色，后足除基节黑色光滑外，其余暗褐色。前翅 C＋SC＋R 脉黄褐色（接近 Pt 处稍暗），Pt 和 1－R1 脉暗褐，其余脉色浅。

头部：头部无光泽，触角与体等长；颜面和唇基有分布均匀的微细刻点，额和头顶有较为稀疏而弱的刻点；两后单眼间的距离小于后单眼至复眼的距离。

胸部：中胸盾片有微细刻点，小盾片刻点不明显，无光泽；小盾沟直，小盾片两侧的光滑带向前伸，达到小盾片长度的一半；并胸腹节光滑有光泽，仅基半部有不明显的微细刻点；前翅 1－SR 脉长，r 和 2－SR 脉连接处不成角度，均匀弯曲；后足胫距长距和短距分别为后足跗节基节长度 1/2 和 2/5。

腹部：腹部第 1、2 背板深褐色，有光泽，膜质边缘黄褐色。第 1 节背板基部凹陷，端部无微细刻点；第 2 节背板光滑，侧沟不伸达背板末端（制成玻片观察）；肛下板均匀骨化，末端尖锐。

生物学：寄主金毛虫（桑毛虫）*Porthesia similis*（Fuessly）。国外寄主金毛虫、模毒蛾 *Lymantria monacha*（Linnaeus）、黄毒蛾 *Euproctis chrysorrhoea*（Linnaeus）。

研究标本：1♀，山西太谷，1980.Ⅷ.19.，曹克诚；7♀，7♂，山东烟台

1980. Ⅷ.19.，张中建。

分布：山西（太谷）、山东（烟台）。国外分布于德国、俄罗斯、法国。

(71) 荔枝蒂蛀虫原绒茧蜂 *Protapanteles*（*Protapanteles*）*conopomorphae*（**Tsang et You，2007**）（图 68）

Glyptapanteles conopomorphae Tsang et You，2007，Jour. Hunan Agric. Univ. 33（1）：65.

Protopanteles（*Protapanteles*）*conopomorphae*（Tsang et You）Tong et al.，2011，Zootaxanomica，2892，53.

体长：雌 2.02mm，产卵器 0.55mm，雄 1.94mm。

体色：雌蜂，体黑色，小型；下唇须黄色；触角柄节黄色，梗节和鞭节 1～3 节淡褐色，其余鞭节褐色；翅淡烟色，Pt（除基角有白斑外）和翅脉褐色，翅基片褐色；足除前、中、后足基节黑色，后足胫节端部褐色，后足基跗节基部 1/2 及其余跗节淡褐色外，全为黄色；产卵管黄褐色；肛下板深褐色。

头部：头部横阔（37：24）；头顶和后头有微小刻点；触角长于体（图 68，1）；触角端前节长为宽的 3 倍；颜面有微细刻点，汇合成小皱纹，复眼有白色绒毛，单眼排列呈矮三角形（图 68，2；图 68，3），侧单眼距约为单复眼距的 0.75 倍，为侧中单眼间距的 5 倍。

胸部：胸部长（中胸盾片＋小盾片）、宽、厚之比为 26：25：22. 前胸背板仅上背沟明显。中胸盾片有微毛，有均匀的刻点，刻点明显；中胸小盾片光滑，周缘有刻点；小盾沟宽，沟内有小脊；有悬骨（图 68，4）；并胸腹节基部 3/5 有皱纹，

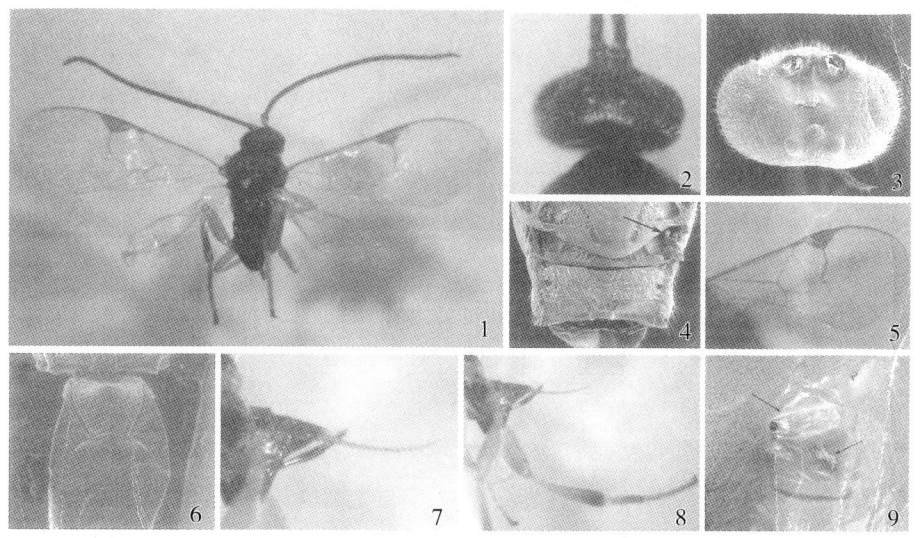

1. 雌蜂整体图；2. 头部正面观；3. 头部背面观；4. 并胸腹节；5. 前翅；6. 腹部第 1 至第 3 节背板；7、8. 肛下板、产卵管和产卵管鞘；9. 茧（蜂茧位于寄主幼虫化蛹结成薄膜内，旁有死亡寄主幼虫）。

图 68　荔枝蒂蛀虫原绒茧蜂 *Protapantetes*（*Protapanteles*）*conopomorphae*（Tsang et You**）**

由端部发出有横脊，横脊下两侧光滑，无中区（图 68，4）。前翅长于体，Pt 短于 1 - R1（37：46），r 出自 Pt 中部，长于 2 - SR（2：1），两脉连接成弧形（图 68，1；图 68，5），后翅臀叶端半部突出，基部有缘毛，后足基节约和腹部第 1、第 2 节之和等长，后足胫节内距、外距、跗节基节的比为 10：13：24，盘脉第 1 段短于第 2 段（5：7）。

腹部：腹部窄于胸部，短于头胸之和，第 1 节背板基部向端部逐渐收窄，长为端部宽的 2.4 倍，基半部光滑，端半部有纵皱纹；第 2 节背板中域近似三角形，光滑，端部的宽为长的 3.43 倍，长仅为第 3 节背板的 0.58 倍；第 3 节背板光滑（图 68，6）。肛下板大，均匀骨化，无纵褶，产卵管在中部之后突然变细，产卵管鞘刚毛集中在端部，长为后足胫节的 0.5 倍（图 68，7；图 68，8）。

雄蜂：触角极长于体，后足腿节颜色深，前翅 r 脉与 2 - SR 脉稍成角度，其余与雌蜂相似。

生物学：寄主：荔枝蒂蛀虫 Conopomzorpha sinensis Bradley（细蛾科 Gracillariidae，采自荔枝树）。茧，单个，可在荔枝蒂蛀虫化蛹结成的薄膜内找到（图 68，9）。

研究标本：1♀，1♂，广东珠海 OIC 013 有机荔枝园，2005.Ⅵ.10.，曾赞安：采；9♀，9♂，2004.Ⅵ.10；12♀，7♂，2005.Ⅵ.10.；1♂，2005.Ⅶ.23.，1♂，2005.Ⅸ.2.；1♂，2005.Ⅸ.30.，曾赞安采。

（72）云南原绒茧蜂 *Protapanteles*（*Protapanteles*）*yunnanensis*（**You et Xiong，1987**）（图 69）

Protapanteles yunnanensis.（You et Xiong，1987）comb. nov，Papp，1990，Acta Zool. Hung. 3 6（1 - 2）：118；宋东宝等，2004，中国小腹茧蜂，198，comb. nov. 新组合重复。

Apanteles yunnanensis You et Xiong，1987，Entomotaxonmia，9（4）：277.

体长：雌 2.4mm。

体色：雌体黑色，触角柄节基半部黄色，端半部及鞭节黑色；足除基节黑色外均为红黄褐色，胫距黄白色，Pt、C＋Sc＋R 脉、1 - R1 脉暗褐色；腹部除第 1 节背板膜质边缘暗褐色外，其余均为黑色。

头部：头具微细刻点，单眼大，排列呈矮三角形，侧单眼间距和单复眼间距相等。触角粗壮，比体稍长，触角端前节长为宽的 2 倍。

胸部：中胸背板（中胸盾片＋小盾片）长、宽和厚度的比为 10：6：5，胸部和腹部等长；中胸盾片比头宽（40：23）有密而微细的刻点；中胸小盾沟弯而浅；小盾片有细而浅的刻点。并胸腹节有光泽，基半部光滑、端半部有弱的刻纹。中胸侧板除前段有刻点外，其余部分光滑有光泽。前足跗节端节有一明显弯曲的小刺，小刺着生处的下缘凹陷深（图 69，3）。后足基节有极少浅刻点，胫距不等，长距为后足跗节基节长的 1/2。

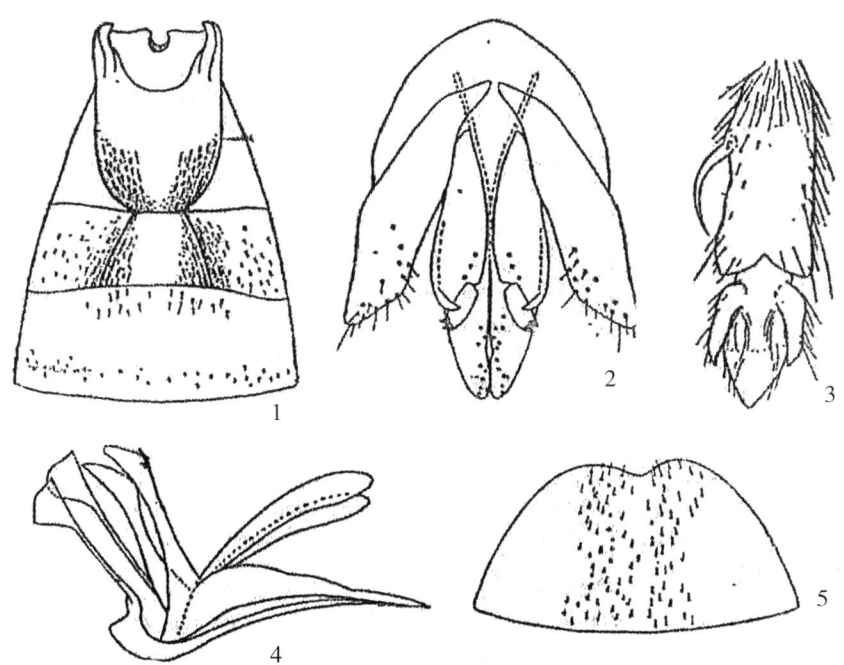

1. 腹基部 3 节背板；2. 雄性外生殖器；3. 前足跗端节小刺；4. 产卵器和产卵管鞘；5. 肛下板。

图 69 云南原绒茧蜂 *Protapanteles*（*Protapanteles*）*yunnanensis*（**You et Xiong，1987**）

翅：翅透明；Pt 短于 1 - R1（17：20）；r 从 Pt 中部发出，2 - SR 和 m - cu 脉等长，均短于 r 脉（5：7）。

腹部：腹部第 1 节背板基部 2/3 光滑、两侧平行，端部 1/3 处有细刻纹，两侧向端部呈圆形收缩，末端平截。第 2 节背板中域三角形，光滑，侧沟直达第 1 横沟；第 2 节背板短于第 3 节背板（图 69，1）。肛下板均匀骨化，产卵管鞘极短，短于后足跗节第 2 节的 1/2。肛下板、产卵管鞘及外生殖器见图 69，4 和图 69，5。

雄：外生殖器见图 3 - B。体长 2.2mm，触角均为黑色，比体长，所有跗节比雌蜂跗节色稍深，其余同雌蜂。

生物学：茧，群集、球形、淡黄色（苹果树）。

研究标本：16♀，2♂，云南昆明，1982.Ⅸ.7，郑伟军。

分布：云南。

(73) 毒蛾原绒茧蜂 *Protapanteles*（*Protapanteles*）*liparidis*（Bouché，1834）

（图 70）

Microgaster liparidis Bouché，1834，Telenga，1955，Fauna USSR Hyme-
noptera，5（4）：45。

Apanteles liparidis Bouché，Wilkinson，1932. Bull，ent Res.，80：331；
Watanabe，1937，Jour. Fac. Agr. Hokkaido Imp. Univ，Sopporo. vol. XL
Ⅱ，113，123；Wilkinson，1945，Trans. R. Ent. Soc. Lond. 95，3，107；

Telenga，1955，Fauna，USSR Hymenoptera，5（4）：45；Nixon，1973，Bull. ent. Res.，63，178；Tobias，1976，Braconids of Caucasus（Hymenoptera，Brconidae），187；Chou，1979，Jour，AgricuI. Res. China，28（4）：301；Tobias，1986，Opredeliteli Fauna USSR，3（4）：381；游兰韶等，1987，农垦综防，9（2）：22；You et al.，1988. Ent. scand 19：38；游兰韶等，1989，林虫寄生蜂图志，67.

Glyptapanteles liparidis（Bouché）Mason，1981，Mem，Entomol Soc. Canada，115，107；Papp，1990，Acta 2001，Hung，36（1－2）：93，118；陈家骅等，2004，中国小腹茧蜂，185.

Protapanteles（*Protapanteles*）*liparidis*（Bouché），Yu et al.，2005，World Ichneumonoidea 2004，Taxapad. CD/DVD.

体长：雌 2.5mm。

体色：黑色有光泽。上唇与上颚黄褐色，下颚须白色；触角褐黑色。足黄色或黄褐色，基节褐色，后足腿节端部、后足胫节顶端 1/3 及跗节褐色。翅透明；C＋Sc＋R 脉、Pt. 1－R1 脉深褐色，其余翅脉色浅。腹部第 1 至第 5 节腹面及背板膜质

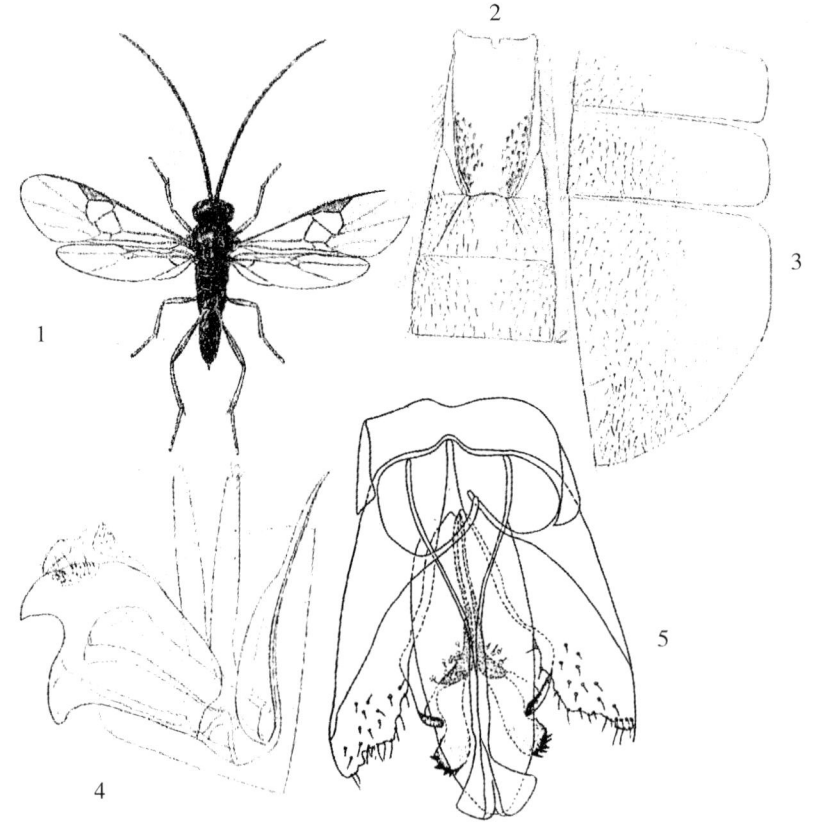

1. 成蜂整体图；2. 腹基部 3 节背板；3. 肛下板；4. 产卵管和产卵管鞘；5. 雄性外生殖器。

图 70　毒蛾原绒茧蜂 *Protapanteles*（*Protapanteles*）*liparidls*（Bouché）

（1 仿 Telenga，1955；2～4 仿 Wilkinson，1945；5 仿 Tobias，1986）

边缘褐黄至暗褐色。

头部：颜面有细小刻点，头顶和后头平滑，有光泽。

胸部：中胸盾片有细小刻点，光滑；小盾片具细小，较浅的刻点。并胸腹节有刻点。前翅 r 与 2‑SR 脉连接处呈角度，m‑cu 长约为 1‑M 脉的 1/2，Pt 长约为宽的 2 倍，Pt 短于 1‑R1 脉。后足基节具细小刻点。

腹部：腹部第 1 节背板在基部 1/3 处两侧平行，向端部逐渐收窄；基半部凹陷，平滑、有光泽，端半部侧缘有纵皱纹；第 2 节背板中域光滑，侧沟直，侧沟附近有少数分散刻点；第 3 节背板及其后各节背板平滑、有光泽。产卵管鞘长于后足跗节基节。

生物学：寄主舞毒蛾 Lymantria dispar（L.）。国外寄主除舞毒蛾外，尚有欧洲松毛虫 Dendrolimus pini L. 棕毛毒蛾 Euproctis chrysorrhoea L. 等，茧纯白色，群集，外被疏松的丝。

研究标本：6♀，黑龙江省桦南县孟家岗林场，1982.Ⅵ.6.，严静君。

分布：黑龙江。国外分布于欧洲，俄罗斯，高加索，日本，北美。

(74) 芦苇豹蠹蛾原绒茧蜂 *Protapanteles*（*Protapanteles*） *phragmataeciae*（**You et Zhou，1900**）（图 70）

Apanteles phragmataeciae You et Zhou，1990. Acta Entomol. Sinica，33（2）：237；Wang et You et al.，1989. In：Iconography of pests and their natural enemies of amur silvergrass and reed，110.

Glyptapanteles phragmataeciae（You et Zhou），You et al.，2000. Jour. Hunan Agric. Univ，26（5）：397；陈家骅等，2004，中国小腹茧蜂，196.

Protapanteles（*Protapanteles*）*phragmataecia*（You et Zhou），Yu et al.，2005，World Ichneumonoidea 2004，Taxapad CD/VCD.

体长：雌 2.2～2.3mm。

体色：体黑色。触角、腹部（除第 1、第 2 节背板膜质边缘黄色）红褐色；下颚须、翅基片、Pt、翅脉、足、后足胫距及肛下板黄色。

头部：头部横置，宽于胸部，单眼排列呈矮三角形，两后单眼间距离为后单眼至复眼距离的 0.6 倍。头部有微细刻点，颜面显著隆起，具细皱纹。触角较粗，明显短于体长。

胸部：胸部扁平，前胸背板背沟明显；中胸背板（中胸盾片＋小盾片）长、宽、厚的比例为 1.1：1.1；中胸盾片有微弱刻点和白色细毛，小盾沟微弯而浅，小盾片狭长、光滑、悬骨背面可见；中胸侧板仅翅基下脊附近有少数刻点外，完全平滑有光泽。并胸腹节光滑，端部有极微细皱纹。

翅：前翅 Pt 约与 1‑R1 脉等长，r 明显短于 2‑SR，与 2‑SR 连接成均匀的弧形，与 m‑cu 约等长；2‑SR＋M 与 2‑M 的有色部分几乎相等，长于 1‑SR。

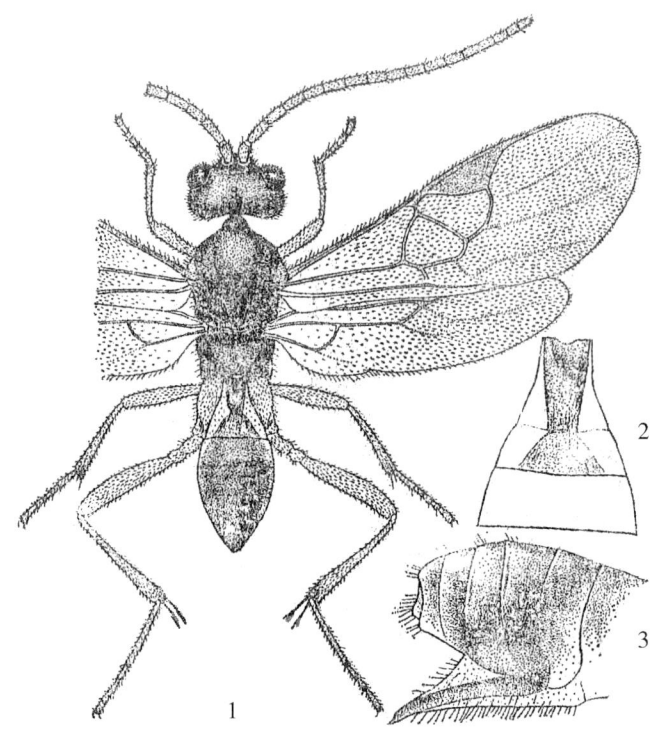

1. 雌蜂背面观；2. 腹基部背板；3. 雌蜂腹部末端（侧面观），示生殖器和肛下板（♀）。

图 71　芦苇豹蠹蛾原绒茧蜂 *Protapanteles*（*Protapanteles*）*phragmataeciae*（You et Zhou）

足：后足基节光滑无刻点；后足胫距等长，长为后足跗节基节长的 1/2。

腹部：腹部第 1 节背板光滑，楔形，长度为端部宽的 4 倍，端部有细皱纹；第 2 节背板中域三角形，光滑，侧沟明显，侧沟内方有纵细线；第 3 节背板及接续背板光滑有光泽。肛下板大，产卵管约与后足胫距等长。

雄蜂：雄蜂体长 2.0mm，除两性差异外，其余同雌蜂。

生物学：寄主芦苇豹蠹蛾 *Phragmataecia castaneae*（Hübner）。茧白色，群体，大形，复以稀疏的细丝。位于荻芦秆内。在湖南沅江，5 月份对芦苇豹蠹蛾越冬幼虫的寄生率达 30%～40%。

研究标本：18♀，5♂，南县，1983. Ⅴ.30.，游兰韶、王宗典。

分布：湖南（南县、沅江）。

注：宋东宝（2004，中国小腹茧蜂，P.196）认为本种可能误定，其误定根据是将本种置入 *thompsoni* 种团，种团特征以后足胫距远长于基跗节的一半 [（0.8～0.9）∶1] 相比本种后足胫距等长，不及后足基跗节（跗节基节）之半（豹蠹蛾原绒茧蜂为后足胫距等长，长为后足基跗节之半），特征差异大。我们否认这种看法，我们曾详细研究 Nixon（1973），Papp（1974），Mason（1981）的 *Glyptapantele* 相关文献：因为芦苇豹蠹蛾原绒茧蜂属 Mason 系统的刻绒茧蜂属 *Glyptapanteles*（Mason，1981），该属有关特征为后足胫节距和基跗节的一半等长或更长，标本完全符合上述特征。如将芦苇豹蠹蛾原绒茧蜂 *Protapanteles phragmataeciae*（You et Zhou，1990）按比 Mason（1981）系统早 15 年的 Nixon（1965，1973）系统的 *vitripennis* 种团（*vitripennis-group*）分类。Papp（1976）只从欧洲绒茧蜂 *Apanteles* 范围的 *vitripennis* 种团分出 1 个特殊小种团 *thompsoni-group*（宋东宝将本种放入 thompsoni 种团），并以检索表的形式区分种团特征。宋东宝（2004）只引用检索表内 *thompsoni*-group 的区分特征之一为：后足胫距内距极长于跗节基节之半 [(0.75～0.85)：1]，但 Papp（1976）在检索表特别注明此表只适合用于传统特征（Papp，1976，257）。基于 Nixon（1965，1973）研究大英博物馆（Brit. Nat. Hist. Mus.），全世界各大动物地理区茧蜂标本的基础，Nixon（1965，1973），Mason（1981）都不接受 *thompsoni*-group（Papp，1976，1983）这一类群，Nixon（1973）*vitripennis* 种团种类研究论文内，只报道了 *Apanteles thompsoni* Lyle 一个种。特别是 Mason（1981）介绍的刻绒茧蜂属 *Glyptapanteles* Ashmead，1905 只包括了 Nixon（1965）的 *vitripennis*，*octonarius*，*pallipes* 等种团，不接受 Papp 的 *thompsoni* 种团，经验是引用并不得到多数学者认可的小种团的少数种类个别特征作根据（非主要特征），有片面性，并不能真正找到种类的归属。至今，刻绒茧蜂属 *Glyptapanteles* Ashmead 也是异名，归入原绒茧蜂属 *Protapanteles* Ashmead（Yu，van Achterberg et al.，2004）。

(75) 骷髅天蛾原绒茧蜂 *Protapanteles*（*Protapanteles*）*acherontiae*（Cameron，1907）（图 72）

Apanteles acherontiae Cameron（1907）1908，Spolia Zoylanica，5：11；Ayyar，1924，Rep，Proc. ent. Meet. Pusa. 5：358；Wilkinson，1928，Bull. ent Res.，19：86；Beeson & Chatterjee，1935. Indian Forest Rec.，1：110；Shenefelt，1972，Hym. Cat.（nov. ed）. 7：432；You et al. 1981，Jour，Hunan Coll.，4：19；You et al.，1988，Entomol Scand 19：38；You et al.，1990 A parasitic wasp atlas of forest pest，59.

Glyptapanteles acherontiae（Cameron），You et al.，Jour. Hunan Univ，2000，26（5）：397；宋东宝，2004，新组合，中国小腹茧蜂，180，comb. nov. 新组合重复。

Protapanteles（*Protapanteles*）*acherontiae*（Camerom，1907），Yu et al.，2005，World Ichneumonoidea 2004，Taxapad，CD/DVD.

体长：雌 2.3mm，雄 2mm。

体色：雌体黑色，触角比体短。足（除基节和转节外）、柄节基部，C＋SC＋R 脉均为红褐色，后足胫节端部、后足跗节各节端部色稍暗。Pt. 1－R1. r、2－SR 为暗褐色，其余脉色浅。

头部：头部及颜面具微细刻点。

胸部：中胸盾片的后侧有明显分散而浅的刻点，前端和中间的刻点密而小，小

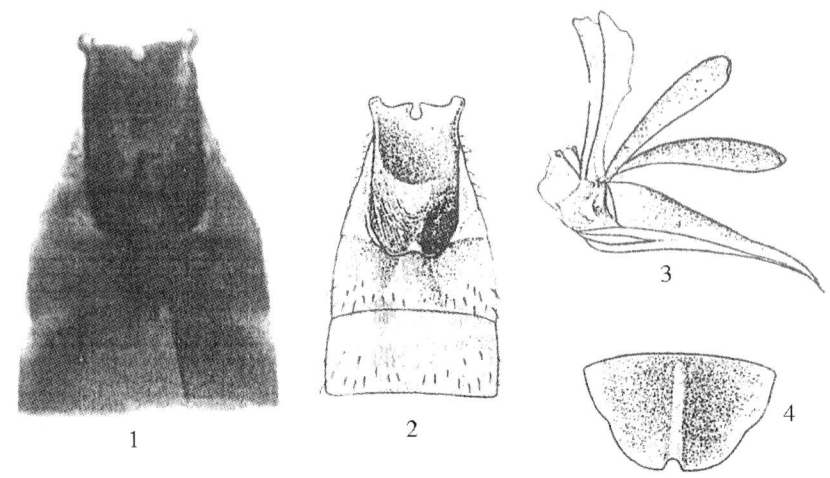

1、2. 腹部背板 1～3 节；3. 雌性外生殖器；4. 肛下板。

图 72　骷髅天蛾原绒茧蜂 _Protapanteles_（_Protapanteles_）_acherontiae_（Cameron）

盾片隆起，有分散而弱的刻点。并胸腹节光滑、有光泽，端部中间有弱针刮状纵刻纹。r 脉长稍短于 Pt 的宽，和 2 - SR 连接成弧形，接合点不很明显，稍长于 2 - SR，2 - SR 约等于 m - cu，1 - SR 等于 2 - SR＋M，Pt 稍短于 1 - R1。后足基节有微细刻点，后足胫距略等，约等于后足基跗节长度的一半。后胸背板无脊。

腹部：腹部第 1 节背板基半部光滑、有光泽，端半部有针刺状刻纹，端缘收缩成圆形。第 2 节背板隆起的中区的侧沟浅，延伸到第 2 节背板的外端角中区收窄，产卵管鞘略短于后足胫距。

雄：触角比体长。后足胫节端部及后跗节各节端部的暗色部分比雌蜂深，其余与雌蜂同。

生物学：在中国福建寄主为枯斑翠尺蠖 _Ochrognesia difficta_ Walker，茧黄白色，无光泽，圆球状，外被白丝，群集于植物小枝及叶片上。在国外寄主大骷髅天蛾 _Acherontia lachesis_ F. 和小骷髅天蛾 A. styx Westw.（Wilkinson，1928；Beeson & Chatterjee，1935），在斯里兰卡一头天蛾幼虫可出蜂 700～900 头（Beeson & Chatterjee，1935）。

研究标本：6♀，2♂，福建沙县，1980. Ⅺ. 20.；2♀，湖南长沙，1980. Ⅹ. 25.，以上均游兰韶采。

枯斑翠尺蠖由杨集昆教授鉴定。

分布：福建、湖南。国外分布于斯里兰卡、印度（Shenefelt，1972）。

(76) 角剑夜蛾原绒茧蜂 _Protapanteles_（_Protapanteles_）_hydroeciae_（You et Xiong，1983）（图 73）

Apanteles hydroeciae You et Xiong，1983，Entomotaxonomia.，5（3）：227；
　　You et al.，1988，Entomol Scand.，19：38.

Glyptapnteles hydroeciae（You et Xiong），comb. nov. Papp，1990，Acta，Zool. Hung.，，2000，36（1-2）：118；宋东宝，2004，新组合，中国小腹茧蜂，183，comb. nov.（新组合重复）.

Protapanteles（*Protapanteles*）*hydroeciae*（You et Xiong，1983），Yu et al.，2005，World Ichneumonodea，2004，Taxapad CD/DVD.

体长：雌 3.8mm，雄 3.2mm。

体色：雌蜂体黑色，有光泽，下颚须浅褐色，足除后足腿节末端，胫节端部及跗节色稍暗外，其余黄褐色，后足基节基部褐色，其余黄色。前翅 C＋SC＋R、Pt 和 1-R1 深褐色，其余脉褐色，腹部 1～2 节背板，除黄色膜质边缘外，均为黑色。

头部：头宽大于高（25：18），有柔毛，额和头顶有微细刻点；颜面和颊有光泽，密集小刻点，颜面中部稍隆起；下颚须浅褐色；单眼排列呈矮三角形，前单眼至后单眼之间的距离为后单眼间距离的 1/2，后单眼至复眼的距离为两后单眼距离的 1.5 倍，触角鞭节有刚毛。

胸部：中胸盾片有光泽，具微细刻点，前半段刻点明显，后半段刻点模糊；小盾片光滑，有光泽；中胸侧板前段有微细刻点，后段光滑有光泽；并胸腹节密布皱纹，有明显的中纵脊；后足基节有刻点，后足胫节距等长，约为后足跗节基节长的一半（9：19）。前翅透明，Pt 与 1-R1 脉等长，r 短于 2-SR 脉，两脉连接处明显呈角度，2-SR 略弯曲，约和 m-cu 等长，均小于 Pt 的宽。

腹部：腹部稍长于胸部，第 1 节背板长为端部宽的 2.8 倍，两侧向端部逐渐收缩，端部平截；第 2 节背板中域三角形，两侧有纵皱纹，中部稍光滑，侧沟深，腹部第 1 横沟波浪形；第 3 节背板及接续背板光滑有光泽；产卵管鞘厚，长等于后足

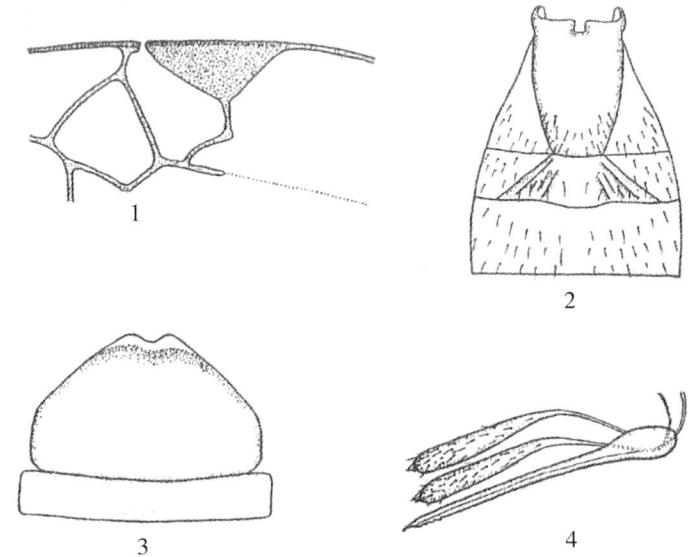

1. 前翅；2. 腹基部 3 节背板；3. 产卵管和产卵管鞘；4. 肛下板。

图 73　角剑夜蛾原绒茧蜂 *Protapanteles*（*Protapanteles*）*hydroeciae*（You et Xiong）

跗节基部两节之和；肛下板均匀骨化，端部中央凹陷，产卵管与肛下板见（图 73，3 和 73，4）。

雄蜂和雌蜂相同。

生物学：寄主高山角剑夜蛾 *Hydroecia basilipunctata* Gabser。茧白色，群集，纵行排列，不光滑。

研究标本：2♀1♂，四川宝兴（海拔 1600～1800m），1978. Ⅸ.2.，杨伦五，李天眷采。

分布：四川（宝兴）。

（77）凤蝶原绒茧蜂 *Protapanteles*（*Distatrix*）*papilionis*（Viereck，1912）

（图 74）

> *Apanteles*（*Protapanteles*）*papilionis* Viereck，1912. Viereck，1912，Proc. U. S. Nat. Mus.，42（1888）：145.
>
> *Apanteles papilionis* Viereck，Wilkinson，1928，Bull，ent. Res.，19：81；Wilkinson，1929，Bull，ent Res 20：107；Wilkinson，1930，Bull，ent. Res.，21：151；Beeson Chatterjee，1935，Indian Forest Records，1（6）：117；Shenefelt，1972，Hym. Cat.（nov. ed），7，594；Nixon，1965，Bull. Br. Mus. nat Hist.，Ent Suppl，2：195；You et al.，1990，Acta Entomol. Sinica，33（2）：240.
>
> *Protapanteles*（*Distatrix*）*papilionis*，Yu et al.，2005. World Ichneum-onoidea 2004，Taxapad. CD/DVD.
>
> *Distatrix papilionis*（Viereck），Mason，1981，Mem，Ento. Soc. Can. no. 115，94.

体长：雌 3mm。

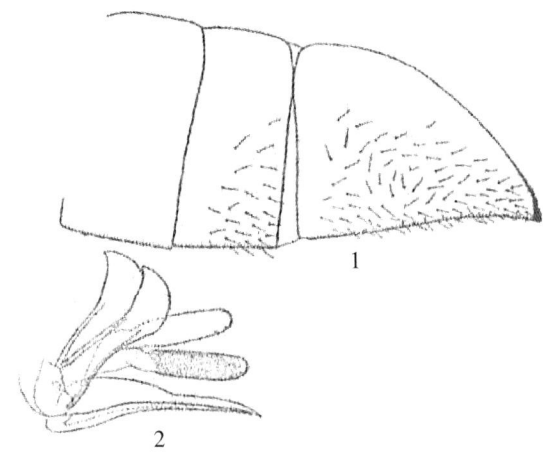

1. 肛下板；2. 产卵管和产卵管鞘。

图 74 凤蝶原绒茧蜂 *Protapanteles*（*Distatrix*）*papilionis*（Viereck）（仿 Wilkinson，1930）

体色：头部（除口器），胸部，腹部末端背板，产卵管鞘黑色，所有足（除后足胫节端部 1/4，后足跗节），口器，翅基片，C＋SC＋R，腹部背板第 1 节全部，第 2 节背板（除中部）光亮的红黄褐色，或稻草黄色，第 3 节或接续背板，色暗；触角色泽变化，基部红黄褐色至红褐色，端部黑色，Pt 和后足胫节端部 1/4 褐色，后足跗节基节或后足跗节全部带褐色。翅脉（除 C＋SC＋R 和 Pt）褐色。

头部：具稀疏而极浅的小刻点，触角短于体。

胸部：中胸盾片，中胸侧板前方和小盾片及并胸腹节具稀疏而极浅的小刻点，其他部位光滑，有光泽，或中胸盾片前方和小盾片有明显刻点，前翅中室毛稀疏，r 长于 2－SR，并和 2－SR 成 207 度角，2－SR 稍长于 m－cu，r 和 Pt 的宽等长，Pt 的长稍短于 1－R1，后足胫距长距为基跗节长的 2/3，短距不及后足基跗节长的一半。前足跗带爪小，不易见，无基叶，跗爪不开裂。并胸腹节侧脊完全。

腹部：第 1 节背板端部有稀疏而微细刻点，其余所有背板均为光滑、光亮，有光泽，第 2 节背板中部有宽浅分叉的侧缝，侧缝不明显，浅、窄、短而微弯，第 2 节背板中部常有少数弱的细皱线；腹部第 3 节背板不长于第 2 节背板，与第 2 节背板等长，产卵管鞘短，肛下板直角形。

生物学：昆明寄主为凤蝶 *Papilio* sp.（樟树）。印度的寄主为桔缘点凤蝶 *Papilio agamemnon* Linn.，玉带凤蝶 *P. polytes* L，柠檬凤蝶 *P. demeleus* L.（Wilkinson，1928；Beeson 等，1935）。茧未知。

研究标本：2♀，云南勐海，1981.Ⅹ.9.，罗亨文。

分布：云南。国外分布于印度、马来西亚。

(78) 尼氏原绒茧蜂 *Protapanteles*（*Nyereria*）sp.（图 75）

Nyereria neavi（Wilkinson）Song et al.，2005，Entomotaxonomia，27（4）：313（misdeter）.

Apanteles neavi Wilkinson，1929，Bull. ent. Res.，20（4）：447.

Nyereria neavi Wilkinson，Mason，1981，Mem. Ent. Soc. Canada，115；109；Song et al.，2005，Entomotaxonomia，27（4）：313（misdeter.）.

Protapanreles（*Nyereria*）sp.，Yu et al.，2005，World Ichneumonoidea，2004，Taxapad，CD/DVD.

分布：云南、福建。

注：原绒茧蜂属 *Protapanteles*，中国已知有 4 个亚属，原绒茧蜂指名亚属 *Protapanteles* Ashmead，独茧蜂亚属 *Distatrix* Mason，麦蛾茧蜂亚属 *Venanides* Mason 和光鞘茧蜂亚属 *Rasivalva* Mason。宋东宝等（2005）发表莱氏茧蜂属（尼氏茧蜂属）*Nyereria*＊充实了亚属的成员。

＊ *Nyereria* Mason 属的中文译名应为尼氏茧蜂属，Mason（1981）以此属名纪念非洲已故坦桑尼亚总统朱利叶斯，尼雷尔（Nyerer，J.K.）。宋东宝等称（2005）莱氏绒茧属与史实不符。

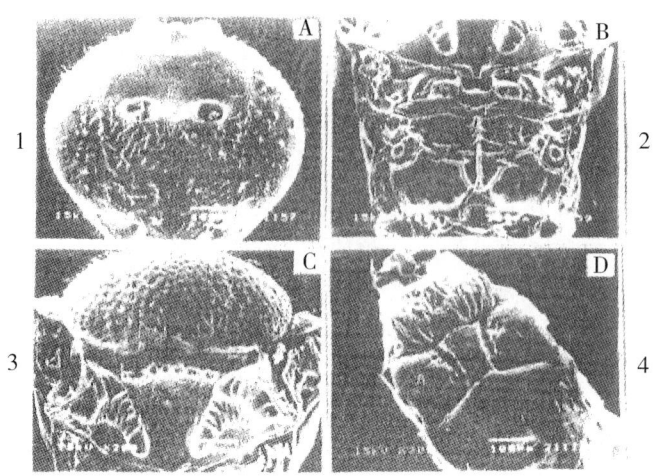

1. 头部正面观；2. 并胸腹节；3. 小盾片及侧盘；4. 腹基部背板。

图 75 尼氏原绒茧蜂 *Protapanteles*（*Nyerevia*）**sp.**（仿宋东宝等，2005）

9. 沟腹茧蜂属 *Diolcogaster* Ashmead，1900

（79）赵氏沟腹茧蜂 *Diolcogaster chaoi*（Luo et You，2003）（图 76）

Diolcogaster chaoi（Luo et You，2003），Entomotaxonomia，2005，27（1）：
52；周善义 2013，广西大明山昆虫，263；Long，K. D.，van Achterberg，
2014，Top chi Inh Hoc，36（4）：406.

Caracallafus chaoi Luo et You，Wuyi Sci Jour. 19：121.

体长：雌 2.90mm，翅展 3.50mm。

体色：头部和胸部黑色，触角整体深褐，柄节（除两侧黑斑外）和梗节黄色，
鞭节 1～4 节腹面黄褐色，其余各节色泽逐渐加深至与背面一致；上颚除齿尖黑褐
色外红褐黄色，须淡黄色；前足和中足（除爪色深外）淡黄色；后足基节、腿节端
部、胫节基部和端半部、跗节（除基节基部黄色及端跗节外）黑色，其余部分黄
色；Pt 黑褐色，下列脉段深褐色：C＋SC＋R，1－R1，r，2－SR＋M 前半段，2－
M 前半段，1－SR，1－SR＋M，1－M，1－CU1，2－CU1，3－CU1 前半段，1－
1A 端部，2－1A 基部，m－cu，cu－a，以及后翅的 1－SC＋R，SC＋R1 和 lr－m；
前翅端部烟褐色；腹部第 1 节背板和第 2 节背板大部分黄色，第 2 节背板端部至背
甲端部黑色；背甲下各节红褐黄色。

头部：头部触角长于体长，鞭节各节板形感器 2 列，复眼和单眼均较大，单眼
几乎排列在同上直线上（图 76，1 至 76，3）；颊窄于复眼；头顶在单眼后几乎垂直
下延并向内凹入，在侧单眼后形成 1 个宽于头宽一半的光滑发亮的区域（侧面观被
颊遮挡）；颜面上毛瘤疱疹状，之间有细脊纹连接（图 76，3）；幕骨陷圆形；上颚
两齿从基部分开，似乎上颚纵裂成两部分（图 76，2 和 76，3）

胸部：胸部盾纵沟不明显，中胸盾片和小盾片表面刻点相同，脊纹网状或蜂窝状；中胸侧板基节前沟明显，侧片在基节前沟下方刻点密集，基节前沟上方光滑发亮；后胸侧板前半部光滑发亮，后半部刻点密集；并胸腹节中纵脊发达，外侧脊较明显，除气门周围光滑外有较密的刻点。后足基节硕大，长于腹部背甲的 3/4；腿节稍短于胫节；后足胫节长距为后足跗节基节的 0.73 倍，中足胫节长距长于中足跗节基节，前足胫节长距弯曲，约等于跗节基节长（图 46，8 至 76，10）；后足胫节和跗节上都长有较密、色泽较毛色略深的硬刺。翅如图 76，7，第 2 亚缘室（第 2 肘室）小三角形，r－m 从 2－SR 中部伸出，色淡；2－M 端半段骨化程度高；2A 明显可见。后翅褶叶亚端部凹，无毛，基部毛长于端部细毛，且向中部渐短。

腹部：腹部第 1 节背板中央具 1 深纵沟，沟内光滑有光泽，沟内有 2 条横脊（一条横跨沟面，一条在底部），正模标本的纵沟端部两侧各有 6 个由脊围成的小室，排列成呈"人"字形，小室前面是蜂窝状或网状皱纹，向背板基部皱纹渐少直至完全光滑；第 2 节背板中部一对纵沟分出一剑形光滑中区，纵沟被横脊分成若干大小不等的室，"剑尖"为一短纵脊与第 3 节背板基部的半球状隆起相接；第 2 节

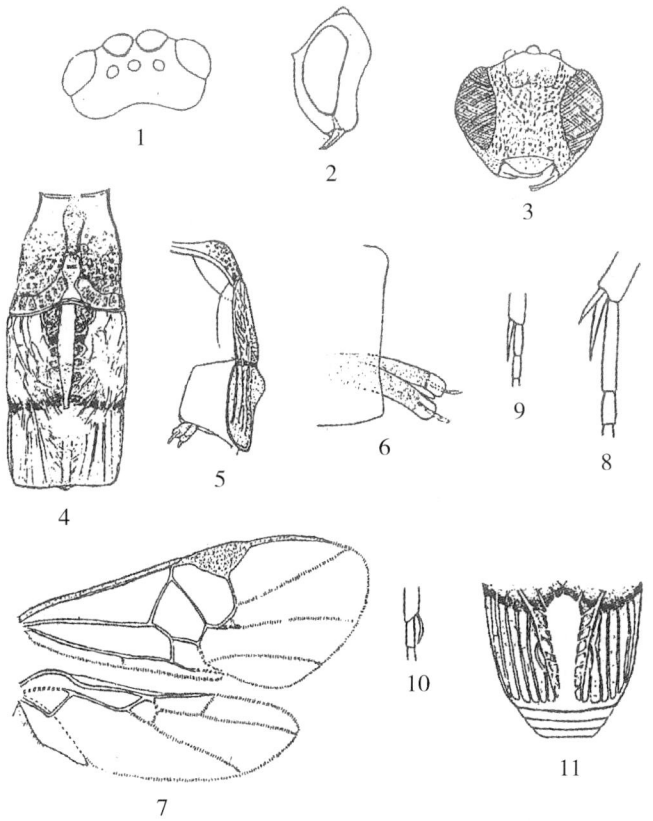

1. 头部背面观；2. 头部侧面观；3. 头部正面观；4. 腹部背面观；5. 腹部侧面观；6. 腹部末端产卵管和鞘；7. 前、后翅；8. 后足胫节和跗节基节；9. 中足胫距和跗节基部；10. 前足胫节和基跗节；11. 雄蜂腹部第 3 节背板及以后各节背面观。

图 76　赵氏沟腹茧蜂 Diolcogaster chaoi （Luo et You）

背板和第 3 节背板上有纵、斜脊纹若干，不因 T2 - T3 间的横沟而中断；背甲背面观盖住以后各节，端部平截（图 76，4）；产卵管鞘毛稀疏，但在产卵管鞘上分布均匀；鞘端部无毛半透明，稍前方向后长出 1 根粗长的感觉器（图 76，5 和 76，6）。

雄：体长 2.70mm，翅长 3.20mm；后足基节与腹部等长，略短于胸部长。腹部第 1 节纵沟端部两侧仅各有 3 个由脊围成的小室，小室宽大于或等于长；第 3 节背板中部光滑区域基部球形隆起，逐步向末端缓慢收窄和变平；背甲后可见 3 节（图 76，11）。

生物学：未知。

研究标本：1♀，贵州惠水县，2001.Ⅹ.24.，罗庆怀采；1♀，贵州册亨县，2004.Ⅵ.25.，罗庆怀采；1♂，贵州望谟县，1992.Ⅻ.6.，罗庆怀采。

分布：贵州、广西、云南、福建、海南（罗庆怀等 2003，周善义等，2013）。

注：该种隶属于沟腹茧属 *Diolcogaster* 的 *basimacula*-group，而此种团与沟腹茧蜂属于其他种团形态上差异较大，描述该种时发现雌性标本，其背甲遮盖整个腹部，该种雄性标本的背甲并未全部盖住腹部。

（80）武夷山沟腹茧蜂 *Diolcogaster* sp. （图 77）

Diolcogaster sp. You et al.，2014，Jour. Hunan Agric. Univ.，40（4）：380.
体长：雌 2.7mm。

体色：黑色；上唇、上颚深褐色；唇须、颚须淡黄色；唇基黑褐色；单眼浅灰色；复眼沿眼眶浅褐色；触角深褐色，基部腹面色略浅；前、中足黄褐色，两足胫距和跗节色较浅；后足转节、腿节、胫节基部和跗节基端呈黄至黄褐色，跗节端部以下黑褐色；翅基片黄色，前翅 Pt 和 1 - R1 深褐色，Pt 中央褐色，M＋CU1 和 1 - 1A（除末端）浅黄色，3 - SR.2SR＋M 和 CU1a 无色，其余脉暗黄褐色；腹部腹板黄至黄褐色；产卵器鞘和肛下板深褐色，产卵器褐色。

头部：头具皱状刻点，正面观扁椭圆形，高为宽的 0.79 倍，背面观横形，高为宽的 0.54 倍；颜面具稍稀疏的灰黄色柔毛，中部有一长三角形纵脊突；上颚短宽，近似三角形，末端尖锐仅具 1 齿；上唇半圆形露出，唇基中部向前隆起，端缘有缘脊；额于两触角窝后方凹陷，光滑具光泽；单眼呈小弧形排列，侧单眼间距为侧单眼至复眼间距的 1.1 倍；两颊后方向内收缩。触角粗，长于体，鞭节倒数第 6 节起以后各节均向末端渐变细，末节尖锥状。

胸部：胸部比腹部长，前胸背板光滑无刻点，背沟宽阔而浅，呈凹槽状分叉向上下延伸；中胸盾片宽阔，为头宽的 1.17 倍；前端圆，背面略隆起，密布皱状刻点，小盾片大，均匀隆起，具强的皱状刻点，长为端宽的 0.87 倍；小盾片前沟宽，稍直，内具约 9 条短纵脊；后胸背板具强脊；并胸腹节短，长为宽的 0.36 倍，端部倾斜，表面光滑，具不规则的网状脊纹，有中纵脊、基横脊、侧纵脊基段，外侧脊明显，两侧具长的柔毛（图 77，2）。中胸侧板前半部分密布皱状刻点，后半部分光滑，下缘中央有浅沟。前足胫节距弯曲，长为基跗节的 0.65 倍；中足 2 距，内距长而略弯，与基跗节等长；后足两距均直，长距为基跗节的 3.3 倍，基跗节宽大，略扁，长为宽的 3.7 倍，为其余各节总和的 0.81 倍。翅与触角等长，长于腹部。Pt 长，比 1 - R1 稍短（0.93 倍）；r 自 Pt 中央略外方稍外斜伸出，约与 Pt 宽及 2 - SR 长相等，与 2 - SR 相交处内缘呈弧形，外缘成不明显角状；2 - SR＋M 与 1 - SR 等长，m - cu 与 2 - SR 的距离等于 m - cu 的长，第 2 肘室呈小三角形，臀室外缘稍凹，无缘毛（图 77，1）。

腹部：腹部背板呈背甲状，具蜂窝状大刻凹，长为宽的 1.6 倍，明显可见 3 节，末端钝；第 1 节背板长为宽的 0.56 倍，前缘中部呈喇叭口形凹入，有一宽而深的中纵沟，后缘变浅缝；第 2 节背板和第 3 节背板具明显的狭长金刚钻形中区，中区内有细纵脊，纵脊两侧具浅的宽斜沟，沟内有横脊，第 2 节背板和第 3 节背板间的横缝深且宽，横缝成"八"字形的宽深沟，沟内有横脊。第 3 节背板中部的大刻凹不呈蜂窝状（图 77，3），产卵管与后足胫节等长，下弯，肛下板大，与产卵管等长（图 77，4）。

雄蜂：未知。

生物学：未知。

研究标本：1♀，福建武夷山三巷，1988.Ⅷ.，黄居昌采。

注：按 Mason（1981）分类系统，小腹茧蜂亚科（Macrogastrinae）内的 2 个属，即拱茧蜂属 *Fornicia* Brulle，1846，沟腹茧蜂属 *Diolcogaster* Ashmead，1900

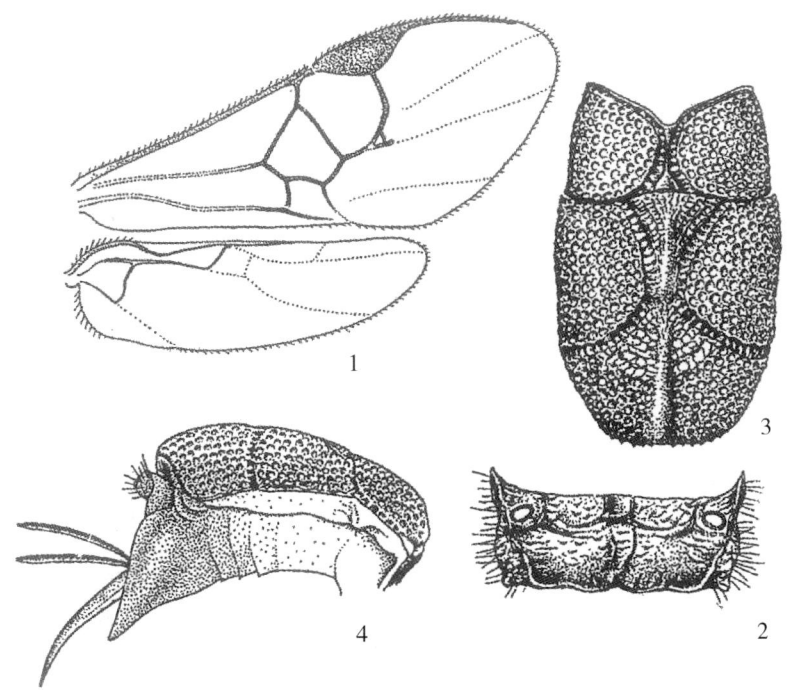

1. 前后翅；2. 并胸腹节；3. 腹部基部 3 节背板；4. 肛下板、产卵管、产卵管鞘。

图 77　武夷山沟腹茧蜂 *Diolcogaster* sp.

的 *basimacula* 种团近缘，共同特征是头部小或相对小，腹部甲壳状。进一步研究发现，本文本种标本属沟腹茧蜂属 *Diolcogaster basimacula* 种团，其腹部第 1 节背板有中沟，2～3 节背板有金刚钻型中区，据此可以区分拱茧蜂属 *Fornicia* 和沟腹茧蜂属 *Diolcogaster*。

同样，游兰韶，罗庆怀等（2006）的小腹茧蜂亚科 19 属 22 个性状的聚类分析研究，其属级阶元系统聚类分析结果内定性分析和综合分析图均显示出沟腹茧蜂属 *Diolcogaster* 和拱茧蜂属 *Fornicia* 聚类在一起。Whitfield 等（2002）的小腹亚科 Macrogastrinae 分子系统学研究肯定了形态多样的属沟腹茧蜂属（包括 *basimacula* 种团）的单系群性质，最大简约法（MP）合意树（2124 棵树树长 4947）表现出沟腹茧蜂属和胃腹茧蜂属为姊妹群，并和拱茧蜂属聚类在一起（Whitfield，2002）。分子系统学研究的最后结论，应是可信的。

10. 赵氏茧蜂属 *Chaoa* Luo et You，2004

（81）黄足赵氏茧蜂 *Chaoa flavipes* Luo，You et Xiao，2004（图 78）

Chaoa flavipes Luo，You et Xiao，2004，Luo et al. Acta Zootaxonomica. Sinica，29（2）：339.

体长：雌 2.9mm，前翅长 3.1mm。

体色：雌体黑色。触角基半部黄色，端半部褐色；上唇淡褐色，上颚黄色，下颚须和下唇须浅黄色至白色。胸部黑褐色。后足除胫节端半部深褐色外，其余部分及前足和中足黄色或浅黄色。翅基片淡褐色，Pt 黑褐色，翅脉黄色。学名意为新种足均为黄色。腹部除第 1 节背板黄色，侧背片浅黄色外；第 2 节背板黑赤褐色；其余赤褐色。

头部：头高约为宽的 0.8 倍，头宽约为头长的 1.8 倍；触角鞭节每一节都有 2 个算盘子；柄节长为宽的 1.2 倍；鞭节第 1 节、第 2 节和端节长分别为宽的 4.0、3.5、4.0 倍，颜面不呈喙状，沿中线略隆起，两侧有斜皱纹，高为宽的 0.64 倍；唇基端缘凹陷；唇基沟与复眼下连线成一直线；前幕骨陷大，明显；头顶密布刻点；单眼区呈现矮三角形，稍隆起；OD：APOL：POL：OOL＝2：3：4：4；复眼高为宽的 2 倍，内缘平行。

胸部：比头部稍窄；长：宽：高＝3.5：2.8：2.5。前胸背板光滑，仅有一腹沟；中胸盾片和小盾片边缘具微刻点，中胸盾片端缘上翘成脊状；小盾片侧盘较光滑，光滑的月形区（lunules）较窄，条形，前侧缘无突出的刚毛叶；并胸腹节平坦，较光滑，有光泽；后方中央有几条短细脊纹呈放射状。前、后翅透明。前翅长为宽的 2.0 倍；Pt 长为宽的 2.4 倍；1-R1 脉分别为其至缘室端部距离和 Pt 长的 8.0 倍和 1.0 倍；r 脉直，从 Pt 中部稍外方伸出，r 脉与 2-SR 脉相遇成角状，r 脉：2-SR 脉＝9：8；r-m 脉缺如，小翅室开放；第 1 盘室高为宽的 0.94；1-CU1 脉

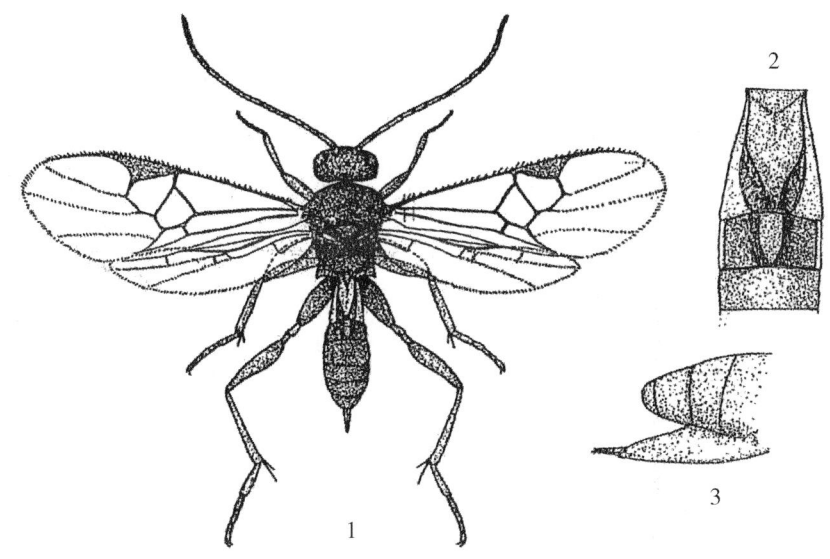

1. 雌蜂整体背面观；2. 腹部基部背面观；3. 腹部末端侧面观。

图 78 黄足赵氏茧蜂 *Chaoa flavipes* Luo，You et Xiao

约为 2 - CU1 脉的 0.75 倍。后翅后中脉第 1 段 M+CU 为第 2 端 1 - M 的 0.73 倍；后翅臀叶外缘稍凹，基部有缘毛，端部无缘毛。足光滑，有光泽。后足基节大；后足胫节长为跗节长的 0.91 倍；后足胫节内距长为基跗节的 0.53 倍；后足跗节端节有 2 爪。

腹部：腹部第 1 节背板长，基部和端部均匀收窄，长：基部宽：中部宽：端部宽＝3.8：1.9：2.1：1.3；第 1 节背板基半部的中央无凹槽，呈 U 形凹陷，端部 2/5 处两侧具皱纹，中央为一浅槽；第 2 节背板横形，有一对亚中沟分成 3 部分，中域呈楔形，光滑，两侧具纵皱纹（图 78，2）；第 2 节背板长于第 3 节背板；第 3 节背板以后各节背板较光滑，有光泽；肛下板伸出腹部末端，均匀骨化，无皱褶；产卵管鞘短，大部分隐藏在下生殖板（肛下板）内，外露部分约为后足胫节长的 0.2 倍，仅近端部有少量的毛（图 78，3）。

雄：未知。

生物学：寄主未知。

研究标本：1♀，福建坳头洪坑，1980.Ⅵ.21.，赵景伟采。

分布：福建武夷山。

侧沟茧蜂族 *Microplitini*

11. 锥盾茧蜂属 *Philoplitis* Nixon，1965

(82) 松锥盾茧蜂 *Philoplitis coniferes* Nixon，1965（图 79）

Philoplitis coniferes Nixon，1965，Bull. Brit. Mus.（Nat. Hist.）Entomol.

supp.，267；He，1983，Acta Argic. Univ. Zhejiang，9（2）：169；游兰韶等，1987，湖南农业科学，4：40.

体长：雄 3.4mm

体色：体黑色，仅腹部第 1 节背板端部和侧缘及第 2 节背板黄色。触角深褐色。足黑色，前、中足腿节端部、胫节、跗节暗褐色。翅透明，前翅 Pt、翅基部翅脉和第 2 肘室周围的翅脉褐色，Pt 下方有一烟褐色斑，翅外端稍带烟色。

头部：头部密布皱纹状刻点并具白毛；额有光泽具横刻条；颜面唇基相当隆起，刻纹密致，颜面宽约为长的 1.2 倍，上唇明显，宽为长的 2.3～2.6 倍；触角18 节，较粗，长于体，柄节短，第 1 鞭节长约为柄节的 2 倍。

胸部：胸部密生白毛；前胸背板侧面中央光滑具粗刻条；中胸盾片短，具发达皱纹；小盾片长三角形，约与中胸盾片等长或稍短于中胸盾片（4：5），中胸侧板中段光滑并在扩展到后上方部分有数条纵隆线，其余具网皱；并胸腹节横长方形，具粗糙网状皱纹，中纵脊及侧纵脊发达，气门卵圆形，紧靠侧纵脊内缘。前翅 r－m

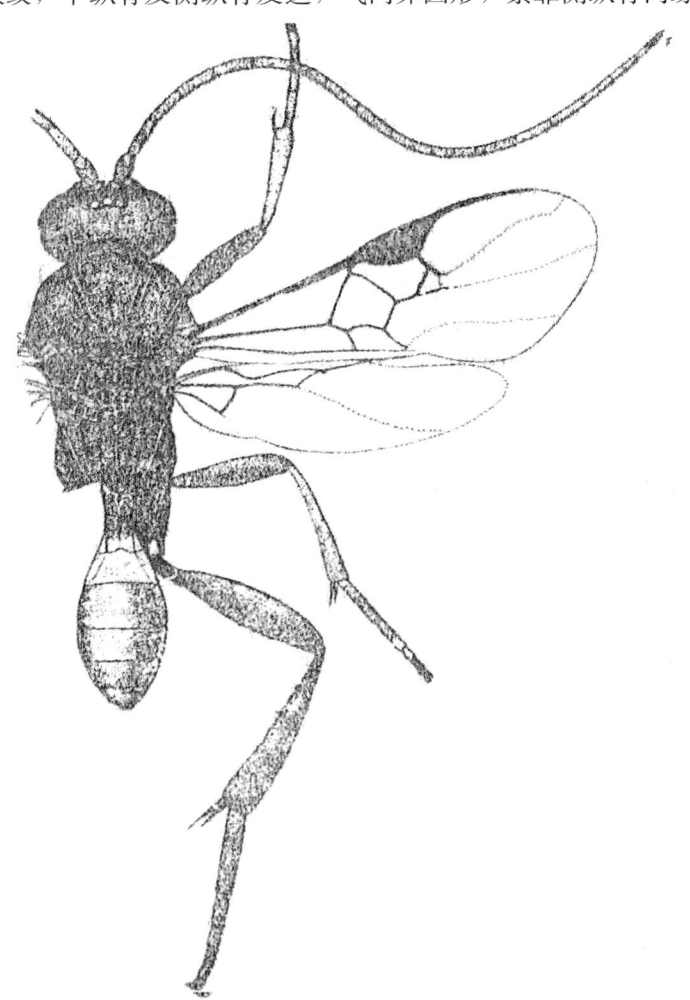

图 79　松锥盾茧蜂 *Philoplitis coniferes* Nixon 雄蜂整体图（仿何俊华，1983）

无色，从 3 - SR 伸出；r 稍短于 2 - SR，与 2 - SR＋M 约等长；2 - M、cu - a、1 - CU1 等长；1 - CU1 为 2 - CU1 的 1/2；后翅具后肘室痕迹，后翅 cu - a 脉稍呈弧形弯曲。后足基节稍长于第 1 节背板，腿节粗壮，胫节后端膨大，长距约伸至跗节基节中央，长为胫节的 1/2。

腹部：腹部光滑，第 1 节背板长为宽的 3 倍，两侧近于平行，表面除端部 1/4 外，具细刻点并有狭的中纵槽；第 2 节背板及以后背板光滑，第 2 节背板短于第 3 节背板。

研究标本：1♂，广西南宁，1986.Ⅵ.3.，陈庆平、黄卫保（芒果树冠）。

分布：广西（南宁）；广东（从化）（何俊华，1983）。国外分布于菲律宾。

12. 陡胸茧蜂属 *Snellenius* Westwood，1882

陡胸茧蜂属 *Snellenius* 是从侧沟茧蜂属 *Microplitis* 伸引出的一个类群，经 DNA 条形码研究是否是两个属未作最后定论（Smith 等，2013），我们将其作为独立属处理。

(83) 贵州陡胸茧蜂 *Snellenius guizhouensis* Luo et You，2005（图 80）

Snellenius guizhouensis Luo et You. 2005，Acta Zootaxonomica，Sinica.，30 (1)：170.

体长：雌 5.3mm，翅展 5.5mm。

体色：主要体色为深棕褐色。头部、腹部第 3 节以后各节背板及第 2 节背板中央大部近黑色；下颚须除基部第 1 节深褐色外，其余 4 节橙黄色；下唇须深黄褐色；唇基端缘、上唇、触角柄节腹面赤褐色；中唇舌近黑色。胸部深棕褐色或赤褐色，各部位色泽深浅有差异。前足橙红色，中足赤褐色至深赤褐色，后足深赤褐色或黑褐色；胫节距黄白色。前翅端半部和后翅第 2 缘室、第 1 缘室边缘、第 2 亚缘室（第 2 肘室）烟褐色，其中 Pt 下方的 r 脉两侧和第 2 亚缘室色深（图 80，5）。腹部第 1 节背板赤褐色至深赤褐色；第 1、2 背板侧背片（laterotergite）及第 2 节背板侧缘浅黄褐色或近白色。

头部：背面观头宽是头长的 2.2 倍；上颊长稍短于复眼纵径（1.3：1.5）；DO：APOL：POL：OOL＝1.4：1.0：2.8：3.6（图 80，1）。单眼近圆形，单眼区隆起，明显高于头顶其余部分；从复眼至侧单眼及上颊具网皱（斜向皱纹为主），单眼区内皱纹稍细；单眼后皱纹中断，至后头为光滑区。额及其余部分具刻点。头前面观，触角窝低，大约位于两复眼中部之间；颜面粗糙，密集横皱或斜横皱纹，颜面宽是颜面高的 1.7 倍，上部中央明显凸出；颜面在唇基上方凹陷成一浅"坑"（其径约为颜面高的一半）；颜面上部具一短而明显的中纵脊；幕骨陷极大，近圆形，其直径稍大于眼幕骨陷间距，约为单眼直径的 1.5 倍。幕骨陷间距：幕骨陷直径：眼幕骨陷间距：颚眼距＝3.0：1.0：0.8：1.8；唇基粗糙，具皱脊纹；上唇宽大，椭圆形，向"口腔"内稍陷入，长度约为唇基长的 1.4 倍；中唇舌发达，外露部分与唇基约等长，分叉。

胸部：前胸背板下背沟及沟内横皱纹清晰，上背沟模糊，其内横皱纹少且不明显（图 80，2）。中胸侧板胸腹侧脊完整，一直伸至中胸腹板。中胸盾片中叶具刻点，高于侧叶，中央形成纵向隆脊，中叶边缘上翘（端半部尤为明显），使中胸盾片中叶形成 2 个浅槽；盾纵沟深，具横脊，前端扩大，与侧叶边缘的纵沟相连，两盾纵沟后端由 1 条中纵脊隔开（图 80，3）；小盾片前凹宽而深，长为宽的 1/2 和小盾片长的 2/3，内有 1 条较低的中纵脊将前凹分成两个正方形"坑"。小盾片具皱脊，端部平截；小盾片沟（groove of scutellar disc）在小盾片后上翘，与后胸背板形成一圆洞，无光滑的月形区（lateral lunules）。并胸腹节中纵脊强，明显高于其他脊，垂直面特别高，其高（长）度约为水平面长的 2 倍。后足基节短小，长度约为腹部第 1 节背板长的 0.60 倍，背面有刻点，刻点间距离大于或等于刻点直径。胫节和跗节约等长，胫节内外距等长，约为基跗节长的 1/3。

翅：前翅 Pt 长为宽的 2.8～2.9 倍，约为 1－R1 长的 1.3 倍；1－R1 与 1－R1 至 SR1 端部的距离等长或稍长。2－SR 脉与 r 脉约等长；3－SR 与 r－m 约等长；1－SR＋M 与 1－M 约等长（1.05：1.00），1－CU1 短，仅为 2－CU1 的 1/5 和小脉 cu－a 的 1/3；m－cu 稍长于 3－CU1 和 2－SR＋M 两脉段；2A 脉存在，且色深。后翅褶叶圆凸，外缘有均匀长毛；1－M 稍长于 M＋Cu，约为 cu－a 的两倍；后翅 R1 脉超过 r 脉前端，cu－a 脉曲波状（图 80，5）。

腹部：第 1 节背板粗糙不平，具较大刻点或大小不匀的小浅坑，中纵沟较光滑，宽而深，沟底无短横皱或横皱不明显；第 1 节背板端部宽约大于基部宽，长约为端宽的 2.32 倍和基宽的 2.75 倍，端部中央具一光滑的瘤状突起，中纵沟止于瘤状突前，沟端部呈箭头形（"V"形）。第 2 节背板及以后各节背板光滑具光泽；第 3 节背板中部稍长于第 2 节背板中部（图 80，4）。

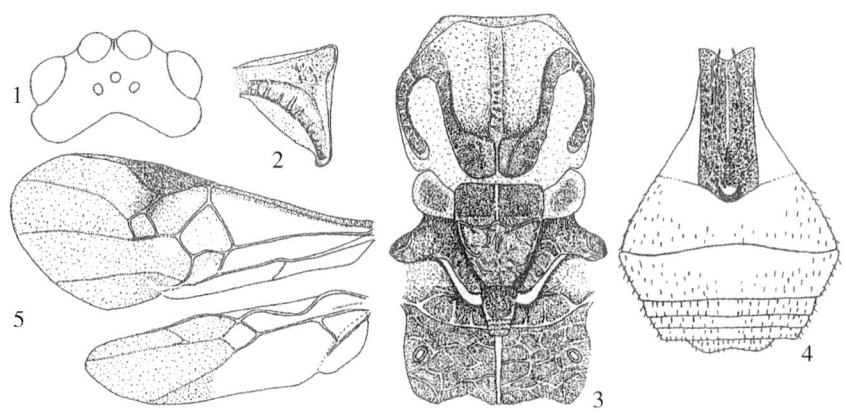

1. 头部背面观；2. 前胸背板；3. 胸部背面观（不包括并胸腹节垂直面）；4. 腹部背面观；5. 前后翅。

图 80 贵州陡胸茧蜂，*Snellenius guizhouensis* Luo et You

生物学：未知。

研究标本：1♀，贵州省贵阳市云盘大寨，2002. Ⅶ.27.，罗庆怀采；1♀，贵州省荔波县茂兰自然保护区，1995. Ⅷ。17.，罗庆怀采。

分布：贵州。

(84) 宽颊陡胸茧蜂 *Snellenius latigenus* Luo et You，2005 （图81）

Snellenius latigenus Luo et You，2005，Acta，Zootaxonomica. Sinica.，30 (1)：172.

体长：雌 4.30mm，翅展 5.05mm。

体色：体黑色或黑褐色。触角深褐色；上唇和上颚赤褐色；下颚须基节黑褐色，第2节赤褐色，其余3节橙红色；下唇须赤褐。前足基节及第1转节基部黑褐色，第1转节端半部至腿节基部1/3赤褐色，腿节端部2/3至跗节各节红黄色；中足基节至腿节基半部黑褐色，腿节端半部及胫节端部和跗节赤褐色，后足从基节至跗节色泽较一致，均为深赤褐色，仅胫节色较深（近乎黑褐色）；胫距淡黄色。前翅和后翅全部烟褐色。腹部第1节背板两侧骨化较低的部分，即侧背片和第2节背板两侧黄白色。产卵管鞘深褐色。

头部：触角鞭节各节扁平不明显；头部背面观，单眼区明显隆起；上颊刻点粗而密集，但不形成皱纹；DO：APOL：POL：OOL＝0.45：0.25：0.80：0.90；上颊长度与复眼纵径约相等（头侧面观也如此）（图81，1和图81，7）；头前面观，清晰可见颜面后面上颊和颊的一部分；颜面表面密集细的横皱纹（中、下部）和斜皱纹（上部），颜面上部中央具一锥形小突点；颜面中央至唇基基部上方有一个近圆形的下陷（图81，2）；唇基圆拱，刻点大而密；上唇大，向"口腔"内凹陷，其长度约为唇基长的2倍；中唇舌较发达，但不分叉。幕骨陷较小，椭圆形；幕骨陷间距：幕骨陷直径：眼幕骨陷间距：颚眼距＝1.40：0.35：0.40：0.75。

胸部：表面的毛特别浓密，许多皱纹及脊纹因毛的覆盖而模糊不清。前胸背板上背沟模糊，下背沟宽而深，其下方有一新月形较宽的光滑带（图81，3和图81，1）；胸腹侧脊完整（因中胸侧板上浓密的毛覆盖，不易看清），伸至前足基节后方；中胸侧板光滑区斜三角形，较长，后下方与基节前脊相接，中胸侧缝两侧也较光滑（图81，7）；中胸盾片侧面观呈典型的圆弧形，中叶明显高于两侧斜坡状的侧叶；中叶具一纵向中隆脊，中、后方两侧缘上翘，形成两个纵向浅槽；盾纵沟深，其内横脊发达，前端扩大，与侧叶边缘的纵沟相接，后端由一纵脊相隔；侧叶边缘纵沟细窄，其宽度约为盾纵沟宽的1/3。小盾片表面由脊围成若干"坑"或"槽"，两侧缘中部收窄（图81，4），端部平截，亚端部稍下陷，端部上翘，末端光滑带被粗糙面断开；后胸背板背面观较长，其长约为小盾片长的一半；小盾片宽大于长（1.22：1.00），前凹宽而深，长约为宽的0.44倍。并胸腹节中纵脊强大，高于和宽于其他脊；垂直面长（高）约为水平面长的2倍。

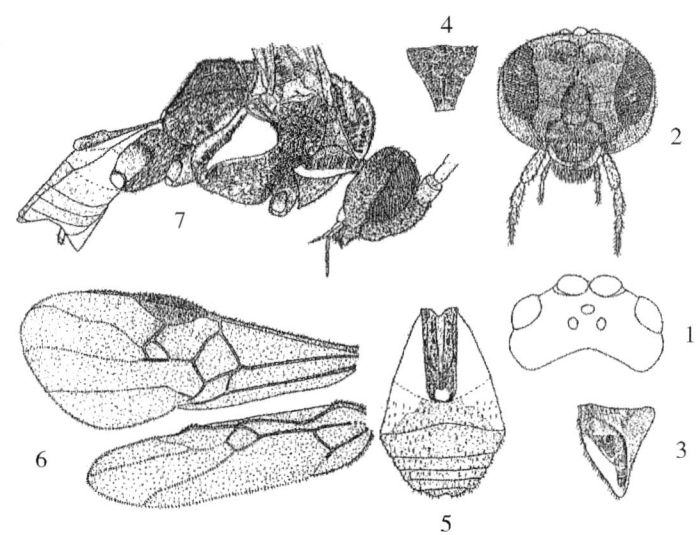

1. 头部背面观；2. 头部前面观；3. 前胸背板；4. 小盾片背面观；5. 腹部背面观；6. 前后翅；7. 虫体侧面观。

图 81　宽颊陡胸茧蜂 *Snellenius latigenus* Luo et You

腹部：第 1 节背板粗糙，端部中央瘤状突光滑；基部宽稍大于端部宽，从基部至端部缓慢收窄，长：基部宽：端部宽约等于 3.0：1.2：1.0；第 1 节背板长约等于以后各节长之和，端部近 40％的部分增厚，中纵沟底部到此也顺坡而上变得粗糙，直抵端部的瘤状突；第 2 节背板及以后各节光滑有光泽；第 3 节背板中央长为第 2 节中央长的 1.5 倍，该背板宽为长的 3.4 倍（图 81，5）。下生殖板均匀骨化，无皱褶或折痕；产卵管鞘短，端部有稀疏的短细毛（图 81，7）。

生物学：未知。

研究标本：1♀，贵州省贵阳市农科所，1983. Ⅵ. 09，罗庆怀采。

分布：贵州。

13. 侧沟茧蜂属 *Microplitis* Foerster，1862

（85）稻纵卷叶螟侧沟茧蜂 *Microplitis* sp.　（图 82）

Microplitis sp.，周至宏，1982，广西稻纵卷叶螟寄生性天敌初志，8：6；何
　　俊华，1991，中国水稻害虫天敌名录，49（44）。

体长：雌 4mm。

体色：头胸部黑色，有光泽，具粗刻点。唇基、上颚及须黄至黄褐色。触角比体短，柄节黄色，鞭节深褐色。腹部深黄色，从腹部第 2 节起至第 7 节背板有黑斑，依次变小，颜色渐浅。足黄至黄褐色，后足胫节两端及距黑褐色。

头部：脸稍突出，具紧密粗刻点，中央有一纵脊。

胸部：中胸盾片盾纵沟，后方粗浅，前方不明显。并胸腹节横长方形，表面光滑，有强有中脊和外侧脊，后缘凹入。前翅长，中部曲折，第 2 肘室小，三角形。

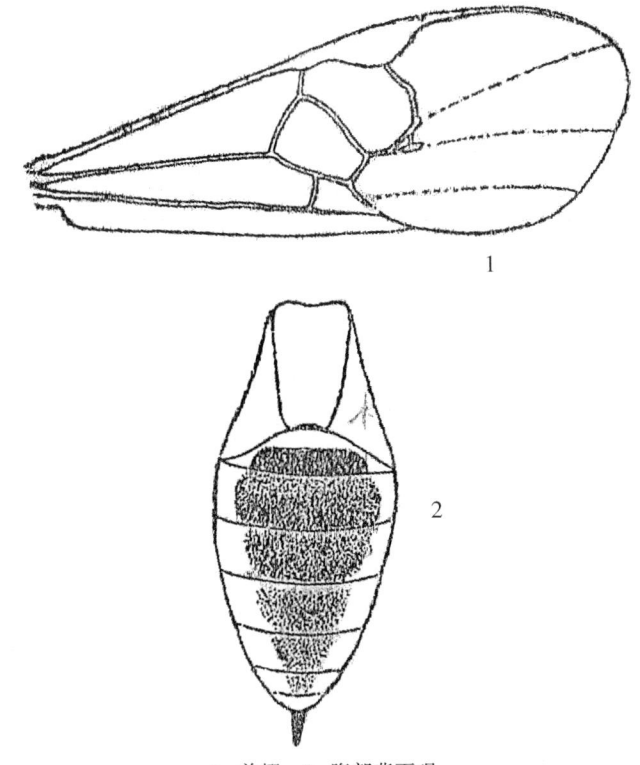

1. 前翅；2. 腹部背面观。

图 82　稻纵卷叶螟侧沟茧蜂 *Microplitis* sp.

腹部：第 1 节背板向后收窄，第 2 节基部小区弓形，产卵管鞘伸出腹末。

生物学：寄主稻纵卷叶螟 *Gnaphalcrocis medinalis* Guenee。

研究标本：2♀，广西（邕宁），周至宏。

分布：广西（邕宁）。福建（何俊华，1991）。

注：和何俊华（1991）报道的是否同种不详。

（86）茶白毒蛾侧沟茧蜂 *Microplitis* sp. （图 83）

Microplitis sp. Mason，1981，Mem. Entomol. Soc. Can.，115，132.

属征：触角鞭节有 2 个板形感器（算盘子结），排成 2 列；颜面不呈喙形；下唇须多为 3 节，但一些美洲种为 4 节（Mason，1981；Walker et al.，1990）；中胸盾片密布刻纹或刻点，少有光泽，常有盾纵沟，有些种类完全光滑；小盾片侧盘常大而光滑，在中央处为刻纹；胸腹侧脊缺如；并胸腹节稍下弯，具粗糙网皱，有一明显中纵脊，绝无中区。前翅小翅室常存在，其内外侧常对称、弯曲以至小翅室常为 D 形，与 2 - M 脉成直边；Pt 大，1 - R1 短，常不超过 Pt 端部至径室端部距离的 0.6 倍；1 - CU1 脉短于 2 - CU1 脉；后翅翅臀叶突出，有缘毛。后足胫节距短于中足基跗节的一半；腹部第 1 节背板变化，长大于宽，两侧平行或略平行，或端部变宽或变窄，常有刻纹；其余背板光滑；腹部第 2 节背板很少有弱刻纹，常有一

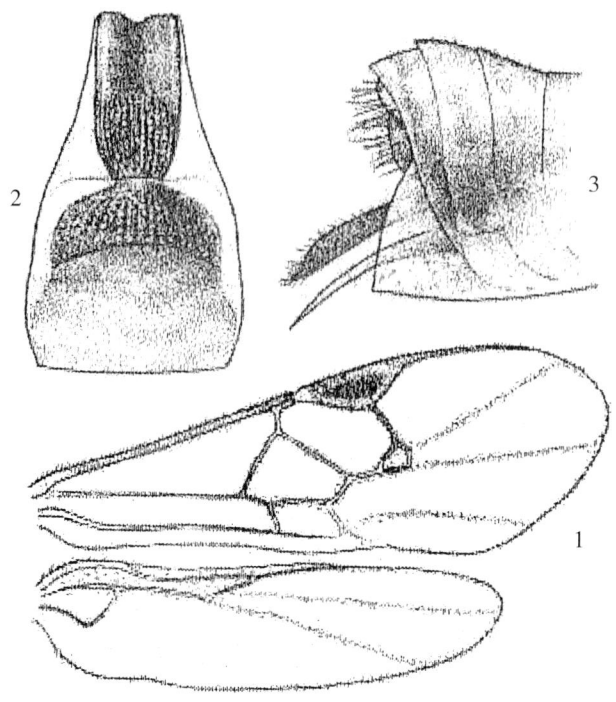

1. 前后翅；2. 腹基部背板；3. 肛下板。

图 83　茶白毒蛾侧沟茧蜂 *Microplitis* sp.

界限稍明显的三角形的中域，常短于第 3 节背板；第 2 节与第 3 节背板之间的横沟不明显，稍明显或明显；肛下板常较小，肛下板端部平截或中都凹陷，中间无纵褶；产卵管和产卵管鞘仅稍突出于肛下板外；肛下板长时产卵管和产卵管鞘长，肛下板短时产卵管和产卵管鞘短；产卵管鞘起自第 2 负瓣片基部，仅端部有少量的毛；阳茎基腹铗上通常有 1～5 根刚毛。抱器背突为阳茎基腹铗长度的 0.40～0.42 倍；抱器背突不呈新月形，直或腹缘稍微凸出，端部呈圆形或平截；抱器背突的端部通常有 2 齿；阳茎基侧突上通常有很多刚毛，集中于近端部。阳茎端超出阳茎基侧突的部分极短，甚至没有超出。

　　生物学：寄主茶白毒蛾 *Arctornis alba* Bremer。

　　研究标本：6♀，云南勐海，日期不详，罗亨文采。

小腹茧蜂族 *Microgastrini*

14. 小腹茧蜂属 *Microgaster* Latreille，1804

（87）暗翅小腹茧蜂 *Microgaster obscuripennatus* You et Xia，1992（图 84）

Microgaster obscuripennatus You et Xia，1992. Iconography of forest insect in

Hunan，China，1265；Xu，He et Chen，2001. Insects of Tianmushan National Nature Reserve，734；He et Chen，2004. Hymenoptera insect fauna of Zhejiang，680；You et al.，2006 Fauna Hunan Hymenoptera Braconidae （1），162.

体长：雌 5mm。

体色：体黑色，触角鞭节红褐色，柄节、前中足转节、脚节和胫节，后足转节和腿节（除端部）黄褐或红褐色；头部下唇须和下颚须、前中足胫距和跗节、后足胫距、胫节基部、基跗节基部浅黄褐至黄白色；腹部基腹面黄褐或黄色；前后翅暗烟褐色。

头部：头部宽为高的 1.67 倍；上颊在复眼后方凸出，单眼呈矮三角形排列，前后单眼间距小于单眼直径 [(2～2.5)：(3.5～4)]，POL 等于或小于 OOL （6：7）；颜面密集刻点，有时刻点呈现纵皱，唇基有刻点；头顶和后头有微细稀疏刻点；触角端节长为宽的 2.6 倍，端前节长为宽的 2.1～2.3 倍。

胸部：胸部长、宽、高的比为：75：49：57；中胸盾片有刻点，小盾片平滑，仅在侧面具稀疏刻点，中胸侧板除上中部光滑外，其余部分密集浅刻点；并胸腹节中纵脊、基横脊明显，气门有脊包围，后侧区明显，稍光滑，其余有皱脊和皱纹。

翅：前翅 Pt 长为宽的 2.46～2.50 倍，r 出自 Pt 端部 1/3 处，约与 Pt 宽等长 [14：(12～13)]，1CU1：2CU1=(9～11)：(11～12.5)。

足：后足腿节长为宽的 3 倍，内距长为基跗节长的 0.74～0.77 倍，跗节爪具 4 齿（个别标本有 5 齿）。

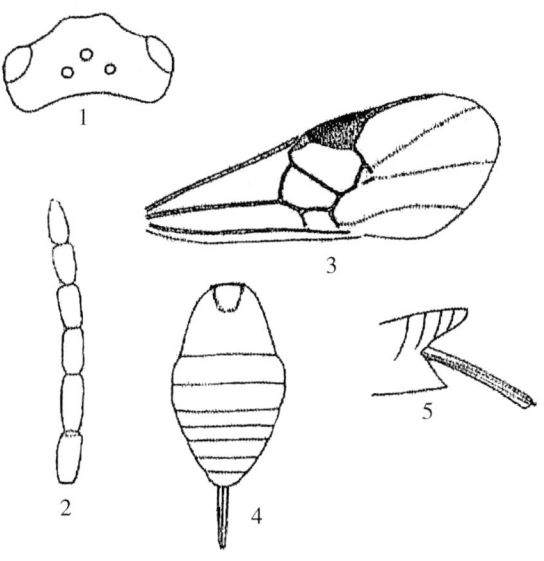

1. 头部背面观；2. 触角端节各节；3. 前翅；4. 腹基部 3 节背板；5. 腹部腹面示肛下板。

图 84　暗翅小腹茧蜂 *Microgaste obscuripennatus* You et Xia（仿夏白华，1991）

腹部：腹部长为胸部长的 1.06 倍，第 1 节背板基部宽：端部宽：长等于 (16～19)：(36～39)：(22～26)，除基部凹陷处光滑外，有粗糙的网皱和纵皱；第 2 节背板有皱纹，长为宽的 0.21～0.22 倍，为第 3 节背板长 0.80～0.83 倍。产卵管鞘长为后足胫长的 0.60～0.64 倍。

雄蜂体色较雌蜂色深，其余同雌蜂。

生物学：文献报道寄主为中带褐网蛾（窗蛾）*Rhodoneura sphoraria*（何俊华等，2004）。茧纯白色，单个，长 9mm，宽 3.8mm，辅以疏松白丝。

研究标本：3♀，1♂，浏阳，1985.8.1－2.，童新旺；1♀，浏阳，1985.9.29.，童新旺；2♀，浏阳，1985.7.26.，童新旺；3♀，浏阳，1985.8.7.，童新旺。

分布：湖南（浏阳）。浙江（何俊华等，2004）。

（88）玉米螟小腹茧蜂 *Microgaster ostriniae* Xu et He，2000（图 85）

Microgaster ostriniae Xu et He，2000. Entomotaxonomia，22（2）：135；He et al. 2004. In Hymenoptera Insect Fauna of Zhejiang，682；You et al. 2006，Fauna Hunan Hymenoptera Braconidae（Ⅰ），163.

体长：雌 2.7mm，前翅长 2.7mm。

体色：体黑色；触角（除柄节红黄色）暗褐色；颚须和唇须淡黄色；腹部第 1、第 2 节背板红褐色，第 3 节背板红黄色，其余背板黑色，肛下板红黄色。足基节红黄色；前中后足转节至跗节红黄色；各足胫节距红黄色。翅透明；Pt 黄褐色，大部分翅脉黄褐色。

头部：触角洼具皱纹。上颊在复眼后方弧形收窄。OD：APOL：POL：OOL = 2：2：4：6，颜面微拱，中央具刻点，上方具横皱，宽为高的 1.5 倍。唇基具刻点。头顶和额光滑。

胸部：前胸背板具网皱。中胸盾片具粗密刻点，在沿盾纵沟处呈皱纹，皱纹在后方汇合；中胸侧板前方和翅基下脊下方具粗密刻点和皱纹，基节前沟内具小脊。其余光滑。后胸侧板下方具粗糙网状皱纹，上方光滑。并胸腹节具粗糙皱纹，中纵脊发达，中纵脊中段向两侧发出数条横脊。

翅：前翅 Pt 长为宽的 2.7 倍，1－R1 脉分别为其至缘室端部距离的 Pt 长的 1.2 倍和 3.8 倍，r 脉从 Pt 中部稍外方伸出，r 脉：Pt 宽：2－SR 脉 = 5：7：5；小翅室四边形；第 1 盘室长为高的 1.3 倍；1－CU1 为 2－CU1 的 0.57 倍；m－cu 脉与 2－SR＋M 脉等长。

足：后足基节外侧光滑；后足腿节长为宽的 3.6 倍；后足胫节距长分别为基跗节的 0.53 倍和 0.46 倍。

腹部：腹部稍长于胸部。第 1 节背板长：基宽：端宽 = 15：10：19；具粗糙纵皱和网皱，两侧缘从基部至端部扩大。第 2 节背板矩形，宽为长的 2.9 倍，具粗糙

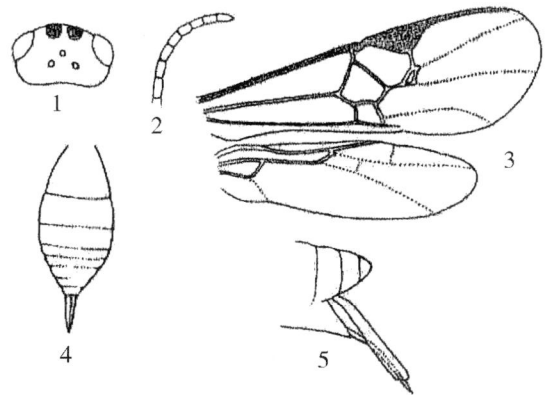

1. 头部背面观；2. 触角端节和端前节；3. 前后翅；4. 腹基部 3 节背板；4. 产卵管和产卵管鞘。

图 85　玉米螟小腹茧蜂 *Microgaster ostriniae* Xu et He（仿何俊华等，2004）

纵皱和网皱。第 3 节背板端部 1/2 及其后各节背板平滑。肛下板长，顶端接近腹部末端，具中纵皱。产卵管鞘长为后足胫节的 0.75 倍。

生物学：寄主为苍耳螟 *Ostrinia orientalis* Mutuura & Munrce，*Ostrinia furnocalis*（Guenee），茧长圆筒形、白色、群集、辅以白丝，置于苍耳秆内。

研究标本：10♀，8♂，长沙 1993.Ⅴ.5.；10♀，6♂，长沙，1994，Ⅷ.22.；澧县 8♀，2♂，1995.Ⅴ.10.；以上均游兰韶采。

分布：湖南。浙江、辽宁、山东（何俊华等，2004）。

（89）扁腹小腹茧蜂 *Microgaster planiabdominalis* You，2002（图 86）

Microgaster planiabdominalis You，2002，Journal Hunan Agricul. Uni.，28（6）：514.

体长：雌 4mm。

体色：体黑色。触角鞭节、梗节、上颚基部、足第 2 转节，后足腿节黑褐色；前足腿节基部、中足腿节、后足胫节端部、跗节（除基跗节基部黄白色外）、肛下板暗褐色；上颚端部、产卵管黄褐色，前足腿节端部、前中足胫节、跗节、胫节距、后足胫节基部黄褐色；后足胫节距黄白色；翅基片深棕色、翅半透明、前翅 Pt 及大部分翅脉深棕色。

头部：头部背面观宽为长的 1.5 倍。头顶光滑，前后单眼间距大于后单眼直径（3：2.5），后单眼间距稍小于单复眼间距（6.5：7），复眼高为宽的 2 倍，复眼在颜面下方收拢，颜面宽为高的 1.33 倍，具斜皱纹夹有密集的小刻点，唇基有刻点，触角比体稍短（134：137），鞭节第 1 节长为宽的 3.3 倍，端前节长为宽的 2 倍，端部几节连接如图 86，1。

胸部：胸部和头部等宽，其长、宽、高之比为 51：29：29，中胸盾片前方具密集刻点呈微皱，后方刻点稀少，小盾沟较宽，具小脊 8 条，小盾片具微小刻点，中胸侧板前沿及翅基下脊下方具微细刻点，后胸侧板上方光滑，下方具网状皱脊，并

127

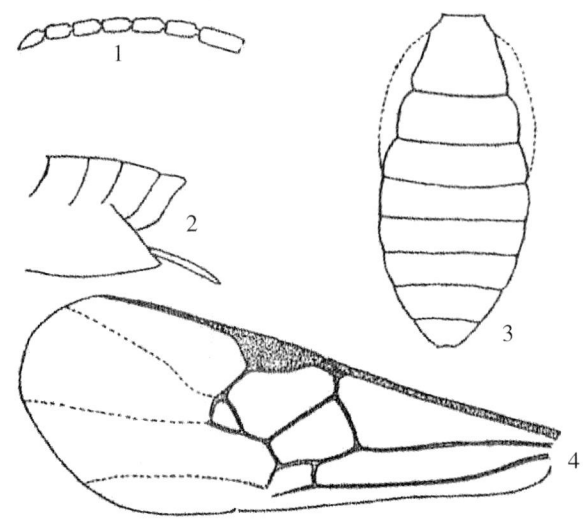

1. 触角端部各节；2. 腹末侧面观，示肛下板；3. 腹部背面观；4. 前翅。

图 86 扁腹小腹茧蜂 *Microgaster planiabdominalis* You，2002（仿夏白华，1991）

胸腹节具网状皱纹，中纵脊、侧纵脊明显。前翅长为宽的 2.45 倍，Pt 长为宽的 2.5 倍，1－R1 脉长为它与径室端部距离的 3 倍，r 脉从 Pt 中部之后伸出，长略大于 Pt 的宽（9∶8），小翅室较大，三角形，第 1 盘室长为高的 1.3 倍，1－CU1 与 2－CU1 等长，1－m 脉长为 m－cu 脉的 2 倍，1－m 脉上段长为下段长的 1/3（图 86，4），后翅 cu－a 脉直，肘室正常。

　　腹部：腹部扁平，长于胸部（68∶51），第 1 节背板长、基宽、端宽之比为 18∶10∶21，第 2 节背板宽为长的 2.5 倍（图 86，3），稍长于第 3 节背板（10∶9），第 1、第 2 节背板具网状粗糙刻纹，第 3 节背板及其后各背板平滑。第 1 至第 3 节腹板扩大，肛下板大，强骨化，顶端达腹末（图 86，3），产卵管鞘短于后足胫节长度之半。

　　生物学：未知。

　　研究标本：1♀，青海都阑（海拔 3080m），1954. 马世骏采。

　　分布：青海。

　　注：本种背腹扁平，腹部极扁，可区别于本属的其他种。

（90）大豆卷叶螟小腹茧蜂 *Microgaster* sp.（图 87）

　　体长：雌 3.4～3.6mm。

　　体色：头部，胸部及腹部第 1 节背板（除端部中央暗黄褐色，有时整个端半部暗褐色外），产卵管鞘黑色，触角鞭节褐色，触角柄节、梗节，前足腿节、中足腿节和胫节，后足基节，腹部第 2 节背板及其后各背板（有时末端背板中央具黑色）和腹板黄褐色。上颚红黄褐色。下颚须、前足（除腿节）、中足（除腿节和胫节）、后足转节、胫节距、肛下板浅黄色。翅烟色、前翅 Pt 和翅脉暗褐色。Pt 下方和 1－

M 脉及 2-1A 脉之间具烟褐色斑。

头部：头部宽为长的 1.5 倍，头顶光滑具光泽；单眼呈矮三角形排列（图 87，1），前、后单眼间距小于后单眼的直径（2：3）；后单眼间距小于单复眼间距（4.5：7）；复眼高为宽的 1.5 倍，两复眼在颜面下方稍微收拢，颜面两边具斜皱，中央上方的 2/5 具一纵皱脊和横皱，下方约 3/5 具点状纵皱，唇基具浅刻点，有光泽。颊比上颚基部之宽短，具刻点，触角比体长稍短。鞭节第 1 节长为宽的 3.3 倍，端前节长为宽的 2 倍。

胸部：胸部比头部略宽，长为高的 1.7 倍。其长、宽、高之比为 54：80：33，中胸盾片前方呈网状浅皱，后方具刻点，小盾沟较宽，内具小脊 6～7 枚，小盾片光滑，边缘具浅刻点，中胸侧板中央光滑，前方及翅基下脊下方具网状皱脊，后方具刻点。后胸侧板具粗糙的网状皱脊，并胸腹节中纵脊，侧纵脊明显，中央具横皱脊。前翅长大于最大宽度的 2.5 倍（112：46），Pt 长为宽的 3 倍，r 脉从 Pt 端部伸出，r 脉长小于 Pt 宽（6.5：8）；1-R1 脉长于 Pt，为它与径室端部距离的 2.5 倍；第 1 盘室延长，长为高的 1.5 倍，1-CU1 比 2-CU1 脉短，1-M 长为 m-cu 脉长

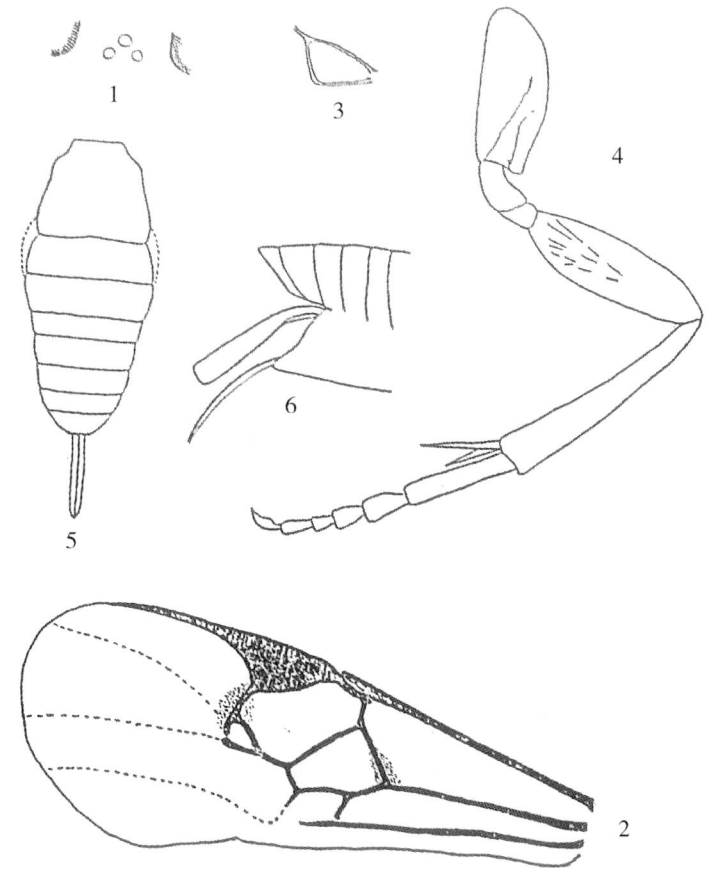

1. 单眼；2. 前翅；3. 后翅小脉；4. 后足；5. 腹部背面观；6. 腹部末端侧面观示肛下板。

图 87 大豆卷叶螟小腹茧蜂 *Microgaster* sp.（仿夏白华，1991）

的 2 倍（图 87，2）；1 - SR 长大于 1 - M 脉长的 1/3（5：12）；后翅 cu - a 脉直（图 87，3）。后足基节长大于腹部长度的一半，上方具细刻纹，腿节长为宽的 3.5倍。胫节内距长大于基跗节长的 4/5（图 87，4）。

腹部：腹部稍长于胸部，第 1 节背板长、基宽、端宽之比为 20：12：24；第 2节背板宽为长的 3.5 倍，与第 3 节背板等长（图 87，5）；第 1 节背板具浅刻点，刻点在中凹附近密集呈皱纹状，第 2 节背板具浅刻点；第 3 节背板及其余各背板平滑，肛下板光滑，无褶皱，顶端未达腹部末端（图 87，6）；产卵管鞘长为后足胫节长度的一半。

雄蜂：未知。

生物学：寄主大豆卷叶螟 Sylepta ruralis Scopoli；茧白色，椭圆形，长 5mm，宽 1.4mm。

研究标本：1♀，陕西省西安，1990.Ⅵ 11.12.，夏白华采。1♀，湖南西湖农场，1988.Ⅷ.24.，戴本柱采；3♀，湖南建新农场，1980.Ⅶ.29.，徐璨自大豆卷叶螟幼虫体内育出，茧 6 个；1♀，湖南建新农场，1981.Ⅶ.17.，徐璨自豆姬螟（?）幼虫育出。

分布：陕西（西安），湖南（常德，岳阳）。

(91) 黄褐小腹茧蜂 *Microgaster ravus* You et Zhou，1996（图 88）

Microgaster ravus You et Zhou，1996，Acta Zootaxonomica Sinica，21
　　(4)：214.

体长：雌 3.4mm。

体色：体黄褐色，多微毛；触角炳节、梗节、腹基部侧背板、各足胫节距、后足胫节基部黄白至白色。翅透明，前翅 Pt 和翅脉黄褐色，Pt 下方和翅外缘具暗斑。

头部：头横宽，背面观宽约长的 1.7 倍，头顶光滑或具极微细刻点，上颊在复眼后方圆形收缩，前后单眼间距小于后单眼直径（2：3），后单眼间距小于单复眼间距（5：8）（图 341）；复眼大，侧面观高为宽的 1.7 倍。颜面平，有皱纹，宽为高的 1.3 倍，唇基有微细刻点。触角粗，鞭节第 1 节长为宽的 2.8 倍，端前节长为宽的 1.8 倍，端部各节连接如图 88，2。

胸部：胸部（含翅基片）宽于头部（1.23：1），长、宽、高之比为 1.39：1.28：1，中胸盾片仅具微弱的刻点，前盾沟较宽，内具小脊 5 枚，小盾片光滑；中胸侧板仅在前方和翅基下脊下方具浅刻点，其余部分光滑；后胸侧板上方部分光滑，下方部分有刻点和皱纹；并胸腹节中纵脊、侧纵脊及基横脊明显，从中纵脊后段有数条斜脊伸至基横脊，基横脊上方具皱纹，气门被脊包围，后侧区稍光滑。前翅长为最大宽度的 2.6 倍，Pt 长为宽的 2.2 倍，1 - R1 脉长为其至径室端部距离的 2.6 倍，r 脉从 Pt中部偏外方处伸出，它的长和 Pt 宽相等，小翅室四边形，第 1 盘室长为高的 1.24倍，1 - CU1 和 2 - CU1 脉等长，1 - M 长为 m - cu 长的 2.33 倍，1 - SR 长与 1 - M

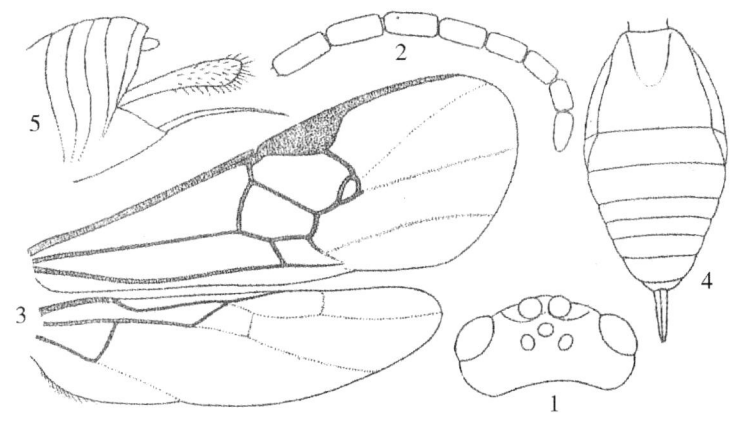

1. 头部背面观；2. 触角端部；3. 前后翅；4. 腹部背面；5. 产卵器和肛下板。

图 88 黄褐小腹茧蜂 *Microgaster ravus* **You et Zhou，1996**（仿夏白华，1991）

长的比为 2：7；后翅 cu-a 脉直，肘室正常（图 88，3）。后足基节具稀疏浅刻点，末端超过腹部中央，腿节长为宽的 3.3 倍，胫节内距长为基跗节长的 0.73 倍。

腹部：腹部长于胸部（1.16：1），第 1 节背板长、基宽、端宽之比为 1.6：1：1.8，第 2 节背板宽为长的 3.56 倍，约与第 3 节背板等长，第 1 节背板基部光滑，其余具刻点，在端部及两侧刻点密集呈皱纹，第 2 节背板具密集的刻点，第 3 节背板及其后各背板平滑（图 88，4）。肛下板小，全部骨化，顶端不达到腹部末端（图 88，5）产卵管鞘长于后足胫节长的一半（1：1.78）。

雄蜂：未知。

生物学：采于甘蔗地。

研究标本：1♀，广西大新县桃城，1980.Ⅺ.15.，周至宏采（甘蔗）。

分布：广西。

（92）赵氏小腹茧蜂 *Microgaster zhaoi* **Xu et He，1997**（图 89）

Microgaster zhaoi Xu et He，1997，Wuyi Sci. Jour. 13：76；陈家骅等，
　　2004，中国小腹茧蜂，219.

体长：雌 3mm。

体色：体黑色；触角鞭节褐色；下颚须、下唇须、前中足（基节除外）、后足转节、胫节基部约 1/3 与胫距、产卵管黄色、翅基片棕色，翅微烟色、前翅 Pt 及大部分翅脉褐色；Pt 下方有烟褐色斑，翅外缘色较深。

头部：头部背面观宽为长的 1.72 倍，头顶有稀疏小刻点；前后单眼间距为后单眼直径的一半，后单眼间距与单复眼间距之比为 5：6（图 89，1），颜面宽为高的 1.2～1.4 倍，有一中纵脊自触角窝向下伸达颜面中央，两旁有横皱；唇基有刻点。触角鞭节第 1 节长为宽的 2.63～2.64 倍，端前节立方形或近似立方形，端部各节连接如图 89，2。

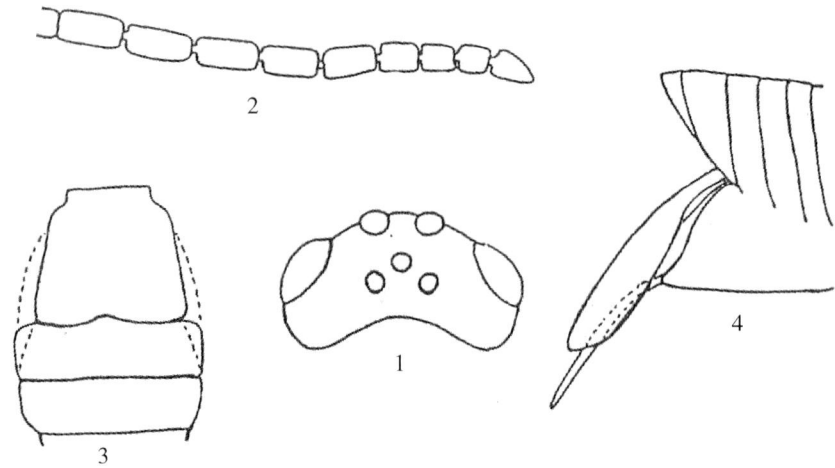

1. 头部背面观；2. 触角端部各节；3. 腹部背板第 1～3 节；4. 腹部末端侧面观示肛下板。

图 89　赵氏小腹茧蜂 *Microgaster zhaoi* Xu et He，1997（仿夏白华，1997）

胸部：胸部稍宽于头部，其长：宽：高为 52：32：34，中胸盾片前方有皱纹，后方有稀疏小刻点，在小盾沟前光滑；小盾沟内有小脊 5～7 枚，小盾片光滑；中胸侧板前方及翅基下脊下方有刻点，其余部分光滑；后胸侧板上方光滑，下方有网状皱纹和刻点；并胸腹节有明显皱纹和中纵脊。

翅：前翅 Pt 长为宽的 2.7～3.0 倍；1‑R1 脉长为其至径室端部距离的 2.3～2.5 倍；r 脉从 Pt 中部稍后伸出，其长等于或稍小于 Pt 的宽 [(8～9)：9]，第 1 盘室长为高的 1.34～1.36 倍，1‑CU1 稍长于 1‑CU2 脉（9：8），1‑M 长为 m‑cu 脉长的 2.17 倍，1‑SR 长为 1‑M 脉长的 0.30 倍；后翅 cu‑a 脉直。

足：后足基节外侧光滑，上方有刻纹，长大于腹部长度的一半（32：50），腿节长约为宽的 3 倍，胫节内距长为基跗节长的 0.81 倍。

腹部：腹部约与胸部等长（50：52），第 1 节背板长：基宽：端宽等于 16：11：(20～21)，第 2 节背板宽为长的 3 倍（图 89，3），长于第 3 节背板 [(8～8.5)：(7～7.5)]，第 1 节背板有纵皱纹，第 2 节背板具皱纹和刻点；第 3 节背板及其后各节背板平滑。肛下板大，骨化强，末端伸过腹部末端（图 89，4）；产卵管鞘约与后足跗节 1+2 之和等长。

雄：触角比体长，腹部基部下方色稍深，其余同雌蜂。

生物学：未知。

研究标本：1♀，福建挂挡，1985.Ⅶ.2，黄东宏采。

分布：福建。

（93）泰山小腹茧蜂 *Microgaster taishana* **Xu，He et Chen，1998**

Microgaster taishana Xu，He et Chen，1998，Acta Zootaxonomica，Sinica.23（3）：302；Chen et Song，2004，中国小腹茧蜂，218.

Microgaster taishanensis（！）Xu，He et Chen，1998，Acta Zootaxonomica Sinica，23（3）：303（图注）。

分布：山东泰山。

注：同一篇论文描述同一个新种，不同页码使用了 2 个不同的拉丁学名，其中有一个图注上的学名拼写错误（misspelling）。

(94) 德都小腹茧蜂 *Microgaster* sp. （图 90）

Microgaster sp.，Mason，1981，Mem. Entomol. Soc. Can.，115，80.

体长：2.8mm。

体色：体黑色，触角梗节、鞭节、上颚基部、产卵管鞘黑褐色，后足跗节暗褐色，上颚端部、产卵管红黄褐色；前中足从第 2 转节到跗节（除腿节基部下方昏暗外）、后足第 2 转节到跗节（除腿节基部下方和端部上方黑色，胫节端部暗褐色外）

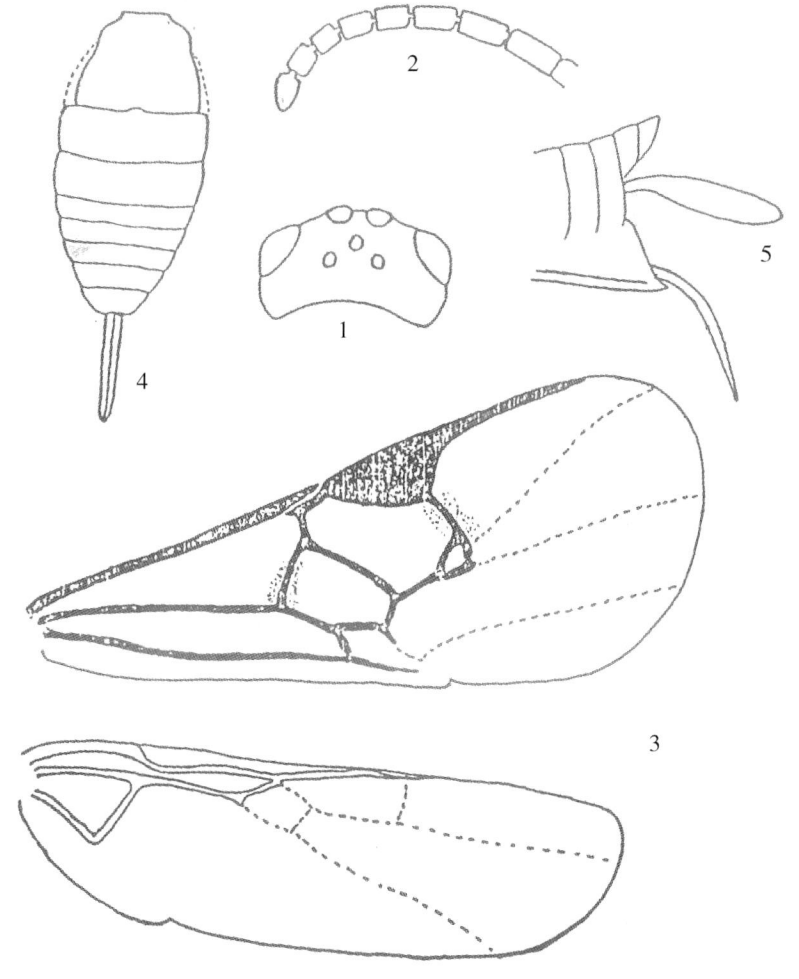

1. 头部背面观；2. 触角端部各节；3. 前、后翅；4. 腹部背面观；4. 腹部末端侧面观示肛下板。

图 90　德都小腹茧蜂 *Miorogaster* sp.（仿夏白华，1991）

黄褐色；下颚须、后足胫节距、肛下板（除端缘暗褐色外）淡黄色。翅淡烟色，前翅 Pt 及大部分翅脉深棕色；Pt 下方、1－M 附近有浅褐色斑。

头部：头部背面观宽为长的 1.6 倍，头顶光滑，后头有刻纹，前后单眼间距等于后单眼直径，后单眼间距等于单复眼间距（图 90，1）；颜面宽为高的 1.55 倍，上方具短横皱纹，中央纵皱脊达颜面中部，下方两侧有斜皱纹，中部有刻点；唇基具微小刻点，颊具浅皱纹；触角鞭节第 1 节长为宽的 3.2 倍，端前节长为宽的 1.2 倍。端部各节连接如图（90，2）。

胸部：与头部等宽。其长：宽：高＝42：27：30；中胸盾片具浅刻点，刻点在前方密集呈皱状，后方稀疏，小盾沟有小脊 8 枚；小盾片有分散的微小的刻点；中胸侧板前方及翅基脊下方有浅刻点，其余部分光滑；后胸侧板上方光滑，下方具网状皱纹；并胸腹节除中纵脊明显外，有网状皱纹和刻点。前翅长为其最大宽的 2.6 倍；Pt 长为宽的 2.3 倍，1－R1 脉长为其至径室端部距离的 2.1 倍；r 自 Pt 端部伸出，长度小于 Pt 的宽（7：9）；小翅室近三角形，第 1 盘室长为高的 1.3 倍，1－CU1 脉略长于 1－CU2（7：6），1－M 长为 m－cu 长的 2.25 倍，1－SR 长为 1－M 长的 0.44 倍；后翅 cu－a 脉直，肘室正常（图 90，3）。后足基节外侧有刻点，内侧有稀疏皱纹，长大于腹部长的一半（25：44），腿节长为宽的 3 倍，胫节内距长为基跗节长的 4/5，后爪基部有一小刺。

腹部：腹部稍长于胸部（44：42）。第 1 节背板骨化部分边缘弯曲，其长：基宽：端宽等于 15：9：21；第 2 节背板宽为长的 3.29 倍（图 90，4）。比第 3 节背板稍长（7：6）；第 1.2 节背板具网状皱纹和刻点，第 3 节背板及其余各节背板平滑。肛下板骨化弱，有褶皱，端部达到腹部末端（图 90，5），产卵管鞘有柄，端部尖细，为后足胫节长的一半。

雄：同雌蜂。

研究标本：1♀，1♂，黑龙江德都县，1989.Ⅶ.30.，夏白华。

分布：黑龙江德都县。

注：本种产卵管鞘有柄，端部尖细。

（95）洞庭小腹茧蜂 *Microgaster* sp.（图 91）

Microgaster sp.，Mason，1981，Mem. Entomol. Soc. Can.，115，80.

体长：雌 3～3.2mm。

体色：雌体黑色。上颚基部，产卵管鞘黑褐色；触角梗节，鞭节，后足跗节各节的端部暗褐色；上颚端部，足转节、腿节、胫节（除后足胫节末端黑褐色），后足跗节各节的基部，腹部第 3 节背板黄褐色；下颚须、足胫节距、前中足跗节淡黄色；腹部腹板从基部到端部颜色加深，依次为淡黄—暗褐—黑褐。翅淡烟色，前翅 Pt 及大部分翅脉棕色。

头部：头部背面观宽为长的 1.6 倍（图 91，1），头顶有很细的刻点，额光滑，前后单眼间距小于后单眼直径（2：2.5），后单眼间距大于单复眼间距（6：5.5）。颜面中部隆起，宽为高的1.4倍，其余有皱纹及刻点，唇基和颊有刻点。触角鞭节第1节长为宽的3倍，端前节长为宽的1.6倍，端部各节连接如图91，2。

胸部：胸部比头部稍宽，其长：高：宽为48：34：30，中胸盾片具刻点，刻点在盾片两侧及盾纵沟处密集，小盾沟有小脊7～9枚；小盾片光滑，中胸侧板前方及翅基下脊下方有浅刻点，其余光滑；后胸侧板上方光滑，下方具网状皱纹；并胸腹节中纵脊和侧纵脊明显，其余为皱脊和刻点。

翅：前翅Pt长为宽的2.65倍；1-R1长为其至径室端部距离的2.5倍，r从Pt端半部伸出，r与Pt宽相等，小翅室近三角形，第1盘室正常，长为高的1.27倍，1-CU1稍长于1-CU2（8：7），1-M长为m-cu长的2.2倍，1-SR长为1-M长的1/3，后翅cu-a直（图91，3）。

足：后足基节内侧有刻纹、刻点，腿节长为宽的3.2倍，胫节内距为基跗节长的0.74倍。

腹部：长于胸部，第1节背板长：基宽：端宽为17：11：24；第2节背板宽为长的3倍，与第3节背板等长（图91，4）。第1～2节背板有明显纵皱脊和刻点，第3节背板及其后各节背板平滑，肛下板骨化弱，沿中线处折叠，有褶皱，端部达到腹部末端（图91，5）；产卵管鞘长为后足胫节长的0.47倍。

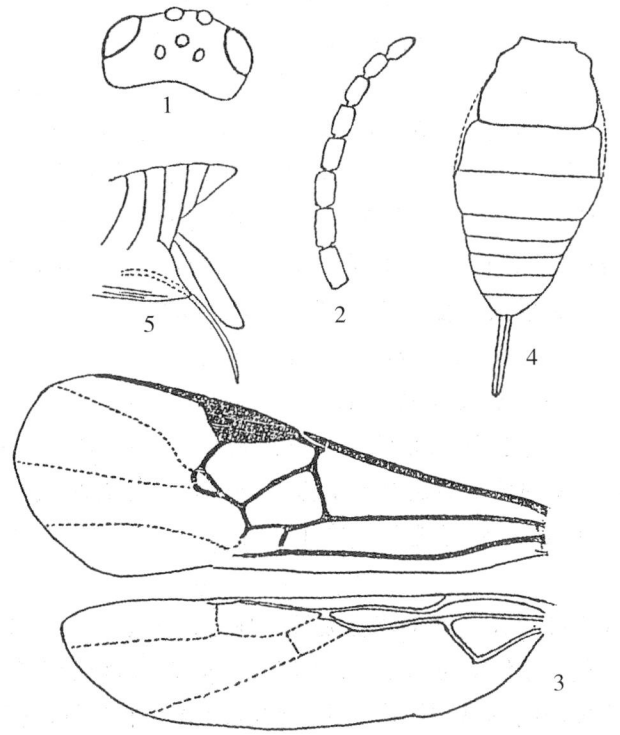

1. 头部背面观；2. 触角端部各节；3. 前、后翅；4. 腹部背面观；5. 腹部末端侧面观肛下板。

图91　洞庭小腹茧蜂 *Microgaster* sp.（仿夏白华，1991）

雄蜂：前翅 1－CU1 和 2－CU1 等长或 1－CU1 稍长于 2－CU1（8∶7）。

生物学：未知。

研究标本：29♀，32♂，湖南西洞庭湖农场，1988.Ⅷ.23.，夏白华采。

分布：湖南（西洞庭湖农场）。

注：本种和 *M. hospes* Marshall 相似，但本种头顶无刻纹，触角端前节长为宽的 1.6 倍，腹部第 1 节背板端部宽为基部宽的 2.1 倍可与之区别。

（96）五大连池小腹茧蜂 *Microgaster* sp.（图 92）

Microgaster sp.，Mason，1981，Mem. EntomoI. Soc. Can.，115.80.

体长：2.5mm。

体色：雌体黑色，中足腿节（末端黄褐色除外）黑褐色，后足胫节端部、跗节暗褐色，前、中足胫节、跗节，后足胫节基部红黄褐色；肛下板浅褐色；上颚端部浅黄褐色；下颚须，足胫距淡黄色。翅浅褐色；前翅 Pt 和大部分翅脉棕色，Pt 下方和 1－M 附近具烟褐色斑。

头部：头部背面观宽为高的 1.76～2.0 倍；头顶单眼与复眼之间光滑，余具刻纹。前后单眼间距与后单眼直径相等；后单眼间距等于或稍小于单复眼间距［(5∶5)～(6∶6)］；复眼高为宽的 1.5 倍（图 92，1）；颜面宽为高的 1.3 倍，上方具横刻纹，下方两侧具斜刻纹，中央具浓密刻点，呈皱状，中部纵皱脊从触角窝下方伸至颜面约 2/5 处；唇基、上颚具刻点。触角比体长（126∶113），鞭节第 1 节长为宽的 3 倍，端前节长为宽的 1.4～1.45 倍，端部各节连接如图 92，2。

胸部：胸部比头部稍宽［(30～31)∶(29～30)］，其长、宽、高之比为（47～48)∶(30～31)∶(33～34)；中胸盾片具刻点，刻点在前方较密呈皱状，后方稀少，小盾沟具小脊 9～11 枚；小盾片具微小刻点，有光泽；中胸侧板前方及前沿具刻点，其余部分光滑；后胸侧板上方光滑，下方具网状皱纹；并胸腹节中纵脊明显，具网状皱纹。前翅长为最大宽度的 2.8 倍，Pt 长为宽的 2.3 倍。1－R1 比 Pt 稍长，为它与径室端部距离的 1.7～20 倍，r 从 Pt 端部伸出，长度小于 Pt 的宽（7∶9）；小翅室近三角形，第一盘室长为高的 1.2～1.3 倍，1－CU1 稍短于 1－CU2（6∶7）；1－M 长为 m－cu 脉长的 2.2 倍，1－SR 长为 1－M 长的 0.35～0.36 倍（图 92，3）；后翅 cu－a 稍内弯。后足基节上方具刻点，外侧有刻纹，长大于腹部长度的一半［(28～29)∶48］，后足腿长为宽的 3.1～3.3 倍，胫节内距为基跗节长的 0.70～0.72 倍。

腹部：腹部和胸部等长，第 1 节背板长、基宽、端宽之比为（15～16)∶(10～11)∶24，第 2 节背板宽为长的 3.5～3.9 倍，与第 3 节背板等长或比其稍长（图 92，4)，第 1 节背板两侧具纵刻纹，中央呈网状凹窝，第 2 节背板呈网状凹陷，第 3 节背板基部约 1/3 具刻点，端部及其余背板平滑，肛下板强烈骨化，顶端较尖，未达腹末（图 92，5）；产卵管鞘长为后足胫节长的 0.51～0.59 倍。

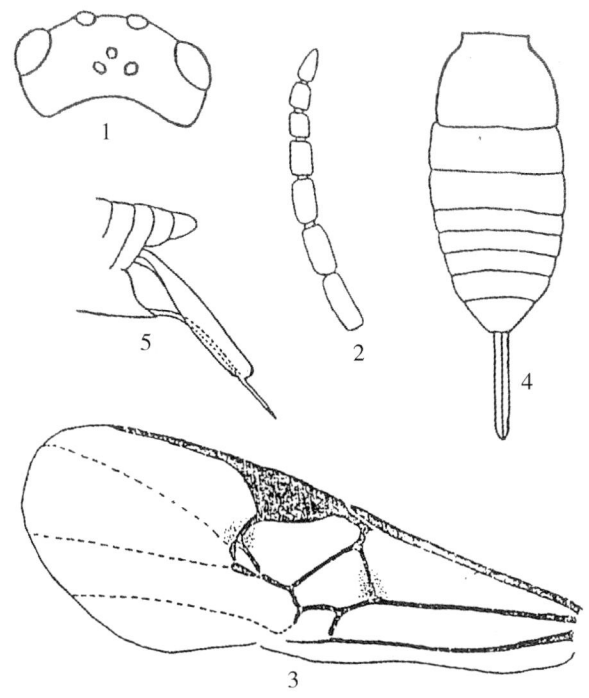

1. 头部背面观；2. 触角端部各节；3. 前翅；4. 腹部背面观；5. 腹部末端侧面观示肛下板。

图 92　五大连池小腹茧蜂 Microgaster sp. （仿夏白华，1991）

雄蜂：未知。

生物学：未知。

研究标本：3♀，黑龙江五大连池，1989.Ⅶ.31.，夏白华采。

分布：黑龙江五大连池。

注：本种和黑龙江小腹茧蜂 Microgaster sp. 相似，但本种头部宽为高的 1.7 倍以上。前翅 Pt 长小于宽的 2.5 倍，腹部与胸部等长，肛下板顶端尖锐可与之区别。

(97) 黑龙江小腹茧蜂 Microgaster sp. （图 93）

Microgaster sp.，Mason，1981，Mem. Entomol. Soc. Can.，115.80.

体长：雌 4.2～4.5mm。

体色：雌体黑色。触角梗节、鞭节黑褐色；上颚，前、中足腿节端部，胫节，跗节，各足第 2 转节端部下方红黄褐色；下颚须淡褐色；肛下板黄色。翅基片棕色；翅浅褐色，前翅大部分翅脉和 Pt 黑褐色，Pt 下方具褐色斑。

头部：体被白色柔毛，头部背面观宽为高的 1.5 倍，头顶有浅刻纹，单眼着生处隆起，呈矮三角形排列，前后单眼间距和后单眼直径相等。后单眼间距略大于单复眼间距 [（7～8）:（6～7）]；触角窝具刻纹，复高眼为宽的 1.3 倍（图 93，1）；颜面宽为高的 1.4～1.5 倍，上方具刻纹，下方具刻点，唇基，上颊具刻点，触角

137

鞭节第 1 节长为宽的 3.0～3.2 倍，端前节长为宽的 1.3～1.6 倍。

胸部：胸部稍宽于头部，它的长、宽、高之比为（58～61）:（36～39）:（42～45）；中胸盾片具刻点，刻点在前方密集，向后减少，至小盾沟前为微小分散的刻点，小盾沟较宽，具小脊 5～7 枚，小盾片光滑；中胸侧板除前沿及翅基下脊下方具刻纹外光滑；后胸侧板上方部分光滑，下方具网状粗皱纹，并胸腹节中纵脊、侧纵脊明显，且具网状皱纹。前翅 Pt 长为宽的 2.6 倍，1-R1 与 Pt 等长，其长为它与径室端部距离的 1.7～2.0 倍；r 从 Pt 端半部伸出，长略小于 Pt 的宽［(8～10):(10～11)］；小翅室四边形；第 1 盘室长为高的 1.2～1.3 倍；1-CU1 等于或稍长 1-CU2［(8～9):(9～10)］；1-M 长为 m-cu 长的 2.1 倍；1-SR 长为 1-M 长的三分之一；后翅 cu-a 内弯（图 93，2）。后足基节上侧具刻纹；后足腿节长为宽的 3.0～3.1 倍，胫节内距长为基跗节长的 3/4。

腹部：长于胸部［(67～69):(58～61)］；第 1 节背板长、基宽、端宽之比为 21～22-15～15.5:29～31；第 2 节背板宽为长的 3.5～3.7 倍（图 93，3）。比第 3 节背板稍长［(10～11):(9～10)］，第 1、第 2 节背板具纵向皱刻纹，中央呈网状；第 3 节背板及其后各节背板平滑，肛下板骨化弱，中央折叠，具褶缝，顶端在腹末

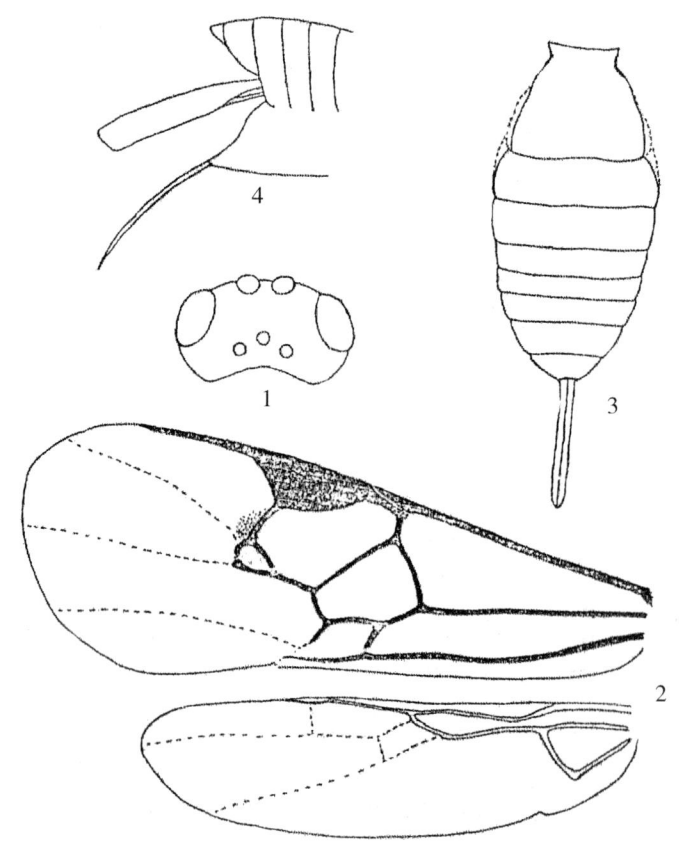

1. 头部背面观；2. 前、后翅；3. 腹部背面观；4. 腹部末端侧面观示肛下板。

图 93　黑龙江小腹茧蜂 _Microgaster_ sp.（仿夏白华，1991）

之前（图 93，4）；产卵管鞘长为后足胫节长的 0.63 倍。

雄蜂：未知。

生物学：未知。

研究标本：3♀，黑龙江五大连池，1989.Ⅵ.31.；夏白华采。

分布：黑龙江五大连池。

注：本新种和 *M. subcompleta* Nees，1834 相似，但本种产卵管鞘有毛部分长为后足胫节长的 0.63 倍，后翅小脉内弯明显可以区别。

（98）贵州小腹茧蜂 *Microgaster* sp. （图 94）

Microgaster sp.，Mason，1981，Mem. Entomol. Soc. Can.，115，80.

体长：雌 3.8mm。

体色：体黑色。唇须浅黄，产卵管鞘，基节、转节黑褐色，后足胫节（除基部 1/4 红黄褐色）、跗节（除跗节基节基部黄褐色）暗褐色，腿节（除基部和后足腿节端部色暗）红黄褐色；前足胫节中足胫节、跗节、所有足胫距，腹部 1～3 节腹板，肛下板黄褐色。翅烟褐色，Pt 和多数翅脉褐色。

头部：背面观头部宽为长的 1.5 倍（图 94，1），头顶除单眼区外有微细刻纹，单眼矮三角形，OD：APOL：POL：OOL＝3：2：5.5：7，触角窝光滑；复眼长为宽的 1.29 倍；颜面有横置刻纹，宽为高的 1.3 倍，唇基有刻点；头顶、复眼、上颊和颜面复有柔毛，触角长于体（84：67），鞭节第 1 节长为宽的 2.8 倍，端前节长为宽的 2 倍（图 94，2）。

胸部：胸部比头宽（35：33），其长：高：宽之比（翅基片向）为 58：35：39；中胸盾片前段具较密的刻点，后段刻点弱；小盾片前沟宽，其内具小纵脊，小盾片多光滑，有微细小刻点；中胸侧板光滑，翅基片下部有微细刻点；后胸侧板上部光滑，下部有粗糙的网状皱纹；并胸腹节中部密布皱纹，基部皱纹稀疏，有中纵脊。前翅长为宽的 2.56 倍，Pt 长为宽的 2.5 倍，1-R1 长为其至径室端部距离的 1.86 倍，长和 Pt 等长，r 出自 Pt 中部之后，斜置，第 2 肘室多为三角形，第 1 盘室长为高的 1.23 倍，1-CU1 和 2-CU1 等长，1-M 长为 m-cu 长的 2.5 倍（图 94，3）。后翅亚缘室较短，cu-a 中部内弯（图 94，4）。后足基节两侧光滑，背方有刻点，后足腿节长为宽的 3.0 倍，内距为跗节基节长的 0.72 倍。

腹部：腹部比胸部短（27：29），腹部第 1 节背板长：基宽：端部宽为 14：11：25，第 2 节背板宽为长的 3.2 倍，和第 3 节背板等长（图 94，5），第 1、第 2 节背板有粗糙的网状皱纹，中部纵皱明显；第 3 节背板及后续背板光滑，肛下板骨化弱，下方有褶和纵细线，并不突出超过腹末，产卵管鞘较短，为后足胫节长的 0.45 倍（图 94，6）。

雄蜂：体小，其余同雌蜂。

生物学：未知。

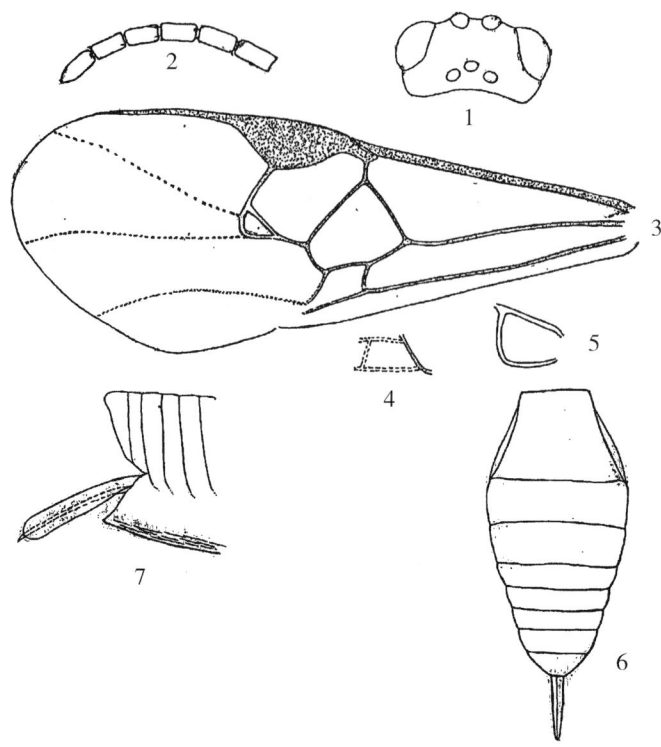

1. 头部背面观；2. 触角端段；3. 前翅；4. 后翅亚缘室；5. 后翅 cu - a；6. 腹部；7. 下肛下板。

图 94 贵州小腹茧蜂 *Microgaster* sp. （仿夏白华，1991）

研究标本：1♀，贵州，1990.Ⅶ.30.，谌电周；1♂，贵阳阿哈水库，2001. Ⅹ. 21.；2♀，贵阳，顺海林场，2002.Ⅸ.26.，以上均罗庆怀采。

分布：贵州省（贵阳）。

注：本种和泰山小腹茧蜂 *Microgaster taishana* Xu，He & Chen 相似，不同点在于本种头部背面观宽为长的 1.5 倍；复眼高为宽的 1.29 倍；前翅长为宽的 2.5 倍；1 - R1 长为其至径室端部距离的 1.86 倍；腹部短于胸部。

15. 近克氏茧蜂属 *Neoclarkinella* Rema & Narendran，1996

(99) 黄足近克氏茧蜂 *Neoclarkinella vitellinipes*（You et Zhou，1990）（图 95）

Apanteles vitellinipes You et Zhou，1990，昆虫分类学报，7（2）：151；陈家骅等，2004，中国小腹茧蜂，220，221.

Apanteles nilamburensis Sumodan et Narendran，1990，Jour. Ecol.，2（3）：239（synonym）.

Iconella vitellinipa（You et Zhou），Xiao et al，2002，Jour. Hunan Agricul. Univ. 28（1）：36；Yu et al.，2005，World Ichneamonoidea 2004，Taxapad CD/DVD.

Neoclarkinella nilamburensis Rema & Narendran 1996，J. Bombay nat. Hist. Soc.，93：265；陈家骅等，2004，中国小腹茧蜂，220.

Neoclarkinella vitellinipes（You et Zhou）. 陈家骅等，2004，中国小腹茧蜂，220；Yu et al.，2005，World Ichneamonoidea 2004，Taxapad CD/DVD.

体长：雌 3.0mm（不包括产卵管）。

体色：雌体黑色。触角柄节、梗节、下颚须、翅基片、足（包括基节）、腹部第 1 节背板基部凹陷部分、第 1 至第 3 节背板侧膜边缘和产卵管黄色；触角鞭节、前翅 C＋Sc＋R 脉、Pt.1－R1 脉、产卵管鞘深褐色；其他翅脉褐色。

头部：头横置，背面观头在复眼后方微隆出，不宽于胸（5：6）；颜面有稀疏刻点及隐现的中纵皱；头顶和后头除在单眼后方光滑外，均有密集的微细刻点。下颚须长于复眼纵径（3.7：3）；侧单眼间距与复眼间距等长，为侧中单眼间距的 2.66 倍；触角（第 18 节失落）长于体。

胸部：胸部中胸盾片至小盾片长、宽和厚之比为 10：10：9。前胸背板光滑，背沟缺。中胸盾片有均匀的小刻点。小盾沟浅，有脊 5～6 个，小盾片具稀疏浅刻点；并胸腹节有明显的中纵脊，基横脊明显，与气门后方由侧脊伸出的斜脊相连（图 95，3）；中胸侧板前段有刻点，后段光滑有光泽。翅微暗，烟色。前翅约与体等长，其余见图 95，1。后足基节约与腹部第 3 节等长，外侧刻点明显；后足胫距不等，内外距分别为基跗节长的 3/5 和 1/3。

腹部：腹部略长于胸部（7.8：7.0）。第 1 节背板长约为最宽处的 1.8 倍，后端明显收窄，除基部凹陷处大而光滑外，均有明显刻点；第 2 节背板中域三角形，有微弱横皱，第 3 节背版及以后背板光滑有光泽（图 95，2）。肛下板小，末端尖；

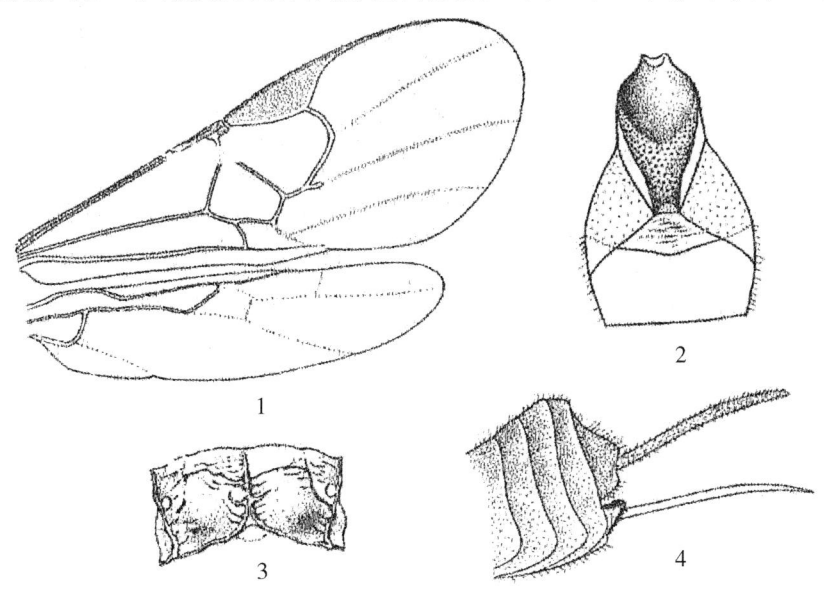

1. 前后翅；2. 腹基部背板；3. 并胸腹节；4. 产卵管和产卵管鞘。

图 95　黄足近克氏茧蜂 *Neoclarkinella vitellinipes*（You et Zhou，19901）（产地中国广西）

产卵管鞘微长于后足跗节基节（20：19）（图95，4）。

雄：未知。

生物学：未知。

研究标本：1♀，广西百色，1982.Ⅶ，Ⅸ.；1♀，广西环江县，1981.Ⅳ.，均周至宏采。

分布：广西。湖北、福建、云南（陈家骅等，2004）。国外分布于印度。

注：游兰韶、周至宏（1990）的黄足绒茧蜂 *Apanteles vitellinipes* You et Zhou 与印度 Sumodan P. K. 和 T. C. Narendran（1990）的尼拉蓬绒茧蜂 *Apanteles nilamburensis* 特征基本一致，属于同物异名，因前者发表月份早于后者，故前者为后者的首异名（senior synonym）。1996 年，后者又被 Rema 与 Narendran （1996）提升为近克氏茧蜂属 *Neoclarkinella*（陈家骅，宋东宝，2004）。近克氏茧蜂属 *Neoclarkinella* 是基于 Sumodan 和 Narendran 在新种 *Apanteles nilamburensis* 的基础上建立起来的。近克氏茧蜂属与克氏茧蜂属 *Clarkinella* Mason（1981）相似，但近克氏茧蜂属小盾片半月斑（侧盘）大，三角形（后者小、尖），前翅无小翅室（后者具小的小翅室），r 短于 2 - SR（后者 r 长于 2 - SR），并胸腹节横脊不包围气门［后者气门附近有叉脊（横脊）包围］，T1 具粗皱（T1 大

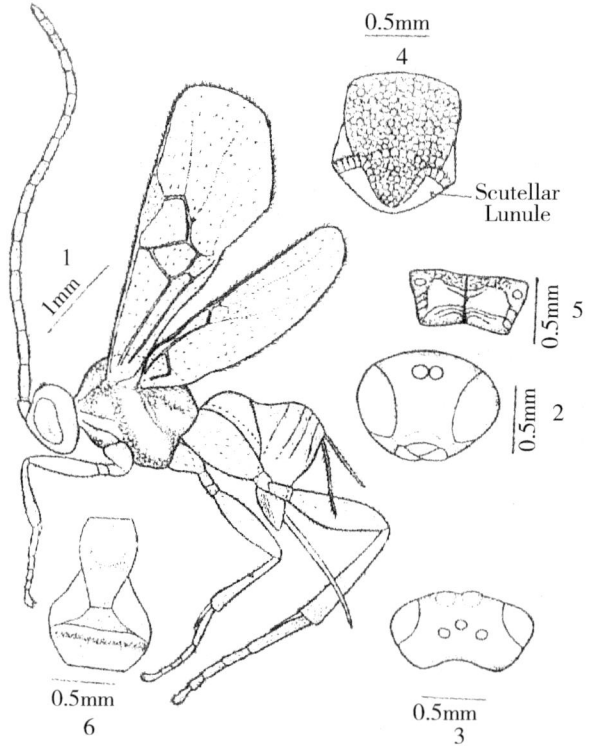

1. 雌蜂整体，侧面观；2. 头部正面观；3. 头部背面观；4. 中胸盾片和小盾片，示侧盘大；5. 并胸腹节；6. 腹基部 3 节背板。

图 96　黄足近克氏茧蜂 *Neoclarkinella vitellinipes*（You et Zhou，1990）

（仿 Rema & Narendran，1996，产地印度克拉拉邦 Kerala）

部分光滑，中间局部具细皱纹），肛下板沿中间具细线（后者无细线，有褶皱）（Rema 等 1996；陈家骅，宋东宝，2004）。本节介绍茧蜂研究中这一罕见研究情况。

16. 扁股茧蜂属 *Iconella* Mason，1981

（100）向日葵螟扁股茧蜂 *Iconella* **sp.** （图 97）

Iconella sp.，Mason，1981，Mem. Entomol. Soc. Can.，115，74.

体长：雌 4.5mm。

体色：黑色。上颚除基部黑色，端齿黑褐色外其余为褐色。单、复眼深褐色。须、前足腿节端部以下、中足腿节末端以下、后足胫节基部、产卵瓣均为黄褐色。翅淡，透明。翅基片、Pt（除中部无色透明）、翅脉（除 1－R1 黑褐色）黄色。

头部：头较小，宽与高相等，为长的 1.9 倍；头顶、脸、唇基具浅刻点，唇基刻点较密集，端缘呈弧形浅凹；颜面中央两旁稍纵凹；额下部深凹，光滑具光泽；触角粗壮，比体短；单眼呈矮三角形排列，中单眼后缘超过侧单眼前缘的连线，侧单眼间距为侧单眼与复眼间距的 1.4 倍。

胸部：胸部长、宽、高之比为 50：37：38；前胸背板光滑，具光泽无刻点，位于中胸盾片前端下方，背沟明显，在两侧分叉；中胸盾片密布小刻点和灰白色短柔毛，均匀隆起，近于圆形，前部呈球面，宽、长与头宽之比为 30：25：25；小盾片、小盾片侧盘、后胸背板光滑具光泽，无刻点；小盾片稍平，两侧密生柔毛，前沟明显，有约 10 根纵脊；后小盾片呈椭圆形；并胸腹节横形，端部强度倾斜，具浅刻点，有稀疏的长柔毛，具一中纵脊，末端分叉，端部纵脊两侧具脊状细刻条；中胸侧板前部稍隆起，密布较粗的浅刻点，后部有凹陷，光滑具光泽，无刻点；前

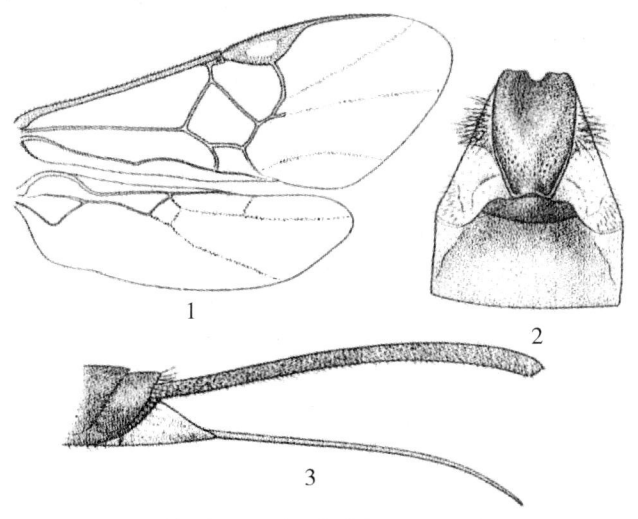

1. 前后翅；2. 腹基部背板；3. 肛下板。

图 97　向日葵螟扁股茧蜂 *Iconella* sp.

足仅 1 距，宽阔、扁、弯曲，长为基跗节的 0.75 倍；后足长距为后足基跗节的 0.53 倍。前翅与体等长；r 近 Pt 中央稍外斜伸出，呈弧形，长大于 Pt 宽，为 2 - SR 长的 1.6 倍，两脉相交处内方弧形，外方略呈角；2 - M 相当于 1 - SR 段的 1/2；1A＋2A/IA 曲折。后翅臀叶后方稍凹入，凹缘无缨毛；cu - a 较直，略长于 1A。

腹部：腹部宽阔，较扁；第 1 节背板长为基部宽的 1.5 倍，基部凹陷，中部以后两侧强度收窄，表面光滑，具稀疏浅刻点，基部两侧膜密生灰黄色长柔毛；第 2、第 3 节背板表面光滑，第 2 节背板小，长为宽的 0.27 倍，后缘向后弧形凸出；第 3 节背板长为第 2 节背板长的 3.3 倍；产卵管鞘长且宽，长约为后足胫节长的 1.6 倍；宽度大于后足基跗节，肛下板大，超出腹末，产卵瓣端部向下弯曲。

雄蜂：未知。

生物学：寄主向日葵螟 *Homeosoma nebulella* Hübner（向日葵）。

研究标本：1♀，山西太谷，日期不详，曹克诚。

注：本种属 Nixon（1965）分类系统的 merula 种团。

（101）苍耳螟扁股茧蜂 *Iconella* sp.（图 98）

Iconella sp.，Mason，1981，Mem，Entomol. Soc. Can.，115，74.

属征：触角每鞭节有 2 串算盘子结，排成 2 列，中胸小盾片侧盘在后方中央处连续，未被刻点或刻纹断开；后胸背板前缘有一对明显的侧叶片，上有一簇刚毛；并胸腹节通常具一强的中纵脊，但中纵脊的前方有时弱化或有时缺如。前翅 r - m 脉缺如，小翅室开放；1 - CU1 脉比 2 - CU1 脉稍长；后翅 1A 脉向后弯，此处常有呈褶皱状的臀脉；后翅 cu - a 脉在后端直或呈波曲状，与后翅 1A 脉相遇成一直角；后翅臀叶端缘均匀凹陷，无毛，或几乎直，有许多短毛，但从不强凸出，有缘毛；腹部第 1 节背板在端部中度或强度变窄，无中纵沟；腹部第 2 节背板宽于长，有明显的侧缘，通常比腹部第 3 节背板短；肛下板大，中部有褶和细线；产卵管鞘长于后足胫节的一半，整长有毛，产卵管端部逐渐变尖。

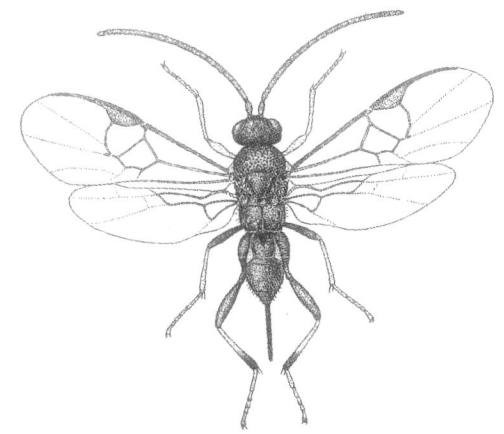

图 98　苍耳螟扁股茧蜂 *Iconella* sp. 成蜂整体图

注：本种又属 Nixon（1965）分类系统的 *merula* -种团。特征是并胸腹节有中纵脊，后翅 cu‐a 和 M＋CU 成直角，臀叶边缘最宽处凹陷，无缘毛；产卵管鞘柔毛下垂（Nixon，1976）。Mason（1981）把此种团归入扁股茧蜂属 *Iconella*。

生物学：寄主苍耳螟 *Ostrina orientalis* Mutuura & Muuroe，茧：白色；单个（苍耳 *Xanthium sibirium* Pater 茎秆内）。

研究标本：1♀，长沙姚托河堤，1993.Ⅶ.，游兰韶（苍耳秆内）。

17. 湿小腹茧蜂属 *Hygroplitis* Thomson，1895

（102）黔湿小腹茧蜂 *Hygroplitis nigrita* Luo et you，2005（图 99）

Hygroplitis nigrita Luo et you，2005，Entomotaxonomia，27（1）：50.

体长：雌 3.7mm，前翅长 3.9mm。

体色：黑色。触角柄节和梗节赤褐色，带有黑斑，鞭节褐色，须浅黄色；足橙黄色，仅后足基节基部具黑褐斑，腿节端部、胫节端部和跗节黑褐色；腹部第 3 节背板中部橙黄色（图 99，6 虚线间）；产卵管鞘黑色（端部色淡），产卵管橙红色。

头部：背面观横置，宽：长＝2.2：1；触角鞭节各小节板形感器（placode）2 列；但每节中部缢缩较长，12 节后正常（图 99，1 和图 99，2），鞭节第 1、4、7、11 节的长宽比依次分别为 3.4：1，3.1：1，3.0：1，2.6：1。单眼区隆起，单眼近圆形，DO：APOL：POL：OOL＝3.5：2.0：4.5：6（图 99，7）；头顶光滑有光泽。头正面观，复眼两侧近平行，颜面宽大于高（1.9：1.5），中纵脊强大，长约占脸高的 70%；脸上部 1/3、中纵脊两侧具横皱，向下渐转为斜皱。

胸部：前胸背板纵沟发达，沟中有短横皱，除下背沟下方和上背沟上方基半部光滑有光泽外，其余部分刻点粗而密；中胸盾片刻点小而稀，刻点间距离约为刻点直径的 1.5～2.5 倍，因而中胸盾片表面较光滑有光泽，盾纵沟清晰可辨，后方汇合处较盾纵沟凹陷深，但盾纵沟及其后方汇合的凹陷内不粗糙、无纵脊，同中胸盾片其他部分表面相同。小盾片前凹较宽，沟内有短纵脊（正模标本短脊 6 条）；小盾片表面平，刻点较中胸盾片的稀和小，近乎光滑，后方光滑带连续。小盾片侧盘沟（groove of scutellar disc）宽大，内有发达短脊，月形区（lateral lunules）光滑、窄，流线型。并胸腹节中纵脊强，表面粗糙，皱纹交错，明显分为水平、垂直两个面，水平面长于垂直面（1.50：1.20）。整个胸部侧面观，上缘和下缘平直，即胸部背面扁平，中胸盾片、小盾片和并胸腹节水平面几乎在同一平面上。

翅：Pt 稍长于痣后脉 1‐R1（1.10：1.00），1‐SR：1‐SR＋M：1‐M＝0.60：2.50：1.75；2‐SR 骨化弱，色浅，2‐SR 与 r 脉约等长；SRl 与 r 脉和 2‐SR 交汇点相连，即 3‐SR 不存在；cu‐a（小脉）：1‐CU1：2‐CU1＝0.90：1.00：1.50；m‐cu：2‐SR＋M＝0.60：0.95。后翅 cu‐a 直，长约 M＋CU 的一半；1r‐m 约为 1‐M 的 1/3 长（图 99，3）。

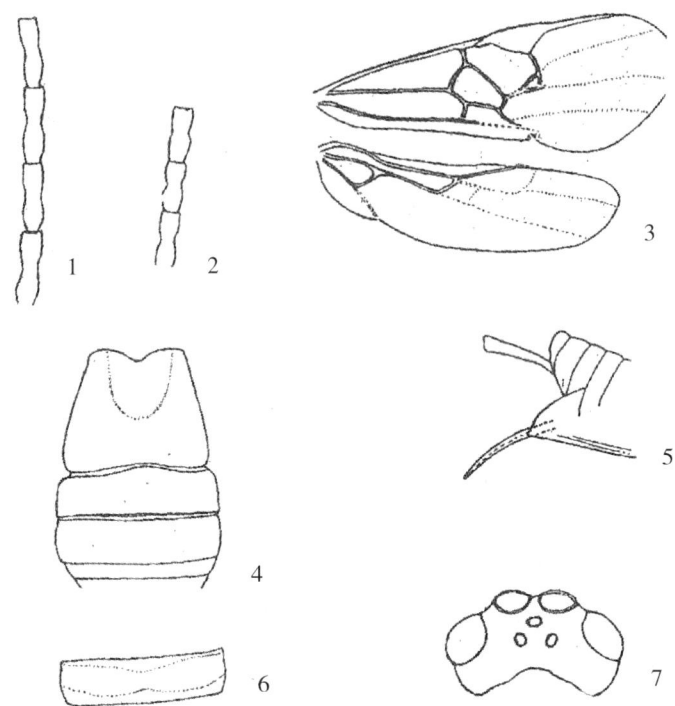

1. 触角鞭节第 1 至第 4 节；2. 触角鞭节第 11 至第 13 节；3. 前翅和后翅；4. 腹部第 1 至第 4 节背板；5. 腹部末端侧面观；6. 腹部第 3 节背板（虚线之间橙黄色，两端黑色）；7. 头部背面观。

图 99　黔湿小腹茧蜂 *Hygroplitis nigrita* Luo et you

足：后足基节大，长约等于腹部 1～3 节背板长度之和，具刻点（基部较密）；胫节内距甚长，约为后足跗节的 3/4，外距：内距：基跗节为 1.80：2.50：3.30。

腹部：长稍短于胸部；第 1 节背板端部宽于基部，宽大于长（3.50：2.80），第 1 节背板长：第 2 节背板长：第 3 节背板长为 2.80：1.20：1.25；第 2 节背板宽约为长的 3.3 倍（图 99，4）。第 1 节背板和第 2 节背板具网状皱纹；第 3 节背板（仅基部与第 2 节背板连接处有稀疏小刻点）及以后各节背板光滑。肛下板略超出腹末，骨化程度高（深褐色），但侧面观其最下方有一较窄区域骨化程度弱（色黄），约有 2 条皱褶（图 99，5）。产卵管鞘长度约为后足胫节长的 0.62，基部 1/3 较窄，端部 2/3 渐宽（图 99，5），表面覆盖均匀的长毛。

雄：与雌蜂相同。

生物学：未知。

研究标本：1♀，贵州贵阳新添寨，1982.Ⅷ.30.，罗庆怀采；1♂，贵州贵阳金翠湖，2002.Ⅷ.26.，罗庆怀采。

分布：贵州。

注：本种具有湿茧蜂属主要特征，胸部背面扁平，即中胸盾片、小盾片和并胸腹节在同一平面上，并胸腹节具垂直、水平两个面，水平面长于垂直面；盾纵沟后方汇合处凹陷明显等。但是，盾纵沟及后方汇合处不粗糙，与中胸盾片表面一致；

腹部第3节背板和第2节背板约等长，且光滑等特点易于与本属其他种相区别。学名以其体色而定。中文名黔湿小腹茧蜂的"黔"即黑之意，又为采集地"贵州"之简称。

拱茧蜂族 *Forniciini*

18. 拱茧蜂属 *Fornicia* Brulle，1844

（103）暗翅拱茧蜂 *Fornicia obscuripennis* Fahringer，1934（图100）

Fornicia obscuripennis Fahringer，1934，Opusc. bracon.，3（5－8）：587；Telenga，1941，Fauna SSSR.，5（3）：332；Papp，1980，Folia Entomol. Hung.，XLI，306；You et Zhou，1989. Acta Zootaxonomica Sinica，14（1）：127；Chen et al.，1994. Entomotaxonomia，16（2）：128；何俊华等，2004，浙江蜂类志，676；陈家骅等，2004，中国小腹茧蜂，207；游兰韶等，2006，湖南茧蜂志（一），155.

体长：雌 5.5mm。

体色：黑色。下颚须色浅。足基节黑色；前足和中足红黄色；后足腿节红褐色，端部黑色，后足胫节三色，近基部 1/3 白色，中段黑色，端部 1/3 红色。翅烟褐色，Pt 褐色，基部具色浅基点，翅脉褐至淡褐色。

头部：背面观头部横置，宽为长的 1.73 倍；单眼呈矮三角形排列，侧中单眼间距明显短于中单眼直径；复眼横径为后颊长的 2 倍。颜面有均匀微弱的刻点，额、头顶和后颊均有微弱皱纹。触角长于体，末端第 2 节长为宽的 3 倍。

胸部：中胸盾片具均匀的细刻点和中纵脊，中纵脊在中胸盾片基部 1/3 处消失，盾纵沟处皱纹和刻点较为密集；小盾片有刻点，端部延长，具两齿；后胸背板中部具齿。并胸腹节有皱纹和刻点，有明显的中纵脊，中纵脊在端部分叉成一五边形中区；基横脊与侧脊明显，基横脊斜走，气门被侧纵脊包围。翅：前翅比体长；Pt 长为宽的 3 倍，1－R1 微长于 Pt 的长（35：33）；r 从 Pt 端部 1/4 处发出，r 长于 2－SR（11：6）；第 1 盘室宽稍大于高，1－CU1 短于 2－CU1（8：11）；后翅cu－a 强 "S" 形。足：后足基节具微小刻点，长为基部宽的 1.5 倍，达到第 2 节背板的末端；后足胫节内距长于外距，长于后足跗节基节之半。

腹部：背甲约与胸部等长，具强而规则的波状纵脊，纵脊间有不规则的短横脊和皱纹；第 2 节背板稍长于第 1 节背板和第 3 节背板；第 1 节背板和第 2 节背板以及第 2 节背板和第 3 节背板间的横缝深而呈弧形；第 3 节背板后缘呈三角形凹缘。肛下板隐藏，产卵管鞘短，和后足跗节第 4 节等长。

雄：未知。

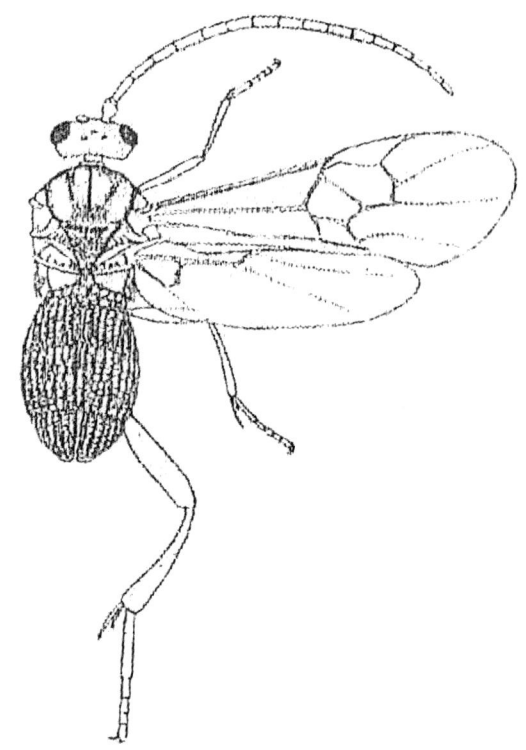

图 100 暗翅拱茧蜂 *Fornicia obscuripennis* Fahringer 成蜂整体图（仿陈学新等，1994）

生物学：未知。

研究标本：1♀，广西北流，1980.Ⅵ 10.，李天新；1♀，1♂，浏阳，1985，Ⅶ.24.，童新旺。

分布：台湾（Papp，1980）、湖南、广西；文献报道甘肃（Fahringer，1934；Telenga，1941）；浙江、福建、四川、贵州、江苏（陈学新等，1994；何俊华等，2004）。

（104）长角拱茧蜂 *Fornicia longiantenna* Luo et You，2008（图 101）

Fornicia longiantenna Luo et You，2008，Acta Zootaxonomica Sinica，33（1）：184.

体长：雌 4.8～5.4mm，前翅长约与体长相等。

体色：黑色。触角黑褐色或暗褐色；柄节外侧带红褐色；下颚须第 1～2 节和下唇须（除端节外）深褐色。前足基节和转节黑色，腿节基半部稍多黑褐色，端半部黄褐色；跗节端节及爪黑褐色，其余部分黄白色；中足基节、转节、腿节（除端部带有赤褐色外）黑色或黑褐色，胫节大部分深褐色，基部黄褐色；跗节除端跗节及爪深褐色外，其余 4 小节浅黄褐色至黄白色。后足基节转节（除第 2 转节端部红褐色外）黑色；腿节（除端部黑色外）橘红色；胫节（除基部白色和胫距白色外）和跗节黑色或黑褐色。Pt 深褐色（基部黄白），骨化较强的翅脉深褐色至黄褐色。

头部：头部背面观横置，头宽约为头长的2倍；3个单眼排列近乎在一条线上；触角长于体，鞭节各小节板状脊条（placode）2列，鞭节渐向中部扁宽，基部3节长宽比依次约为3.13，2.89，2.37；中部3节（第6至第8节）长宽比约为1.83，1.70，1.75；端部3节（第14至第16节）长宽比约为2.48，3.02，3.45（图101，1）。头背面观，头顶、额、上颊具整齐的横皱，仅单眼区光滑；头顶在复眼后收窄较为明显；DO：APOL：POL：OOL＝0.32：0.18：0.55：0.40，复眼纵经：上颊长度＝1.15：0.70（图101，2）。颜面具密集刻点，细眼网状；颜面中央中纵脊仅上部1/3明显，唇基基部中央有一明显的疱疹状突起。幕骨陷间距约为眼幕骨陷间距的2倍和眼颚距的1.50倍。

胸部：胸部前胸侧板前伸，形似一"长颈"（图101，1）；中胸盾片具中纵脊，刻点纵向，不规则长圆形，刻点间距大于或约等于刻点长径。盾纵沟不下陷，内具网状皱纹；中胸侧板刻点密集，呈细网眼纹；中胸侧板凹大，后胸侧板靠近中胸侧缝下段具短横皱脊。小盾片长大于宽（1.70：1.50），端部分叉（图101，3）；小盾片表面网状皱纹和盾纵沟处的类似，小盾片前沟内有短纵脊。后胸背板中刺强大（图101，4），后胸侧板上有密集有白色长毛。并胸腹节基区稍宽于后胸背板中刺基部宽；基区两侧至气门前各有一个由脊围成的三角形且多毛的斜坡；基区和斜坡后为垂直面，形似屋脊截面；中纵脊强大。前翅Pt约为翅宽的2.3倍，Pt长，1-R1：

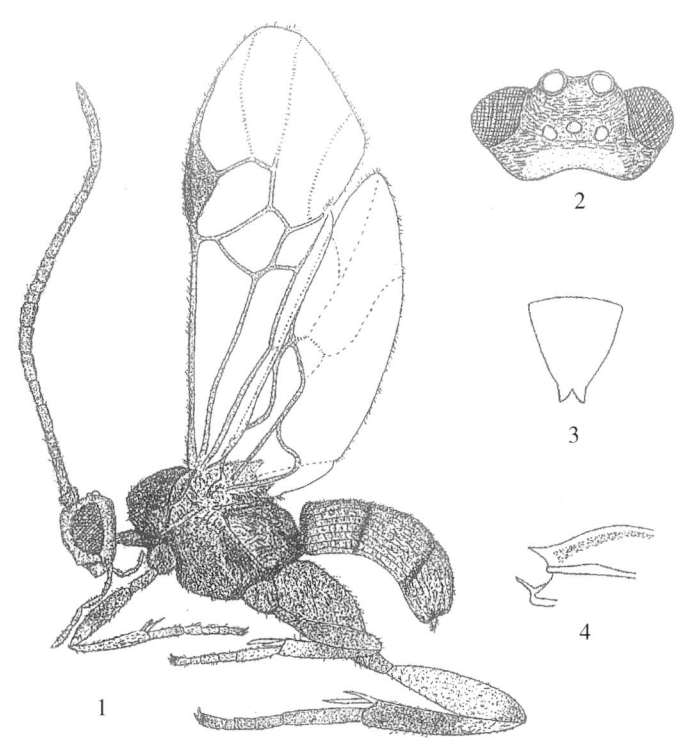

1. 翅及虫体侧面观；2. 头部背面观；3. 小盾片背面观；4. 小盾片和后胸背板侧面观。

图101　长角拱茧蜂 *Fornicia longiantenna* Luo et You

1－R1 顶端至 SRl 脉顶端的距离为 2.85：2.45：2.30：1－M 明显短于 1－SR＋M，r 脉长约 2－SR 的 2 倍，1－CU1 与 cu－a 约等长。后翅小脉"S"形扭曲较强。后足基节粗壮，表面刻点密集与中胸侧板上相似，其背面密布白色长毛（与后胸侧板的毛相同），后足胫节内距长约为外距的 1.4 倍，为后足基跗节的 0.56 倍；后足跗节各小节之比，从基跗节至端跗节依次为 3.20：1.10：0.80：0.50：0.80。

腹部：腹部侧面观稍拱，稍短于胸部。第 3 节背板端部中央凹入较深。背甲长（背面观）约为背甲宽的 1.26 倍；背甲上的纵脊纹直而发达，轻微扭曲，近乎互相平行，很少相交或分叉；纵脊纹从第 1 节背板延伸到第 3 节背板；第 2、第 3 节背板中纵脊似由两纵脊合并而成。第 2 节背板稍长于第 1、第 3 节背板长；第 1、第 2 节背板间沟和第 2、第 3 节背板间的沟深，弧形，沟中部前凸，周围有较宽的无毛区，沟在腹部侧面较直。

雄蜂：未知

生物学：不详。

研究标本：1♀，贵州省贵阳市花溪水库，2006.Ⅹ.2.，罗庆怀采；1♀，2001.Ⅹ.3.，罗庆怀采；3♀，2006.Ⅹ.2.，罗庆怀采；采集地点同上。

（105）小腹茧蜂亚科 Microgastrinae 的腹部具甲壳属评论

按 Mason（1981）分类系统，小腹茧蜂亚科 Microgastrinae 内有 3 个属腹部呈甲壳状（Carapace），它们是拱茧蜂属 *Fornicia* Brulle，1846，沟腹茧蜂属 *Diolcogaster* Ashmead，1900 的 *basimacula* 种团，胃腹茧蜂属 *Buluka* de Saeger，1948（Mason，1981）。以上 3 属腹部呈甲壳状是因为平行现象 Parallelisms（平行进化）导致形态趋同 homeoplasie（van Achterberg，1988）。著者在专著"湖南茧蜂志（一）"（2006）内曾以图的形式介绍采集到和拱茧蜂属 *Fornicia* 近缘的一种茧蜂，并指出和拱蜂属的异同。van Achterberg 认为，此蜂应属于沟腹茧蜂属 *Diolcogaster* Ashmead，以上 3 属腹部均呈甲壳状，胃腹茧蜂属和沟腹茧蜂属近缘（Mason，1981），容易混淆，准确鉴定不易。

详细研究小腹茧蜂亚科 Microgastrinae 背甲的形态，拱茧蜂属 *Fornicia* 腹部背甲有很大的变化，拱茧蜂属 *Fornicia* 的 34 个种腹部的背甲有 3 种类型。除腹部第 1 节背板无中沟外，一种是第 2、第 3 节背板有明显的宽三角形中区（金刚钻形中区图 103，1 至 103，3（Austin，1992）；此蜂后建立新属拟拱茧蜂属 *Pseudofornicia* van Achterberg）。或第 2、第 3 节背板有 1 或 2 条中纵脊（Mason，1981），2 条中纵脊组成狭长的隆起中纵区（图 102，1 至 102，3）（Wilkinson，1928；De Saeger，1941）；或腹部第 2 节背板中纵脊模糊，前半段几乎消失，第 3 节背板的中纵脊消失（罗庆怀等，2006）（图 102，4）。分布新热带区苏里南（Surinam）的苏里南拱茧蜂 *F. surinamensis* Muesebeck 也是如此（Muesebeck，1958）。仔细研究背甲情况和其他特征，van Achterberg 等（2015）建立了一个新属

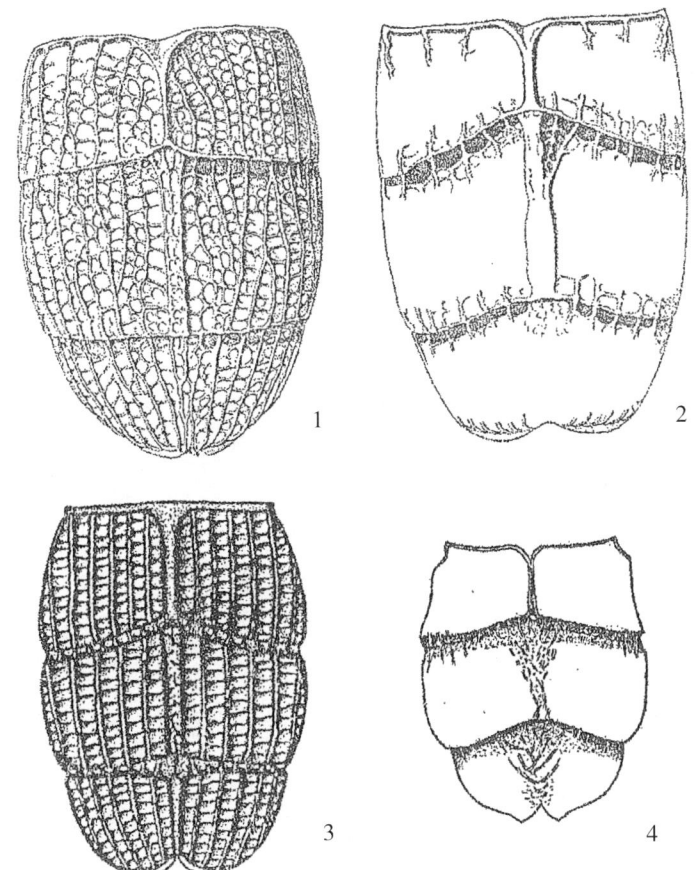

1. 斯里兰卡拱茧蜂 Fornicia ceylonica Wilkinson（斯里兰卡）；2. 格氏拱茧蜂 F. ghesquierei De Seager
（非洲刚果）；3. 阿克氏拱茧蜂 F. achterbergi Yang & Chen（中国福建）；4. 瘦痣拱茧蜂 F. macistigma Luo
& You（中国湖南浏阳）。

图 102　拱茧蜂 Fornicia 腹部背面观，示 1～3 节背板

（1 仿 Wilkinson，1928；2 仿 De Seager，1941；3 仿杨建全等，2006；4 仿罗庆怀，2006）

拟拱腹茧蜂属 Pseudofornicia，下面会详细介绍。研究有背甲的沟腹茧蜂 Diolco-
gaster 14 种（Nixon，1965；罗庆怀等，2005；Shenefelt，1973；Saeed，1999）发
现除第 1 节背板呈纵沟外，还有 2 种类型，一种是腹部第 2 节背板有隆起的倒三角
形中区（图 104，1 和 104，2）（游兰韶等，2006；Wilkinson，1930）；另一种类型
是腹部第 2 节背板狭窄的中区，第 3 节背板倒三角钻形中区或无中区（图 104，3
至 104，4）（Nixon，1965；罗庆怀等，2005）。研究 8 种胄腹茧蜂的腹部（Mason，
1981；Austin 等，1989，1992；Chou Liangyi，1985；de Saeger，1948），只得一
种类型（图 105），除背板 1 呈纵沟外，背板 2 中区有时模糊，背板第 2、第 3 仅前
缘有中纵脊，其余部分呈现网皱及分散刻点。以上讨论因腹部的形态变化加上其他
特征演化为不同的 3 个属。以上 3 属腹部形态变化讨论的结果是：van Achterberg
的视野看重以不同方式多次独立发展的拱茧蜂 Fornicia 内有些种类腹部第 2 节背
板畸变形成的三角形中区。

拟拱茧蜂属 *Pseudofornicia* 腹部第 2、第 3 节背板畸变（aberrant）（Austint 等，1992）的金刚钻形中区（图 103，1）和沟腹茧蜂属 *Diolcogaster* 的 *basimacula* 种团的一些种类腹部第 2、第 3 节背板有相似的金刚钻形的中区（图 104，1）使两属性状出现外表的平行现象（Parallelisms）造成鉴定错误，平行现象导致不同源类群形态趋同，按系统发育来说，它们不同源，按各自独立进化形成，或是按不同方式多次独立发展（van Achterberg 等，2015），但这些性状真正的系统发育历史和路线仍不清楚。安排过渡类形拟拱茧蜂属 *Pseudofornicia* 可以试图解

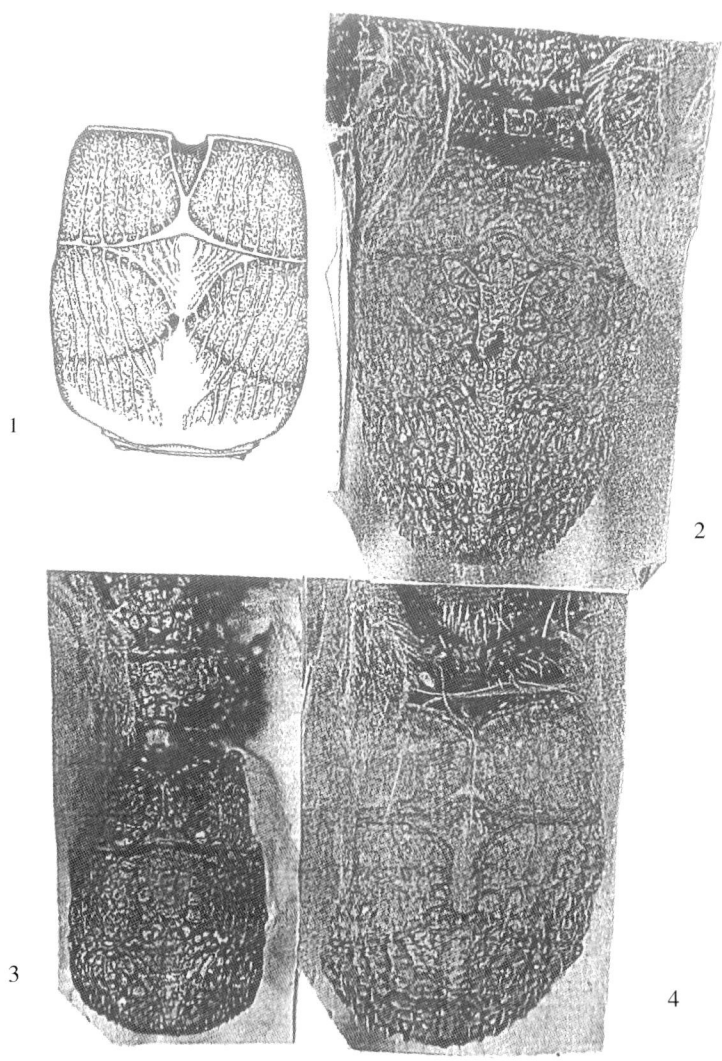

1. 科氏拟拱茧蜂 *Pseudofornicia commoni*（Austin & Dangerfield）（澳大利亚昆士兰）；2. 黄腹拟拱茧蜂 *P. flavoabdominis*（He & Chen）（中国浙江临安）；3. 黑胸拟拱茧蜂 *P. nigrisoma* van Achterberg & Long（越南 Ha Tinh Huong Son）；4. 阿克氏拟拱茧蜂 *P. van achterbergi* Long（越南 Ha Tay）。

图 103　拟拱茧蜂 *Pseudofornicia* 腹部背面观，示 1～3 节背板

（1 仿 Austin & Dangerfield，1992；2～4 仿 van Achterberg，2015）

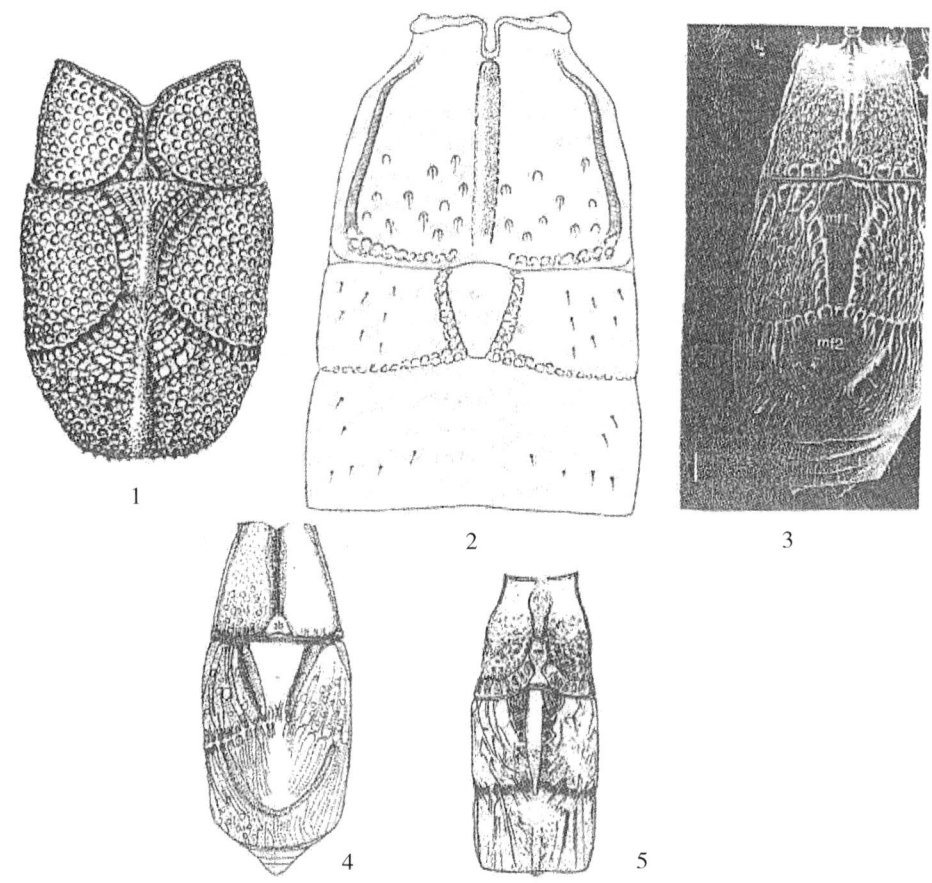

1. 福建沟腹茧蜂 *Diolcogaster* sp.（中国福建）；2. 榄仁树沟腹茧蜂 *D. tomentosae*（Wilkinson）（中国台湾，印度）；3. 羞沟腹茧蜂 *D. sons*（Wilkinson）（印尼苏拉威西，澳大利亚昆士兰，塔斯马尼亚，澳大利亚西部，新喀里多尼亚）；4. 热带沟腹茧蜂 *D. tropcalus* Saeed，Austin & Dangerfield（澳大利亚昆士兰，新几内亚）；4. 赵氏沟腹茧蜂 *D. chaoi*（Luo & You）（中国贵州省惠水、册亨、望漠）。

图 104 沟腹茧蜂 *Diolcogaster* 腹部背面观，示 1～3 节背板

（1 仿游兰韶等，2006；2 仿 Wilkinson，1930；3、4 仿 Saeed 等，1999；

5 仿罗庆怀、游兰韶，2005）

决这种体形小而形态近似的类群的进化路线问题（van Achterberg 等，2015）。

van Achterberg 在 2015 年从拱茧蜂属 *Fornicia* 分出并建立新属 *Pseudofornicia* 拟拱茧蜂属（van Achterberg，2015）。使用的几个进化形态特征为中足胫节内距弯；头部比较小；腹部甲壳状，第 1 节背板有中脊，但第 1 节背板和第 2 节背板的连接处是可以活动的；第 3 节背板长是第 2 节背板中部长的 1.1～1.6 倍；第 3 节背板平坦。拟拱茧蜂属 *Pseudofornicia* 新发表或新组合，如下种类：*P. nigrisoma van Achterberg & Long*，2015（越南）；*P. flavoabdominis*（Chen & He，1994）（中国）；*P. common*（Austin & Dangerfield，1992）（澳洲）；*P. van achterbegi* Long（越南）（此系新名 nom. n 代替 Long 发表的拱茧蜂 *Fornicia achterbergi* Long，2007。Long 的拱茧蜂是异物同名 homonym，已被 *Fornicia achterbergi* Yang & Chen，

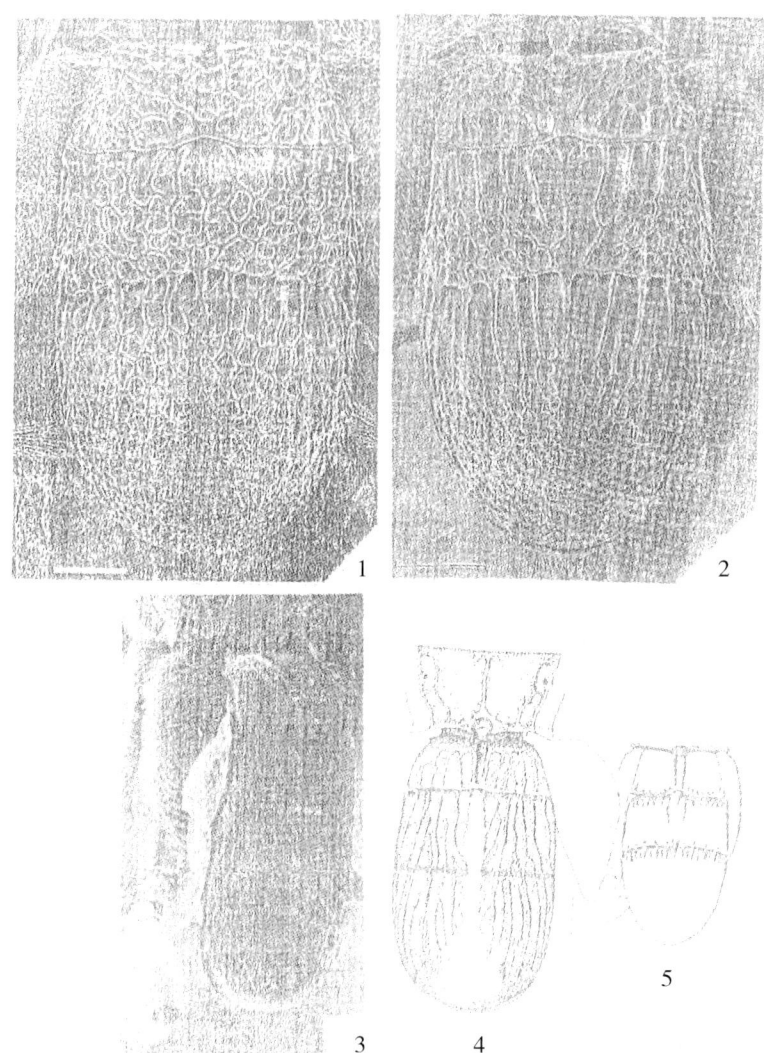

1. 诺伊氏胃腹茧蜂 *Buluka noyesi* Austin（印度）；2. 阿克氏胃腹茧蜂 *B. achterbergi* Austin（马来西亚）；3. 东方胃腹茧蜂 *B. orientalis* Chou（中国台湾）；4. 科氏胃腹茧蜂 *B. collessi* Austint & Dangerfeld（澳大利亚昆士兰）；5. 斯氏胃腹茧蜂 *B. staeleni* de Saeger（扎伊尔，喀麦隆，南非）。

图 105　胃腹茧蜂 *Buluka* 腹部背面观，示腹部 1～3 节背板

（1、2 仿 Austin，1989，1992；3 仿周梁镒，1985；5 仿 de Saeger，1948）

2006 先占有 Preoccupyed）是印澳区（Indo-Australian）的属。

小腹茧蜂亚科腹部具完整甲壳的属的检索表

1　侧面观腹基部 3 节背板形成一突出的甲壳，T1 和 T2 连接处不可活动，有胸腹侧脊；触角柄节端部斜；小盾片侧盘宽、叶型；头部小背面观为中胸宽的 0.7～0.8 倍；前翅 r－m 缺，1－SR 和 1－M 线形连结；后翅 cu－a 波状弯曲，倾斜 ·················· *Fornicia* Brulle 1846

侧面观腹基部 3 节背板平置，T1 和 T2 连接处的可以活动（侧面观为最佳角度，可见两背板明显分开），假如两背板连接处不可活动（一些沟腹茧蜂 *Diolcogaster* 和 *Xanthapanteles*）则胸腹侧脊全缺；触角柄节外表面端部常平截，或近于平截，但在拟拱茧蜂 *Pseudofornicia* 柄节端部斜；小盾片侧盘侧面狭，不呈叶型；头部中等大小，背面观为中胸盾片宽的 0.8～1.0 倍 ········· 2

2 前翅缺 r－m 脉，腹部第 2 缝弯，和中区的侧沟一起形成多少似 X 形的数字（图 103，1），前翅 1－SR 为 1－M 长的 0.3～0.4 倍，T1 背脊后方愈合成一中脊（图 103，1）；并胸腹节无中纵脊，头高为中胸高的 0.5～0.7 倍，T3 中部长为 T2 中部长的 1.1～1.6 倍 ········· *Pseudofornicia* van Achterbarg gen. n

前翅 r－m 存在，腹部第 2 缝直，无 X 形成数字，前翅 1－SR 长为 1－M 长的 0.1～0.3 倍，T1 背脊完全分开形成背沟（图 104，图 105，4 和 105，5），并胸腹节有完全的中纵脊，头高为中胸高的 0.8～0.9 倍，T3 中部长为 T2 中部长的 1.0～2.0 倍 ······················ 3

3 T2 有由沟围绕的明显中区，约与 T3 等长；前翅第 2 肘室（小室）有柄，不宽；雌蜂 T4 和后续背板多少裸露 ············ *Diolcogaster* Ashmead，1900，P. P

T2 无明显的中区，但大多数情况下是显现模糊中区，T2 约为 T3 的一半；第 2 肘室（小室）无柄，宽；雌蜂 T4 后续背板不露出 ······················ *Buluka* de Saeger，1948

注：雌蜂检索表，据 van Achterberg（2015）。

（106）茧蜂的裸名 * （Nomen nudum，无记述名）

（1）红足矛茧蜂 *Doryctes dahuricus* Ma，Wang & Song，2005，Nomen nudum

Doryctes dahuricus Ma，Wang & Song，东北林业大学学学报，33（3）：41.

Nomen nudum *dahuricus*（Ma，Wang，Song，2005），Yu，van Achterberg et al.，Taxapad 2012，Ichneumonoidea 2011，Database on flash-drive，Ottawa，Ontario，Canada.

（2）小蠹茧蜂 *Bracon ipsi* Ma，Wang & Song，2005，Nomen nudum

Bracon ipsi Ma，Wang & Song，东北林业大学学报，33（3）：41.

Nomen nudum *ipsi*（Ma，Wang，Song，2005），Yu，van Achterberg et al.，

---

　* 裸名发表的新种的名称必须有相应的描述、鉴别特征（特征图），或比较特征，并说明模式标本情况及存放地点，单独提出一个新的名称是不能成立的。凡未附有描述不符合上述条件的名称，称无记述名或裸名（Nomen nudum），是不能成立的名称，编制名录时不应列入，如果列入需注明是裸名（ICZN Articles 13.1.4th edition，国际动物命名法规条款 13.1，第 4 版）。本节介绍 Yu，van Achterberg 等（2012）编制世界姬蜂总科昆虫名录（www.taxapad.com.）指出马玲等（2015）发表分布黑龙江省的 8 种茧蜂新种为裸名（无记述名）。本节材料据 Yu D. S.，van Achterberg C. 和 Horstmann K. 2012，Ichneumonoidea 2011 Taxapad.

Taxapad 2012，Ichneumonoidea 2011，Database on flash-drive，Ottawa，Ontario，Canada.

（3）小蠹柄腹茧蜂 *Spathius korainensis* Ma，Wang & Song，2005，Nomen nudum

Spathius korainensis Ma，Wang & Song，2005，东北林业大学报，33（3）：41.

Nomen nudum korainensis（Ma，Wang，Song，2005），Yu，van Achterberg et al.，Taxapad 2012，Ichneumonoidea 2011，Database on flash-drive，Ottawa，Ontario，Canada.

（4）刻鞭长尾茧蜂 *Coeloides longicaudus* Ma，Wang & Song，2005，Nomen nudum

Coeloides longicaudus Ma，Wang & Song，2005，东北林业大学学报，33（3）：41.

Nomen nudum *longicaudus*（Ma，Wang，Song，2005），Yu，van Achterberg et al.，Taxapad 2012，Ichneumonoidea 2011，Database on flash-drive，Ottawa，Ontario，Canada.

（5）樟子松矛茧蜂 *Doryctes mongolicus* Ma，Wang & Song，2005，Nomen nudum

Doryctes mongolicus Ma，Wang & Song，2005，东北林业大学学报，33（3）：41.

Nomen nudum *mongolicus*（Ma，Wang & Song，2005），Yu，van Achterberg et al.，Taxapad 2012，Ichneumonoidea 2011，Database on flash-drive，Ottawa，Ontario，Canada.

（6）木小蠹三盾茧蜂 *Triaspis nanchaensis* Ma，Wang & Song，2005，Nomen nudum.

Triaspis nanchaensis Ma，Wang & Song，2005，东北林业大学学报，33（3）：41.

Nomen nudum *nanchaensis*（Ma，Wang & Song，2005），Yu，van Achterberg et al.，Taxapad 2012，Ichneumonoidea 2011，Database on flash-drive，Ottawa，Ontario，Canada.

（7）鲜红深沟茧蜂 *Iphiaulax raficorpus* Ma，Wang & Song，2005，Nomen nudum.

Iphiaulax raficorpus Ma，Wang & Song，2005，东北林业大学学报，33（3）：41.

Nomen nudum *raficorpus*（Ma，Mrang & Song，2005），Yu，van Achterberg et al.，Taxapad 2012，Ichneumonoidea 2011，Database on flash-drive，

Ottawa，Ontario，Canada.

(8) 伊春柄腹茧蜂 *Spathius yichunensis* Ma，Wang & Song，2005，Nomen nudum.

Spathius yichunensis Ma，Wang & Song，2005，东北林业大学学报，33 (3)：41.

Nomen nudum *yichunensis*（Ma，Wang & Song，2005），Yu，van Achterberg et al.，Taxapad 2012，Ichneumonoidea 2011，Database on flash-drive，Ottawa，Ontario，Canada.

(107) 异名 synonyms 和同名 homonyms

(1) 斜纹夜蛾侧沟茧蜂 *Microplitis prodeniae* Rao & Kurian，1950

Microplitis prodeniae Rao & Kurian，1950，Indian J. Ent.，12：167；Zhang et al.，2017，Zootaxaonomica，4231（2）：297.

Microplitis bicoloratus Chen，2004，华东昆虫学报，13：2，Synonym nec.

Microplitis bicoloratus Xu & He（invalid name），2003，动物分类学报，28 (4)：727.

注：陈家骅等（2004）发表新种双斑侧沟茧蜂 *Microplitis bicoloratus* Chen，分布广州，寄主斜纹夜蛾 *Spodopteea litura*（Fabricius），为分布印度的斜纹夜蛾侧沟茧蜂 *Microplitis prodeniae* Rao & Kurian，1950 的异名（Synonym）〔Zhang et Song（2017）〕。当时陈家骅的双斑侧沟茧蜂 *Microplitis bicoloratus* Chen 为许维岸、何俊华（2003）的双斑侧沟茧蜂 *Microplitis bicoloratus* Xu & He 的次定异物同名（Junior homonym），两种形态明显不同。现在鉴于陈家骅的双斑侧沟茧蜂 *Microplitis bicoloratus* Chen 为斜纹夜蛾侧沟茧蜂 *Microplitis prodeniae* Rao & Kurian 的异名，双斑侧沟茧蜂 *Microplitis bicoloratus*，Chen 和 *Microptitis bicoloratus* Xu & He 不构成异物同名关系。以上为罕见的研究事例，存照于此，有益于读者。

(108) 合作专著署名

党心德（1990）主持编写《林虫寄生蜂图志》，并发表食心虫纵条茧蜂 *Microdus* sp.，因专著未说明哪个种是谁鉴定，多次被以后的专著引用评论，如陈家骅、杨建全（2006）认为游兰韶（1990）误定记录的食心虫纵条茧蜂 *Microdus* sp. 为食心虫闭腔茧蜂 *Bassus glaycinirorellae*（Watanabe）。其实纵条茧蜂这个种是党心德鉴定。经验：合作专著应写明分工细目，以免承担不必要的学术责任，引起误解。

补遗一（supplement 1）

DNA 条形码与小腹茧蜂亚科（膜翅目，茧蜂科）分类：8 年研究及近 20000 个序列

（一）背景

DNA 条形码是从一个标准的基因区使用一个短的 DNA 序列来鉴定标本及物种，同时也是一个相当有用的工具，用来发现之前未被确认的，在形态学上常称姊妹种或隐种*（cryptic species）（Floyd et al.，2002；Hebert et al.，2003a，b）。对动物而言，公认的 DNA 条形码是线粒体细胞色素氧化酶 COI 基因的序列，目前用于鉴定、拍照及地理学参考的 DNA 条形码数据库，即生命条形码数据系统（BOLD Ratnasingham & Hebert，2007），包含超过 140 万份从 117000 个物种而来的序列。对于在传统分类学知识确定的类群，DNA 条形码的知识可用于鉴定的协调或补充，而并不一定要替换鉴定结果。条形码同时也用于首次类群分类时缺乏其他知识或标准而增加准确性（Smith et al.，2009）。

小腹茧蜂亚科（膜翅目 Hymenoptera：茧蜂科 Braconidae）是鳞翅目幼虫中最丰富且数量众多的寄生蜂之一，对寄主专一且广泛用于生物防治（Whitfield，1995，1997），同时它们与营养网络生态学（trophic web ecology）息息相关（Smith et al.，2008，2011）。当前有近 2000 个已记述种（Yu et al. 2012）。但是，基于最近一批区系研究为修订预计小腹茧蜂物种丰富度提供的小腹茧蜂丰富度最大数量及最小数量的界限有误（Rodriguez et al.，2012），我们认为一个正确的小腹茧蜂亚科物种丰富度的估计可能为目前已记述种数量的近 8～20 倍。这一类群其巨大的物种丰富度以及许多隐种的出现（Smith et al.，2008）会产生一个明显的分类障碍，阻碍了它们研究的进展。这个障碍是，种的描述及创造出符合国际动物命名法规委员会（ICZN）要求的学名比现实需要的要慢得多。对于像小腹茧蜂亚科这样拥有大量生成 DNA 条码的类群来说问题很严重。对于小腹茧蜂亚科正常的描述更落后，由于条形码的生成研究者发现有更多的物种。当然，相反的情况是，这也很正常，很多物种（分类单元）已有形态描述，因为种的形态描述已发表超过 250

---

* 隐种（cryptic species）又称姊妹种（sibling species），有些近缘种外表不能分辨，外部形态极为相似，有完善的生殖隔离，在生理、习性、生态要求等方面不同（郑乐怡，1987）。

年（自 1758 年林奈 Linnaeus 开始记录动物），但因年代久远这些种大多数没有，可能永远也不会有条形码的生成。由条形码鉴定的临时物种经过描述及获得有效学名被正式认可，允许它们载入分类学文献后被使用及讨论之前，对分类学而言它们是"看不见的"。这极大地阻碍了它们在生态学、生物学研究和文学方面的讨论。只有当有条形码的标本有正式的物种名称（学名）时，才有可能从科学文献中用关键词即种名提取下载和它们相关的信息。

在这个研究中，我们发布了序列，以及在过去 8 年中（2004—2011）超过 20000 个小腹茧蜂亚科 Microgastrine 标本的条形码得来的间接的信息总结统计数据。作为这些发布的一部分，我们在这里提供发布的新数据的前后情况，作为快速发布数据策略的一部分，将其与早已公开的数据相比较（Trust，2011；Schindel et al.，2011）并讨论在生命条形码数据系统（BOLD）使用 DNA 条形码数据库此一数据。系统是负责条形码储存及管理分析数据（Ratnasingham & Hebert，2007）。

（二）方法

（1）本项研究使用的"物种"一词是指使用传统的昆虫分类学方法鉴定的物种，物种成员的区别是以形态学特征足可以区别的，它始终如一地和其他种相区别，可以假定如实行生物学研究则可发现其和其他相似种是有生殖隔离的。

（2）DNA 提纯物的制备使用茧蜂的足或腹部，使用玻璃纤维试剂盒（Ivanova 等 2006）。提取 DNA 用通用引物进行扩增，克隆测序获得核酸序列（Smith 等，2008）。

（3）所有在生命条形码数据系统（BOID，www. barcodinglife. org）内的序列数据均系可信、公用、共享，并能在宣传项目处搜索、检查、下载（能使用如下永久的 URL：dx. doi. org/10.5883 /DATASET-ASMICI，从共享资料 Portal 得到资料库的档案或记录）。所有基因序列和登记入册的标本（生命条形码数据系统 BOLD 和基因银行）编入 Appendix SI。此处小腹茧蜂亚科 Microgasterinae 分类使用的方法和生命条形码数据系统（BOLD）内的方法相同，根据 Mason，（1981），Whitefield（1995—1997）和 Whitefield 等（2002）的分类系统。

本项研究提出的数据来自不同院校和研究项目，计有 13 个单位，此处列举 10 个研究工作出色的单位，其余从略。10 个单位的字母缩写和单位全名如下：

BIO 加拿大安大略，圭尔夫，安大略生物多样研究所（Biodiversity Institute of Ontario）。

CAS 美国加利福尼亚旧金山，加利福尼亚科学院（California Academy of Sciences）。

CNC 加拿大渥太华，加拿大昆虫研究所（Canadian National Collection of lnsects）。

EMET 土耳其 Erzurum，Ataturk 大学农学院昆虫博物馆。

HIC 美国，肯塔基，Lexington，肯塔基大学（University of Kentucky），膜翅目 Hymenoptera 研究所。

NHRS 瑞典斯德哥尔摩，瑞典自然历史博物馆。

NMNH 美国华盛顿特区，国家自然历史博物馆，斯密逊研究所（the Smithsonian Institution）。

NZAC 新西兰奥克兰，新西兰节肢动物研究所（Newzealand Arthropod Collection）。

RMNH 荷兰莱顿，皇家自然历史博物馆［National Natuurhistorische Museum (Naturalis)]。

UNAM 墨西哥 D. F，国立墨西哥大学（Universidad National Autonoma de Mexico，Mexico D. F. Mexico）。

有些研究结果已经发表，或正在印刷中，代表数百种小腹茧蜂 DNA 条形码（Smith 等，2008，2009；Fernandez Triana，2010：Hrcek 等，2011；Rougerie，2011；Quicke 等，2012），并有以前并未公开过本项研究提出的大多数序列和有关数据信息（Appendix S1 – S2）。

（三）结果

据目前研究小腹茧蜂是寄生性膜翅目内的一个类群，它是生命条形码数据系统（BOLD）内包含地理学、分类学等综合学科的 DNA 条形码数据库（表4）。历时 8 年已从 20000 头标本生成条形码，代表 50 个属（已知总数的 90%），75 个国家。已描述的属中，只有下面 5 个属尚缺乏 DNA 条形码，它们是 *Austrocotesia* Austin & Dangerfield，1992；*Exulonyx* Mason，1981；*Miropotes* Nixon，1965；*Napanus* Papp，1993；*Senmionis* Nixon，1965. 整个数据集包括 1985 种小腹茧蜂，这个结论是经分子可操作分类单元 Molecular Operational Taxonomic Units（MOTU-Jones 等 2011）通过 2% 遗传距离得到。条形码索引号（BINS）为（Sensu http://www. barcodinglife. org/index. php/Public Barcode Index Number Home）。

表4   **条形码标本的主要来源，2011 年 12 月止**

国家 Country	标本数量（件） Number of specimens	单位/地址 Major donor/repository institutions
哥斯达黎加 Cast Roc	12274	INBio，NMNH CNC，INHS
加拿大 Canada	4736	CNC，BIO
美国 United States	1038	CNC，BIO
巴布亚新几内亚 Papua New Guinea	921	NARI，NMNH
泰国 Thailand	739	HIC，CNC

续表

国家 Country	标本数量（件） Number of specimens	单位/地址 Major donor/repository institutions
新西兰 New Zealand	647	NZAC. CNC
墨西哥 Mexico	602	UNAM
也门和阿拉伯联合酋长国 United Arab Emirates and Yemen	493	RMNH，CNC
土耳其 Turkey	423	EMET
瑞典 Sweden	421	NHRS，CNC
刚果 Republic of the Congo	350	HIC，CNC
马达加斯加 Madagascar	267	CAS，CNC

注：单位/地址字母缩写细目见文内。

（1）姊妹种（隐种）和新类群记述

小腹茧蜂亚科 Microgasterinae 有大量姊妹种（隐种），其形态相似（Kankare 等，2005；Smith 等，2008），单独根据形态分类研究并不能解决问题。DNA 条形码研究明显地显示出研究增加了热带生物生境（Smith 等，2008）和非热带生物生境（Fernandez-Triana，2010）小腹茧蜂的种数。已发现这些条形码的不连续（Appendix SZ）是和茧蜂的生物学、生态学、地理分布有关，小心而详细研究茧蜂的形态、茧蜂的特性是实践以后逐步形成的。和其他类群动物一样，已结合参考条形码的研究描述小腹茧蜂亚科的新种（Grinter 等，2009；Fernandez-Triana，2010）。在这些研究中，增加的条形码大量地被用于发现和描述种的其他性状不仅能改善鉴定的准确性，也能解决分类学的困难，加快多样性类群的研究（Whitefield 等 2012；Wilson 等 2012）。

（2）小腹茧蜂亚科属的分类

虽然线粒体细胞色素氧化酶 COI 基因并不是理想的基因，他不能解决小腹茧蜂亚科高级阶元的系统发育问题，单基因不如多基因有效（Whitefield 等 2002；Quicke 等 2012）。对小腹茧蜂亚科 Microgastrinae 有效的大范围的条形码数据库提供了某些有争议属界限和定义的信息（Mason，1981；Austin & Dangerfield，1992；Whitefield，1995，1997；van Achterberg，2003；Banks & Whitefield，2006，Yu et al.，2012）。可以考虑本项研究发布的 4 对属的条形码数据较为相近，或有些著者把其中有些属作异名处理（方法就是检查 Appendix S2 内提出的学名，或取舍学名，读者重新统计生命数据系统的条形码数据）。

结果表明，绒茧蜂属 Apanteles 和长绒茧蜂属 Dolichogenidea 的确是不同的属，只是需要进一步用形态学研究解决问题的少数种类在属的位置之外，条形码数据支持 Mason（1981）的分属方法。刻绒茧蜂属 *Glyptapanteles* 和原绒茧蜂属 *Protapanteles* 的划分界限以及 *Choeras* 属和大茎茧蜂属 *Sathon* 的划分都是很勉强的（使用条形码和形态学），需要做更多的研究才能弄清它们的分类地位和/或分类界限。对侧沟茧蜂 *Microplitis* 和陡胸茧蜂 *Snellenius* 而言，虽未做最后定论，但结果还是指明陡胸茧蜂属（有胸腹侧脊），应该是从侧沟茧蜂属（无胸腹侧脊）内伸引出的类群，最佳处理法是作为一个异名属处理（Austin & Dangerfield，1992）。

进一步探讨这些问题需要使用多基因结合更详细的形态学组合成探讨系统发育的方法，在这个研究中 DNA 条形码对探讨属的分类界限是有潜力的。

（四）小结

本文著者提出的范例意在说明 DNA 条形码的潜力能够解决多个地区寄生蜂分类、生物学和生态学的问题，虽然仍然存在分类的障碍，[（少数分类学家认为仍有数量众多的种类需作形态描述，特别是寄生蜂，目前为止膜翅目 Hymenoptera 比例最大 Hüber（2009）]，但条形码的信息极有助于解决此障碍，能促进种类描述的进程。根据经典分类要求的形态描述结合条形码研究能促进复合群内姊妹种的形态鉴定。因而鼓励分类学家更为详细地研究寄生蜂的形态学来修正复合群内的种类，最后有可能发现不曾注意或未被用于鉴别的特征或发现以前忽略的性状差异或把这些性状差异作为种内变化。此后，形态和条形码数据的结合使研究得到启发和相互补充，提供了一个大体上很好了解寄生蜂分类和多样性的基础。

参考文献

Smith，M A. Fernandez-Triana T. L. Eveleigh，E. et al.，DNA barcoding and the taxonomy of Microgatrinae wasps（Hymenoptera，Braconidae）：impacts after 8 years and nearly 20000 sequences. Mol. Eco. Res. 2013，13，168－176.

补遗二（supplement 2）

判断祖先的地理分布：蚜茧蜂的南方起源（冈瓦纳起源）？

（一）背景

寄生蚜虫的寄生蜂蚜茧蜂亚科 Aphidiinae 展现出一种生物地理学的困惑。如今，伴随着它们的蚜虫寄主，蚜茧蜂亚科主要分布在北半球，发现仅约 3% 的种分布在北半球这个区域之外（Mackaucr，1968）。而 Schlinger（1974）提出这个亚科的冈瓦纳 Gondwanan* 起源是基于寄主关系以及两个南半球属：*Pseudephedrus*（南美以及中美）和 *Parephedrus*（澳大利亚）的形态学。任何关于南半球蚜茧蜂亚科属攻击寄生较原始的蚜虫类群这一趋势都是一个历史上生物地理学研究匮乏的标示，因为公认蚜虫的原始属是南半球最好的代表，生存在古老的裸子植物上（Gardenfors 1986）。蚜茧蜂除了可能大范围扩张到南半球，也需要有独立衍生的系统发育。依著者所知本文估计了蚜茧蜂亚科古代的地理分布，第一次使用最大似然法（ML）。最大似然法已用于估计古生态学、生活史，以及生物化学特征（Schluter et al.，1997；Pagel，1999a），但是地理分布分析也保留用最大简约法（MP）计算标示（e. g. Bremer，1992；Ronquist. 1997）。

蚜茧蜂亚科作为生物防治剂的重要性使得人们对于它们的系统发育产生了深厚的兴趣（Belshaw & Quicke 1997；Smith et al.，1999；Kambhampati et al.，2000；Sanchis et al.，2000），但是以上研究并没有包括南半球的属，是因为无法确定一个合适的外群 outgroup 而被阻碍。尽管已经尝试根据茧蜂科 Braconidae 形态学特征建立了一个强大的系统发育体系（Quicke & van Achterberg 1990），以及建立了分子数据集（Belshaw et al.，1998；Dowton et al.，1998），但蚜茧蜂亚科的位置仍不确定。为验证冈瓦纳起源假说，即南美洲，澳洲大陆南古陆假说，本文整合并扩充了分子数据分析，研究在茧蜂这一类群昆虫的形态特征之间出现的广泛的形态趋同（Quicke & Belshaw，1999），使这些形态趋同成为不可靠的形态指标，因此著者并不使用这些趋同的特征。

---

* 冈瓦纳 Gondwanan 起源，即蚜茧蜂亚科 Aphidiinae 冈瓦纳古陆起源，冈瓦纳古陆又称南古陆（Wondwanaland），1. 35 亿年以前，南美、非洲、澳洲大陆合并在一起的远古大陆（游兰韶等，2015）。狭痣茧蜂亚科，粗柄茧蜂亚科为冈瓦纳分布（Quicke，2015）。

（二）方法

（1）系统发育分析

研究使用两个序列的系统发育分析。

首先要找到蚜茧蜂亚科 Aphidiinae 的姊妹群（最适合的外群），使用茧蜂科 Braconidae 内众多亚科的代表性亚科，另包括 6 种蚜茧蜂，他涵盖蚜茧蜂所有族来推论系统发育关系，从 28S 核糖体基因 D2 和线粒体 16S 核糖体基因，来比序近 500bp 片断。新序列号码取自可信的欧洲分子生物学实验室 EMBL/基因银行/DDBJ 数据库，提交登录号为 AF173217 – AF173224，AF176048 – 176068，AJ231532，AJ231535，AJ245682 – AJ245698 及 AJ245958。其次进行支序图的系统发育分析，包括蚜茧蜂亚科 Aphidiinae 和他的姊妹群，除研究范围广的北半球蚜茧蜂属之外，分析包括 Schlinger（1974）讨论的 2 个南方属之一（*Pseudephedrus*），再加上最近描述的新西兰的属（寄生新时蚜 *Neophyllaphis tataree* 的属 *Choreopraon*）。

（2）蚜茧蜂祖先分布估计

利用支序图估计祖先分布，包括使用最大似然法（ML）和最大简约法（MP），这两种方法处理分布是把两个半球即北半球或南半球作为单一性状处理，因此估计祖先分别分布在劳亚古陆（Laurasian）或冈瓦纳古陆，这是假定蚜茧蜂亚科 Aphidiinae 在白垩纪（Cretaceous）起源的最适当范畴［我们应注意这个时期是澳洲大陆通过南极洲和南美大陆相连的白垩纪（140Ma～90Ma，Ma 百万年），Smith 等 1980］。蚜茧蜂亚科的化石记录贫乏，已知它们始于古新世（Palaeocene，60Ma）（Rasnitsyn，1980），但蚜茧蜂亚科的寄主蚜总科（Aphidoidea）和茧蜂科 Braconidae 的寄主却出现在白垩纪之前（Rasnitsyn，1983；Heie，1987）。研究方法是所有祖先分布的估计并不受到权重约束，并按所有 DNA 碱基组成为根据完成系统发育树研究。蚜茧蜂亚科 Aphidiinae 祖先的分布应考虑节点（node），节点代表物种形成事件或物种形成活动，节点把蚜茧蜂亚科和他的姊妹群分开，同样可以考虑估计第 1 个节点的分布是表示蚜茧蜂亚科 Aphidiinae 内分出的进化支系（lineage）。

（三）研究结果

（1）系统发育关系

所有系统发育分析在茧蜂科 Braconidae 内恢复了一个包括蚜茧蜂亚科 Aphiniidae、突胸茧蜂属 *Mesostoa*（索翅茧蜂亚科 Hormiinae）和污斑茧蜂属 *Aspilodemon*（索翅茧蜂亚科）支序图，有较高的自举检验值支持（80％以上）（图 106）。在所有基因分析中也恢复了这个支序图。但著者根据这个支序图 106 不能估计地理分布，这是因为：一是支序图 106 基部的姊妹群（皱腰茧蜂亚科 Rhyssalinae 加厚腿茧蜂亚科 Histeromerinae，圆口类）不能解决南北半球两者的属的问题；二是基于支序图 106 基部的姊妹群关系，用系统发育树估计形态性状变化并不可信（支序图的分支不支持分析试剂盒试验，试剂盒试验亦不能切合实际地分析），必须进行分子数据分析。

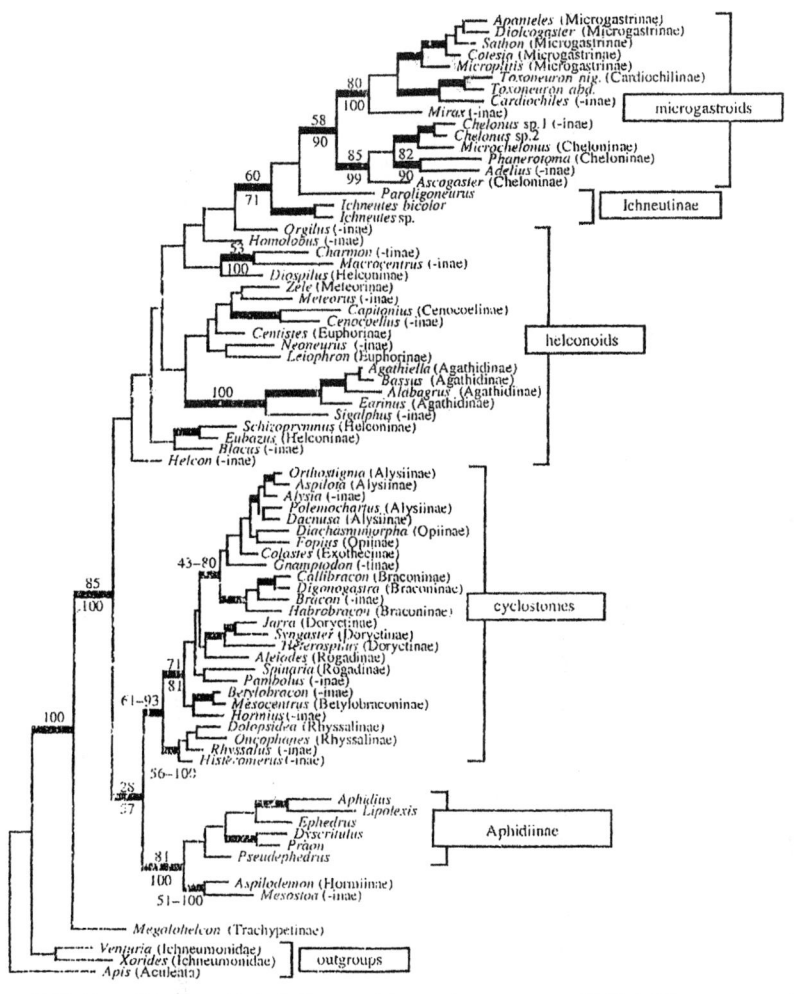

图 106　茧蜂科亚科间的系统发育关系（据 28S 和 16SrDNA 基因序列，Balshaw 等，2000）。此处的系统图来自试剂盒 1 号，亚科间的分枝加厚加黑数字表示自举检验值范围。树长 5319，一致性指数 0.257，保留指数 0.548，外群用两种姬蜂 Ichneumonidae 和 1 种广腰亚目 Aculeata，茧蜂科 Braconidae 和姬蜂科为姊妹群，两者又为广腰亚目的姊妹群。microgastroids 小腹茧蜂亚科群，Ichneutinae 探茧蜂亚科，helconoids 长茧蜂亚科群，cyclostomes 圆口类，Aphidiinae 蚜茧蜂亚科，Hormiinae 索翅茧蜂亚科，Mesostoainae 突胸茧蜂亚科，Trachypetinae 狭痣茧蜂亚科（仿 Belshaw 等，2000）。

以上支序图经多次分析其结果见图 107，这个支序图分析是使用姊妹群（圆口类 cyclostomes）的一个种（外群）（厚腿茧蜂属 Histeromerus）作有根树分析[*]，来

---

[*]　无根树分析 unrooted analysis：进行进化分析时不考虑进化起点。

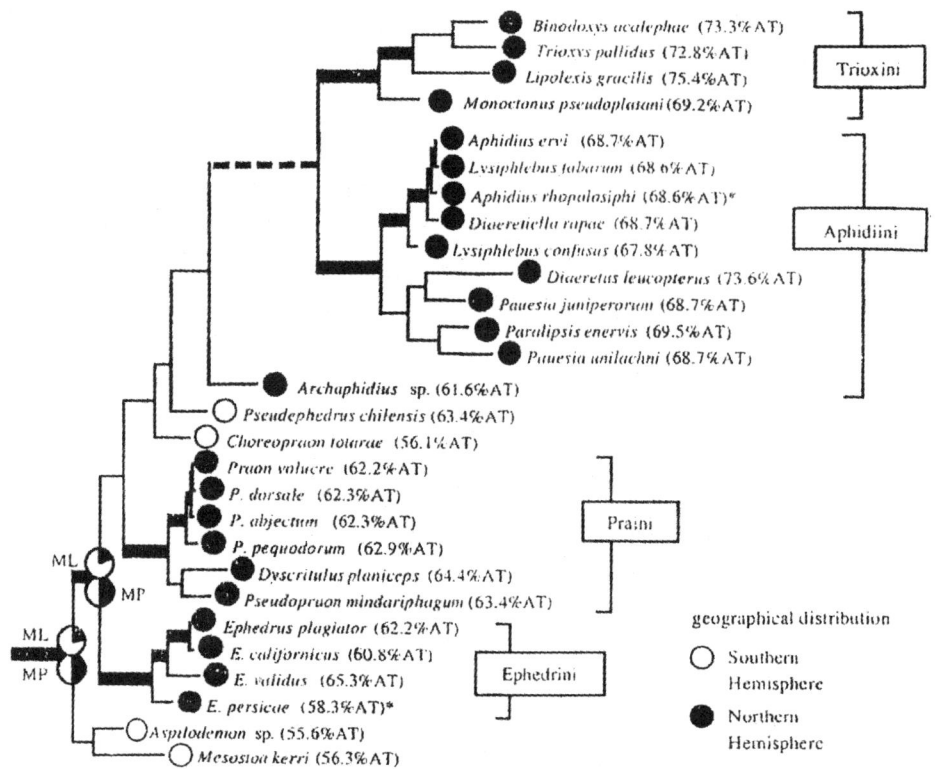

图 107　使用最大似然法（ML）和最大简约法（MP）研究蚜茧蜂亚科 Aphidiinae 和突胸茧蜂属 Mesostoa 及污斑茧蜂属 Aspilodemon，支序图内是蚜茧蜂亚科祖先地理分布预测。节点表示使用 MP 和 ML 两种方法的分布估计，AT 含量在各类群括号内，系统图是有根分析，厚腿茧蜂属 Histeromerus 作外群。Southern Hemisphere 南半球，Northern Hemisphere 北半球。Trioxini 三叉蚜茧蜂族，Aphidiini 蚜茧蜂族，Prairsi 蚜外茧蜂族，Ephedrini 全脉蚜茧蜂族（仿 Belshaw 等，2000）。

统计支序图（图 106、107）两个基部分支的步长。图 108 总结不同的碱基组成参数恢复的拓扑结构，污斑茧蜂属 Aspilodenon 和突胸茧蜂属 Mesostoa 也参与到共有衍征 Synapomorphy 分析（RASN）回归研究内。

（2）蚜茧蜂亚科 Aphidiinae 祖先分布的估计

蚜茧蜂亚科 Aphidiinae 的姊妹群全部分布于南半球，具体是突胸茧蜂属 Mesostoa 和突胸茧蜂亚科 Mesostoinae 的所有成员分布澳大利亚，污斑茧蜂属 Aspilodemon 是分布于中美洲和南美洲的属，目前已知和南半球的属聚类，如分布于南美智利的属狭痣茧蜂属 Hydrangeocola 和分布于澳洲的属 Opiopterus（曾误置在索翅茧蜂亚科 Hormiinae 内）（Wharton，1993）。所有系统发育树都有长分枝（图 107），并有 AT 百分比。据试剂盒实验（LR＝3.03～9.15），最大似然法（ML）估计蚜茧蜂亚科 Aphidiinae 祖先分布明显可能是南方起源（图 107 和图 108）。最大简约法也支持南方起源，但稍弱。

（四）小结

蚜茧蜂亚科 Aphidiinae 的祖先是南方起源，即冈瓦纳 Gondawanan 起源。基于 16SrDNA 的分析认为蚜茧蜂与突胸茧蜂亚科 Mesostoinae 互相为姐妹群关系（Dowton 等，1998），属于圆口类，这在其他研究中也得到支持（Belshaw & Quicke，1997；Belshaw 等.，2000；Zaldivar-Riveron 等，2006）。但是 Belshaw 等（1998）和 Shi 等（2005）的研究结果认为蚜茧蜂亚科属于非圆口类。本文 Belshaw 等（2000）的分子数据分析研究表现出蚜茧蜂亚科 Aphidiinae 和圆口类 cyclostomes 及污斑茧蜂属 *Aspilodemon*（狭翅茧蜂亚科 Hydrangecolinae，Belshaw 误置入索翅茧蜂亚科 Hormiinae）、突胸茧蜂属 *Mesostoa*（突胸茧蜂亚科 Mesostoainae）同在一个分枝（图 106）。以后可接受的做法是蚜茧蜂亚科、狭痣茧蜂亚科、突胸茧蜂亚科等放在新建立的蚜茧蜂亚科群"Aphidioids"，属圆口类（De Jong & van Achterberg，2007；柏连阳等，2013；游兰韶等，2015）。是否如此，可再作比较基因组学的分析研究。

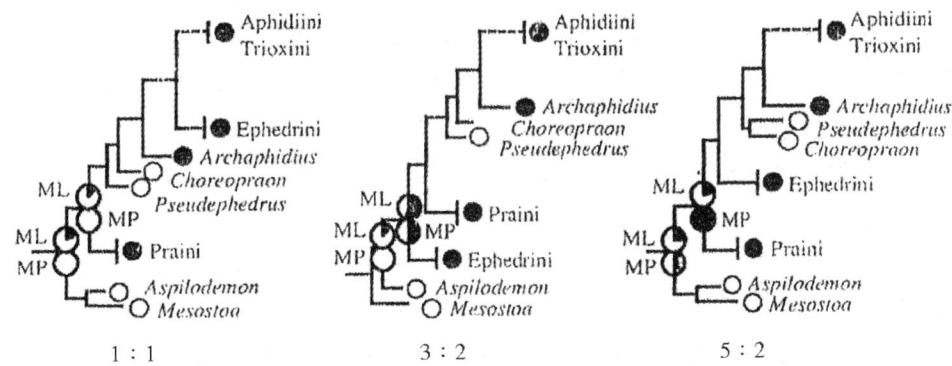

图 108　使用其他碱基组成参数（和图 107 相同）重新构建蚜茧蜂亚科祖先地理分布支序图。LR 为 5.08 和 8.09（1:1 碱基数），9.15 和 0.21（3:2 碱基数），3.3 和 3.54（5:2 碱基数）。○分布南半球，●分布北半球，Trioxini 三叉蚜茧蜂族，Aphidiini 蚜茧蜂族，Praini 蚜外茧蜂族，Ephedrini 全脉蚜茧蜂族，*Aspilodermon* 污斑茧蜂属（索翅茧蜂亚科 Hormiinae，现归入狭痣茧蜂亚科 Hydrangecoliane），*Mesostoa* 突胸茧蜂属（突胸茧蜂亚科 Mesostoainae）（仿 Belshaw 等 2000）。

参考文献

[1] Belshaw，R. Dowton，M. Quicke，et al. Estimating ancestral geographical distributions：a Gondwanan origin for aphid parasitoidis?[J]. Proc. R. Soc. Lond. B. 2000，267，497-502.

[2] 游兰韶，魏美才. 湖南茧蜂志（一）[M]. 长沙：湖南科学技术出版社，2006.

[3] 柏连阳，曾爱平，罗庆怀，等. 茧蜂分类和系统发育研究[M]. 长沙：湖南科学技术出版社，2009.

[4] 游兰韶，魏美才，李夕英，等. 湖南茧蜂志（二）[M]. 长沙：湖南科学技术出版社，2015.

[5] Quicke D. L. J. The braconid and icrmeumonid parasitoid wasps：biology，systematics evolution and ecology[M]. John Wiley & Sons，Ltd，2015.

补遗三（supplement 3）

（一）茧蜂科 Braconidae 一些重要亚科的补充记述

茧蜂科 Braconidae 至今有约 50 个亚科（Boring 等，2011；游兰韶等，2015），自我们尝试全面介绍茧蜂科各亚科间的系统发育关系以来（柏连阳等，2013），有些亚科限于分布地点不在东洋区或和我国生产实际的关系并不密切，我国已出版的多部茧蜂专著都不曾涉及或不曾详细介绍，但这些亚科在系统发育研究中说明问题并显示出关键的作用。茧蜂科是膜翅目 Hymenoptera 仅次于姬蜂科 Ichneumonidae 的第二大类群，多用于害虫生物防治，为了使读者全面掌握它的作用，我们选择一些亚科补充记述于后。

（1）马费茧蜂亚科 Maxfischerinae Boring，Sharanowski & Sharkey，2011[*]。

①背景：1980—1981 澳大利亚—匈牙利动物采集旅行团（Australian-Hungarian Zoological collecting trip）在澳洲东部（新南威尔士，New South Wales）采集的标本，Papp（1994）发现了 3 头标本，当时命名为新种 *Maxfischeria tricolor* sp. nov.，建立新属马费茧蜂属 *Maxfischeria* Papp，并暂把它建立成一个新族马费茧蜂族 Maxfischeriini，考虑到它的许多形态学特征，Papp（1994）把它放在长茧蜂亚科 Helconinae，指出和长茧蜂亚科 Helconinae 内其他属形态上有 9 点不同，提出 6 个形态学特征说明为什么此新属要放在长茧蜂亚科，描述了新属的形态学特点，最后指出将来有可能会重新订正为一个新亚科。七年之后，Boring（美国肯塔基大学）等（2011）发表相关论文，指出应根据形态学和生物学证据，给予以前安置在长茧蜂亚科 Helconinae 的马费茧蜂族 Maxfischeriini 一个亚科级的地位，提出马费茧蜂亚科 Maxfischerinae 的自有衍征（autapomorphies）为前胸背板为有一凹陷的突出物（图 109，4）；前翅具第 1 臀横脉（2A）和第 2 臀横脉（a）；腹产卵瓣从基部到端部都有栉齿（图 109，5）；卵的形态特殊。有柄的卵（图 110）代表了茧蜂的一种新的寄生方式和策略。Sharanowski 等（2011）的分子数据分析支序图包括此属。研究的详细内容总结如下：

①成蜂特征

---

[*]《湖南茧蜂志（二）》72 页介绍此亚科过于简单。

　　本亚科区别于茧蜂科其他亚科的组合特征为前胸背板为一有凹陷的突出物（图109，4），盾纵沟前段存在，中段缺，中胸盾片有中凹（图109，2），小盾片端段光滑有光泽，后小盾片无沟，小盾沟光滑。前翅有第1臀横脉（2A）和第2臀横脉（a），第2臀横脉（a）膜质；下颚须6节，第4节和第6节等长或长于第6节，前翅第1肘间横脉（2-SR）长，在中胸侧板可见圆形的腹板侧沟（图109，3），产卵管短，背瓣光滑，近端部扩大，腹瓣全长有栉齿（图109，5）。

　　马费茧蜂亚科Maxfischeriinae的自有衍征为前胸背板为一有凹陷的突出物（图109，4），前翅有第1臀横脉（2A）和第2臀横脉（a），第2臀横脉（a）膜质，产卵管腹瓣从基部到端部均有栉齿（图109，5），卵有柄（图109，1）。本亚科目前仅有一属 *Maxfischeria*。

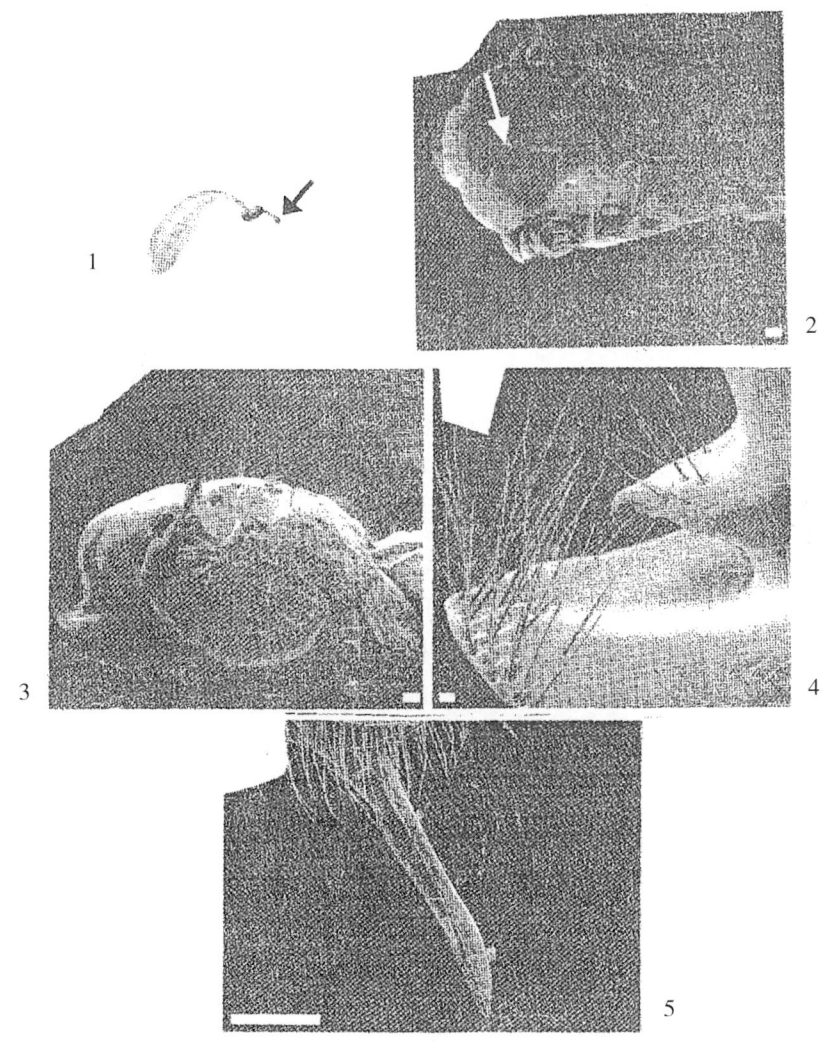

1. 卵，卵具柄，箭头所示；2. 中胸盾片中凹，箭头所示；3. 中胸侧板可见圆形腹板侧沟；4. 前胸背板有凹陷突出物；5. 产卵管腹瓣全长有栉齿。

图 109　马费茧蜂 *Maxfischeria* **sp. 形态**（仿 Boring 等，2011）

②马费茧蜂属 *Maxfischeria* Papp，1994

Maxfischeria Papp，1994，Ann，Natur. hist Mus.，Wien.，96B，143；Boring，et al.；2011，Sys. Entomol.，36，536.

Type species：*Maxfischeria tricolor* Papp，1994（monotypy）.

特征简述：亚科特征就是属的形态特征。

生物学：夜间捕虫灯下捕获，虫体色泽鲜艳，说明可能白天活动。

分布：所有种分布在澳大利亚，如堪培拉、新南威尔士、昆士兰、塔士马尼亚。

本亚科属长茧蜂亚科群 Helconoids-lineage。

（2）开室茧蜂亚科 Brachistinae Foerster，1862

开室茧蜂亚科 Brachistinae 是 Foerster 1862 年创立，但有 2 种分类方法（分类系统）。van Achterberg（2003）介绍一种是开室茧蜂族 Brachistini 的形式放置在长茧蜂亚科 Helconinae，另一种是 Shenefelt（1970）、Papp（1974）和 Tobias（1986）把它作为独立的亚科处理，Shenefelt（1970）和 Papp（1974）用的学名为隐腹茧蜂亚科 Calyptinae Marshall。van Achterberg（2003）报道，Belshaw 等 2000 年使用 28s 核糖体基因（D2 区）和线粒体 16S 核糖体基因数据分析研究支持开室茧蜂为独立亚科的做法。和 Sharanowski 等（2011）使用的 DNA 数据分析研究结论相同（表 5）。

①成蜂特征

后头脊完整，无口窝，翅基下脊有或无一条脊，胸腹侧脊完整或腹面缺如，前翅 r-m 脉缺失，无第 2 肘室，即仅有 2 个肘室；腹部第 1 节背板无背凹，不为柄状，前 3 节背板明显形成背甲，其余背板收缩（三盾茧蜂族 Triaspdini，第 3 节背板中央具凹陷，第 2 节背板缝中央缺失或侧面不清晰，如 *Schizoprymnus*，湖南有 1 种 *Schizoprymnus* sp.，寄主甲虫分布在壶瓶山；或第 3 节背板端部不闭合，第 2 节背板缝明显（*Triaspis*）；或前 3 节背板不形成背甲（开室茧蜂族 Brachistini），腹部第 1 节侧面大部分光滑或有刻纹 *Eubazus*，第 2 节背板缝大部分缺如（*Foersteria*），第 2 节背板缝在侧方部分缺如，第 3 节背板后方有弯条纹，仅可见基部 3 节（*Polydegmon*）。

生物学：续育内寄生蜂，多寄生蛀木鞘翅目 Coleoptera 甲虫幼虫，钻蛀性鳞翅目 Lepdoptera 幼虫，少数寄生钻蛀性双翅目 Diptera 和膜翅目 Hymeoptera 幼虫。

分布：全世界（Shenefelt，1970；Papp，1974；Tobias，1986；van Achterberg，2003）。

本亚科属长茧蜂亚科群 Helconoides-lineage。

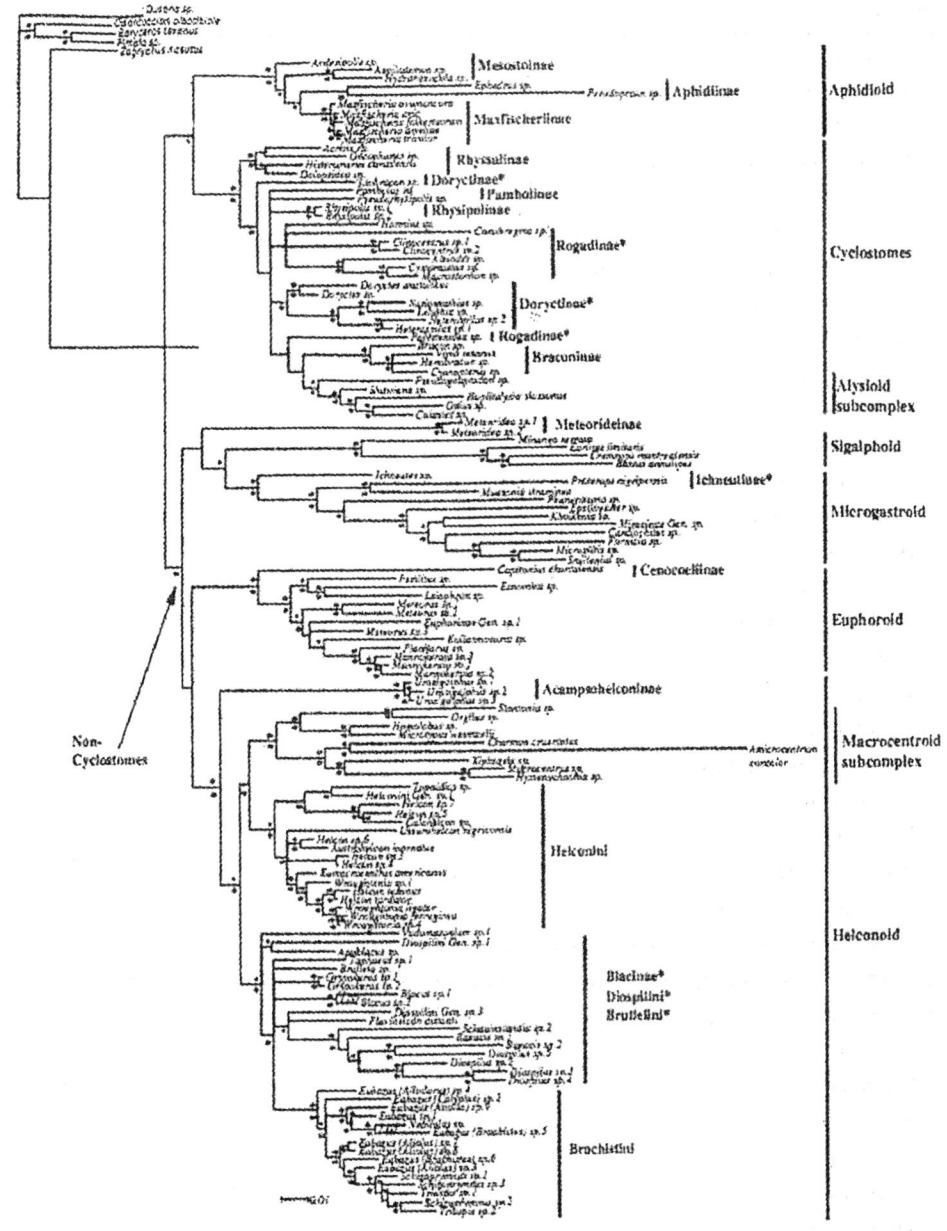

图 110　基于 4 基因序列数据（贝叶斯分析）的茧蜂科系统发育分析。验后概率≥0.95，以 ＊ 号表示，验后概率在 0.90～0.94，以黑点表示；自举检验值在结点上方，值在 70％ 以上以 ＊ 号表示，值在 50 和 69 之间，以黑点表示（Sharonowski & Sharkey 等，2011）。此表内 Diospilini、Brulleiini、Brachistini 都归类为开室茧蜂亚科 Brachistinae。

表 5　　　　Sharonowski 和 Sharkey 等提出的茧蜂科分类系统（2011）

Family Braconidae
Unplaced subfamilies
　Apozyginae
　Trachypetinae

续表 1

Aphidioid complex
  Maxfischeriinae
  Aphidiinae
  Mesostoinae（including *Andesipolis* ）
Cyclostome complex
  Betylobraconinae
  Braconinae（including Vaepellinae）
  Doryctinae（including Ypistocerinae）
  Hormiinae
  Lysiterminae
  Pambolinae
  Rhyssalinae
  Rogadinae including Facitorini
Alysioid subcomplex
  Alysiinae
  Exothecinae
  Gnamptodontinae
  Opiinae
  Telengainae
Noncyclostomes
  Unplaced subfamilies
  Meteorideinae
  Masoninae
Helconoid complex
  Acampsohelconinae
  Helconinae（including *Ussurohelcon* and *Topaldios* ）
Brachistinae* （including Brachistini，Blacini，Brulleiini，Diospilini）
Macrocentroid subcomplex
  Amicrocentrinae
  Charmontinae
  Macrocentrinae
  Xiphozelinae
  Orgilinae
  Homolobinae
  Microtypinae
Euphoroid complex
  Cenocoeliinae
  Euphorinae（including *Planitorus*，*Mannokeraia*，Ecnomiini，and Neoneurini）
  Meteorinae
Sigalphoid complex
  Agathidinae
  Sigalphinae
Microgastroid complex
  Cardiochilinae

续表 2

Cheloninae（including Adeliinae）
Dirrhopinae?
Ichneutinae
Khoikhoiinae
Micorgastrinae
Miracinae

Braconidae 茧蜂科：Unplaced subfamilies 未安置亚科；Aphidioid complex 蚜茧蜂亚科群；Cyclostomes complex 圆口类；Alysioid subcomplex 反颚茧蜂亚科亚群；Noncyclostomes 非圆口类；Helconoid complex 长茧蜂亚科群（包括开室茧蜂亚科 Brachistinae，见 ＊ 号）；Macrocentroid subcomplex 长体茧蜂亚科亚群；Euphoroid complex 优茧蜂亚科群；Sigalphoid complex 屏腹茧蜂亚科群；Macrogastroid complex 小腹茧蜂亚科群。Quicke（2015）的分类系统和 Sharonowski（2011）的系统都是建立了蚜茧蜂亚科群 aphidioid clade 或称冈瓦纳支系 Gondwanan complex，但 Quicxe 把他放在圆口类 Cyclostomes 内（仿 Sharanowski 等，2011）。

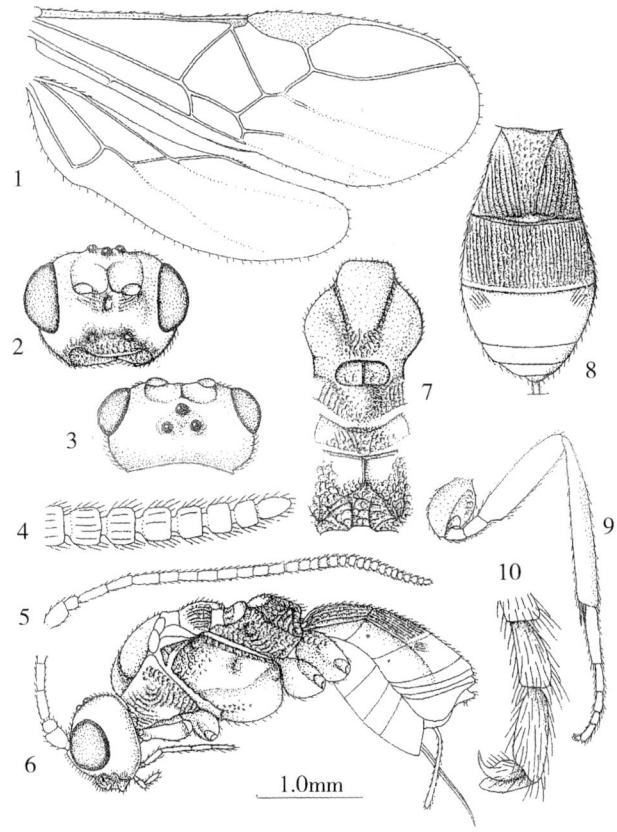

1. 翅；2. 头部前面观；3. 头部背面观；4、5. 触角端部及触角；6. 成蜂侧面观，胸腹侧脊完整，翅基下脊有一条脊；7. 胸部背面观；8. 腹部背面观；9. 后足；10. 后爪外面观。

图 111 开室茧蜂 *Eubazus punctifer* van Achterberg（仿 van Achterberg，2003）

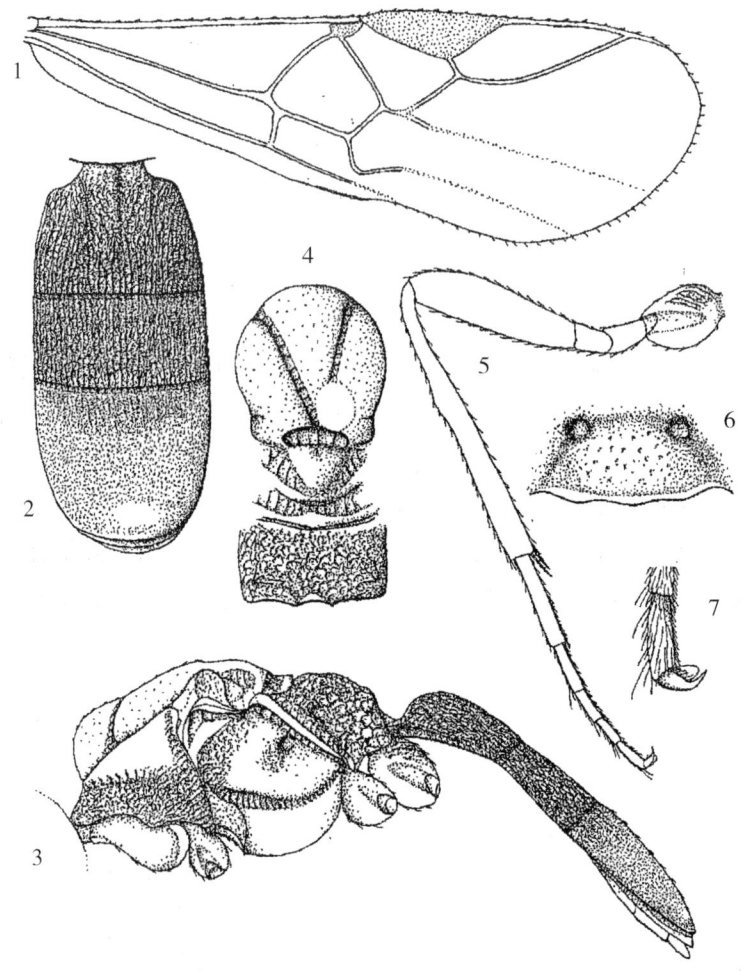

1. 前翅；2. 腹部背面观；3. 成蜂侧面观；4. 胸部背面观；5. 后足；6. 头部唇基细部；7. 后爪外面观。

图 112　汤氏三盾茧蜂 *Traspis thomsoni* Fahringer（雄蜂）（仿 van Achterberg，2003）

（3）蠹茧蜂亚科 Blacinae

Muesebeck & Walkley（1951）的茧蜂 Braconidae 亚科分类系统仍保留有蠹茧蜂亚科 Blacinae 的分类地位。但在 van Achterberg（1976）和 Tobias 等（1986）的系统中蠹茧蜂亚科却分别并入长茧蜂亚科 Helconinae 和优茧蜂亚科 Eupholinae 降格为蠹茧蜂族 Blacini。但后来 van Achterberg（1984，1988），Quicke（1990）确立蠹茧蜂亚科 Blacinae 的独立地位，Sharanowski 和 Sharkey（2011）的茧蜂科 Braconidae DNA 系统发育研究中其分子数据分析结果是蠹茧蜂亚科 Blacinae 降格为族 Blacini，重新安放在长茧蜂亚科群 helconoid complex 的开室茧蜂亚科 Brachistinae（表 1）。尽管如此，我们仍按 van Achterberg（1984、1988、1993）的方法，维持蠹茧蜂亚科 Blacinae 的独立地位，介绍如下。是否如此，有待进一步研究。

成蜂特征：头部触角 14～35 节，触角端部无刺，下颚须 6 节（Blacini，Chalaropini；Biacozonini，Stegnocellini）或 5 节（Dyscoletini），约与头高等长，下唇

须 3 节，为下颚须长的一半，颜面和唇基中度突出，上颚微扭曲或不扭曲，前幕骨陷明显，中等大小或小。后头脊完整，在有些属退化（*Ischnotron* 和 *Tarpheion* p. p.），在上颚基部上方和口后脊相遇。中胸侧脊在翅基片之前缺失，小盾片侧脊有或无，有时有突出的端叶，只有 *Artocrus* 属有明显的刺，小盾片后方有狭的横沟，有盾纵沟，在有些属［*Apoblacus*，*Ganychorus* p. p.，*Blacus* p. p.（湖南壶瓶山有蠹茧蜂 *Blacus* sp. 分布），*Leioblacus*］盾纵沟退化，小盾沟有中脊。并胸腹节背面和腹面约等长，亦有背面明显长于腹面的（*Contochorus*，*Stegnocella*，*Mesoxiphium*，Apoblacus，Artocrus），或背面稍长于腹面的（*Blacozona*），后方无中区，如有中区或并胸腹节后方较窄，前翅翅基下凹陷有（Dyscoletini，Chalaropini，Blacozonini）或无（Blacini），刻条状，也有具弱脊的，有胸腹侧脊，有基节前沟（除 Dyscoletini，*Blacometeorus*），有后胸侧板叶突。除 *Hellenius*、*Grypokeros*、*Blacozona*，前翅长 1.2～4.5mm，缺 CU1b 脉。除 Dyscoletini 和 *Blacometeorus*，前翅缺 r－m 脉。除 Dyscoletini、Chalaropini 前翅缺 1－SR 脉，或 1－SR 脉短，如 *Apobtacus*、*Artocrus* 及 *Ganychorus* 属的一些种。除 *Leioblacus*，后翅有 cu－a 脉。腹部第 1 节背板背凹大，分开，深，具前方较弯的背脊，侧凹中等大小（浅）或无侧凹，产卵管鞘长为前翅长的 0.07～1.4 倍，通常为 0.1～0.5 倍，Dyscoletini 除外，产卵管端部之前无缺切。雄性外生殖器宽，长，生殖基横置。平，抱器背突圆，有齿，阳茎基侧突超过抱器背突中部，阳茎端超过阳茎基侧突，尖突明显（图 113）。

本亚科是一个小亚科，全球已知 100 个已描述种（Shaw 和 Huddleston，1991）。主要为鞘翅目的内寄生蜂，如露尾甲科 Nitidulidae，隐翅甲科 Staphylinidae，隐食甲科 Cryptophagidae，小蠹虫科 Scolytidae，象甲科 Curculionidae，天牛科 Cerambycidae 或长翅目幼虫的寄生蜂（van Achterberg，1988）。蠹茧蜂 Blacus 的种类常见于潮湿的生境，如沼泽和树木，常从腐烂的植物上出现，移动的小甲虫幼虫是主要寄主，有些种类以成虫过冬，有些种夜间活动。例如蠹茧蜂族 Blacini 在交配季节有云集现象，雄蜂聚集成团，夜间交配。类似摇蚊的云集，有 2 类舞蹈，缓慢的垂直舞和快速的水平舞，是雌蜂进入所致（van Achterberg，1984）。蠹茧蜂 *Dyscoletes lancifer* 则是长翅目 *Boreus hyemalis* 幼虫的寄生蜂（Shaw 和 Huddleston，1991）。报道此亚科寄主有双翅目应系误定（van Achterberg，1988，Shaw 和 Huddleston，1991）。蠹茧蜂亚科 Blacinae 的形态学研究和分子数据研究均表明此亚科属长茧蜂亚科群 Helconoid-lineage（Quike 和 van Achterberg，1990；Dowton 和 Austin，1998）。本亚科可以分为 5 个族 Dyscoletinivan Achterberg、Chalaropini van Achterberg、Blacozonml van Achterberg、Stegnocellini van Achterberg、蠹茧蜂族 Blacini Focerster（van Achterberg，1988）。以前蠹茧蜂族 Blacinin 被归类在长茧蜂亚科 Helconinae（van Achterberg，1976）或优茧蜂亚科 Euphorinae（Tobias.1965）内，主要是成虫的翅脉和末龄幼虫头部形态

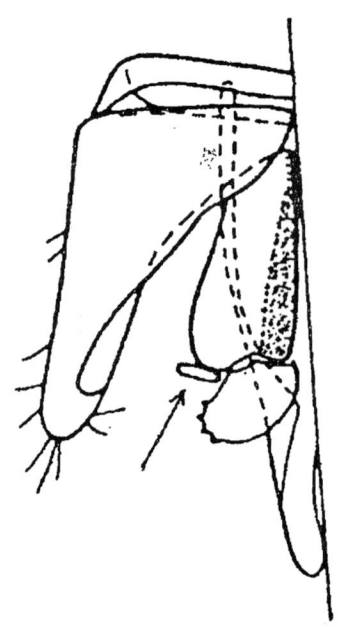

图 113　红角蠹茧蜂 *Blacus*（*Ganychorus*）*ruficornis*（Nees）
（仿 van Achterberg，1988，van Achterberg 据 Tobias，1967，箭头示尖突）

结构和与长茧蜂亚科的开室茧蜂族 Brachistini 相似。而腹部第 1 节背板背凹的存在可以将蠹茧蜂亚科 Blacinae 和长茧蜂亚科 Helconinae 分开（假如背凹不明显，仍然可以从背脊基部的弯曲凹陷确认）。由于有时蠹茧蜂亚科背凹的退化（退化的衍征）使它和长茧蜂亚科相似，但多数情况下背凹是明显发达的（明显的衍征），van Achterberg 更加看重后一性状，于是他把 Blacini 族和 Dyscoletini 族从长茧蜂亚科分出建立蠹茧蜂亚科。关于把蠹茧蜂族 Blacini 放在优茧蜂亚科 Euphorinae（Tobias，1965），van Achterberg 认为不妥，他的看法是，虽然是以退化的衍征为基础，蠹茧蜂前翅 CU1b 脉缺失，优茧蜂亚科的种类前翅 CU1b 缺失，长茧蜂亚科的 *Eubazus* 属中的 *Calyptus* 亚属也是缺失的，但主要理由是幼虫上颚分开的尖突（cuspidal process）和生物学的内容。蠹茧蜂族 Blacini 是鞘翅目幼虫的寄生蜂，而族 Dyscoletini 是雪蝎蛉科 Boreidae（长翅目）幼虫的寄生蜂。鉴于对 1～2 龄幼虫的形态学研究及末龄幼虫存在外寄生阶段（优茧蜂亚科缺失外寄生阶段，长茧蜂亚科有外寄生阶段），根据末龄幼虫上颚的不同、生物学及腹部第 1 节背板的形态，Blacini 族放在优茧蜂亚科内的结论被推翻（van Achterherg，1984）。van Achterberg（1988）重申蠹茧蜂亚科是单系群，主要是末龄幼虫口上片（epistoma）的缺失和腹部第 1 节背板背凹的存在。并认为鳞跨茧蜂亚科 Meteorideinae 是蠹茧蜂亚科 Blacinae 的姊妹群，优茧蜂亚科 Euphorinae 是蠹茧蜂亚科和鳞跨茧蜂亚科的姊妹群。此一姊妹群的性状是存在背凹（长茧蜂亚科 Helconinae 不存在背凹，优茧蜂亚科内部分种类背凹退化）。

参考文献

［1］ 游兰韶，魏美才，李夕英，等. 湖南茧蜂志（二）［M］. 长沙：湖南科学技术出版社，2015.

［2］ Papp J. *Maxfischeria tricolor* gen. n. from Austrialia (Insecta：Hymenoptera：Braconidae)［J］. Ann. Natur. hist Mus. Wien. ，1994，96：143 - 147.

［3］ Boring, C. A. , Sharanowski. B. J. , Sharkey. M. J. Maxfischeriinae：a new braconid subfamily (Hymenoptera) with highly specialized egg morphology［J］. Systematic Entomology, 2011，36：529 - 548.

［4］ van Achterberg. The European species of subgenus *Aliolus* Say of the genus *Eubazus* Nees and of the genus *Dicyrtaspis* van Achterberg (Hymenoptera：Braconidae：Brachistinae)［J］. Zool. Med. L eiden. ，2003，77 (17)：301 - 320.

［5］ Papp. J. A study on the systematics of Braconidae (Hymenopter a)［J］. FoliaEnto. Hung. ，1974，27 (2)：109 - 133.

［6］ Tobias V. I. Guide to the insects of European part of the USSR Hymenoptera［J］. Fauna SSSR, 1986，3 (4)：1 - 500.

［7］ Belshaw R. , Dowton M. , Quicke D. L. J. et. al. , Estimating ancestral geographical distribution：a Gondwanon origin for aphid parasitoids?［J］. Proc. R. Soc. Lond. B. , 2000，267：491 - 496.

［8］ Sharanowski B. J. , Dowling A. P. G. , Sharkey M. J. , Molecular phylogenetics of Braconidae (Hymenoptera：Ichneumonoidea), based on multiple nuclear genes, and implications for classification［J］. Syst. Entomol. , 2011，36 (3)：549 - 572.

［9］ van Achterberg C. Essay on the phylogey of Braconidae (Hymenoptera：lchneumonoidea)［J］. Ent. Tidslcr. , 1984，105：41 - 58.

［10］ van Achterberg C. Revision of the subfamily Blacinae Foerster (Hymenoptera, Braconidae)［J］. Zool. Verh. Leiden，1988，249：1 - 324.

［12］ Quicke & van Achterberg. Phylogeny of the subfamilies of the family Braconidae (Hymenoptera：Ichneumonoidea) 2001［J］. Zool. Verh. Leiden, 1990，258：1 - 180.

补遗四（supplement 4）

雄性外生殖器用于茧蜂科系统发育研究

（一）背景

早期系统研究茧蜂雄性外生殖器的目的在于是否有可能探讨出茧蜂亚科属间的系统发育关系，因为 Tobias（1966，1967）提出阳茎基腹铗上尖突 cuspis 的进化趋势。Quicke（1988）发现不同属的雄性外生殖器形态特征相对比较固定，于是提供给人们研究亚科和属间系统发育关系的根据。Zikit & van Achterberg 等（2011）研究不同地理分布区 20 属 46 种窄径茧蜂亚科 Agathidinae 的雄性外生殖器形态支持属和属以上单元有明显差异。本节旨在探索茧蜂雄性外生殖器形态学性状，解决茧蜂科 Braconidae 系统发育关系的可能性。

（二）系统发育研究

经系统发育研究，Quicke & van Achterberg（1990）首先提出茧蜂科 Braconidae 分为圆口类 Cyclostome，小腹茧蜂亚科群 Microgastroid-lineage 和长茧蜂亚科群 Helconoid-Iineage。丁艮凤、曾爱平（2011）使用 Phylip（Phylogeny inference package）系统发育软件包 3.69 版本完成此项研究。研究材料源于游兰韶 30 多年来制作的 200 多张雄性外生殖器玻片、可信文献的电镜照片及可信的形态描述特征图。共研究度量 85 属 304 种雄性外生殖器的性状状态，结果分述于后。

（1）圆口类 Cyclostome 亚科和属间系统发育关系

①性状分析结果

表 6　　　　圆口类雄性外生殖器性状及性状状态

性状	性状状态	编码
1	阳茎基占雄外生殖器比例＜1/3	0
	阳茎基长占雄外生殖器比例≥1/3	1
2	阳茎基侧突长伸过阳茎基腹铗	0
	阳茎基侧突短不伸达阳茎基腹铗端部	1
3	阳茎基腹铗有内突	0

续表

性状	性状状态	编码
	阳茎基腹铗无内突	1
4	阳茎基腹铗圆	0
	阳茎基腹铗长	1
5	尖突有	0
	尖突无，或退化	1
6	抱器背突与阳茎基腹铗相对长度＜0.35	0
	抱器背突与阳茎基腹铗相对长度＞0.35	1
7	抱器背突端部圆钝或宽而平截	0
	抱器背突新月形或弓形，端部尖锐或稍钝	1
8	尖突长	0
	尖突短	1
	尖突无	2
9	阳茎基腹铗与阳茎基侧突相对长度＜0.6	0
	阳茎基腹铗与阳茎基侧突相对长度＞0.6	1
10	阳茎基腹铗端部刚毛浓密	0
	阳茎基腹铗端部刚毛稀疏	1

表 7　圆口类雄性外生殖器性状分析原始数据矩阵

类群	研究种数（种）	常见种	性状状态	资料来源
外群				
厚腿茧蜂属 Histeromerus Wesmael *	3	Histeromerus sp.	000101110	Quicke & van Achterberg，1990
内群				
一、茧蜂亚科 Braconinae				
窄茧蜂属 Stenobracon Szepligeti	1	长尾窄茧蜂 Stenobracon deesae（Cameron）	1001001100	Alam，1951
刻鞭茧蜂属 Coeloides Wesmael	8	刻鞭茧蜂 Coeloides ungularis ungularis Thoms	1001101200	Haesealbarth，1967
深沟茧蜂属 Iphiaulax Foerster)	4	澳洲深沟茧蜂 Iphiaulax anusiraliensis Ashmead	1001110200	Quicke，1993；Quicke，1988
二、内茧蜂亚科 Rogadinae				
脊茧蜂属 Aleiodes Wesmael	4	眼蝶脊茧蜂 Aleiodes coxalis（Spinola）	0000010100	游兰韶等，2006

---

* 丁艮凤等选择亲缘关系较近，进化层次相对低级的种类作外群（Dowton 等，2002；时敏等，2005）

续表 1

类群	研究种数（种）	常见种	性状状态	资料来源
三、矛茧蜂亚科 Doryctinae				
皱茧蜂属 Rhyssalus Haliday	1	棒皱茧蜂 Rhyssalus clavator Haliday	0000011000	Belokobylskij，1992
断脉茧蜂属 Heterospilus Haliday	4	断脉茧蜂 Heterospilus prosopidis Viereck	1100011010	Tobias，1961；Marsh，1965；Belokobylskij，1992
刺茧蜂属 Acanthodoryctes Timer	1	摩氏刺茧蜂 Acanthodoryctes morleyi（Froggatt）	1100011011	Belokobylskij，1992
矛茧蜂属 Dorycles Haliday	13	红黑矛茧蜂 Dorycles erythromelas（Brulle）	1000001010	Tobias，1961；Marsh，1965；Quicke & Wharton，1988；Belokobylskij，1992
异腹茧蜂属 Ecphylus Foerster，	5	加州异腹茧蜂 Ecphylus calfornicus Rohwer	1011011010 .	Tobias，1961 Marsh，1965；Belokobylskij，1992
瘦矛茧蜂属 Eucorystoides Ashmead	1	针瘦矛茧蜂 Eucorystoides aciculatus；（Reinhard）	1010001110	Tobias，1961
似刺足茧蜂属 Odontobracon Cameron	2	似刺足茧蜂 Odontobracon sp.	1000011110	Marsh，1965
刺足茧蜂属 Zombrus Marshall	1	酱色刺足茧蜂 Zombrus sjoestedti（Fahringer）	1000010100	Tobias，1961
条背茧蜂属 Rhaconotus Ruthe	5	细条背茧蜂 Rhaconotus graciliformus（Vireck）	0100000111	Tobias，1961；Marsh，1965；Belokobylskij，1990，1992
似柄腹茧蜂属 Spathiomorpha Tobias	1	弯脉似柄腹茧蜂 Spathiomorpha varinervis Tobias	0100010111	Belokobylskij，1992
柄腹茧蜂属 Spathius Nees	9	玲柄腹茧蜂 Spathius evideus Chao	1100001111	Marsh，1965；Belokobyskij，1992
希拉茧蜂属 Siragra Cameron	1	洁希拉茧蜂 Siragra nitida Cameron	1100010110	Belokobylskij，1994
长矛茧蜂属 Acrophasmus Enderlein	3	长矛茧蜂 Acrophasmus sp.	1101001111	Marsh，1965；Quicke & Achterberg，1990
翼腹茧蜂属 Ptesimogaster Marsh	1	柏氏翼腹茧蜂 Plesimogaster parkeri Marsh	0111001111	Marsh，1965
白蚁茧蜂属 Termitobracon Brues	2	Termitobracon sp.	0011011001	Quicke & van Achterberg，1990
四、异茧蜂亚科 Exothecinae				
异茧蜂属 Colaster Haliday	3	Colastes sp.	0100010111	Quicke & van Achterberg，1990 Belokobylskij，1993
横纹茧蜂属 Clinocentrus Haliday	1	突出横纹茧蜂 Clinocentrus exsertsor（Nees）	0001011111	Quicke & van Achterberg，1990

续表 2

类群	研究种数（种）	常见种	性状状态	资料来源
五、索翅茧蜂亚科 Horminae				
索翅茧蜂属 *Hormius* Nees sensu lato	1	项圈索翅茧蜂 *Hormius moniliatus*（Nees）	0011111201	Belokobylskij，1993
台索翅茧蜂属 *Taiwanhormius* Belokobylskij	1	台索翅茧蜂 *Taiwanhormius* sp.	0010111201	Belokobylskij，1993
澳索翅茧蜂属 *Austrohormius* Belokobylskij	1	斑翅澳索翅茧蜂 *Austrohormius maculipennis* Belokobylskij	0000011000	Belokobylskij，1993
六、角腰茧蜂亚科 Pambolinae				
守子茧蜂属 *Cedria* Wilkinson	1	奇守子茧蜂 *Cedria paradoxa* Wilkinson	0000110201	Belokobylskij，1993
七、卫茧蜂亚科 Rhysipolinae				
新澳茧蜂属 *Neoarga* Belokobylskij	1	多毛新澳茧蜂 *Neoavga pilosa* Belokobylskij	0001001001	Belokobylskij，1993
八、软节茧蜂亚科 Lysiterminae				
腹齿茧蜂属 *Acanthormius* Ashmead	1	*Acanthorimus* sp.	0001011101	Belokobylskij，1993
犁沟茧蜂属 *Aulosaphes* Muesebeck	1	丽犁沟茧蜂 *Aulosaphes lamps* Nixon	0001001100	Belokobyskij，1993
九、肿腿茧蜂亚科 Histeromerinae				
中距茧蜂属 *Mesocentrus* Szepligeti	1	*Mesocentrus* sp.	0011110201	Quicke & van Achterberg，1990
十、锐眼茧蜂亚科 Telengaiinae				
捷连卡茧蜂属 *Telengaia* Tobias	1	*Telengaia* sp.	0010101201	Quicke & van Achterberg，1990
十一、蝇茧蜂亚科 Opinae				
蝇茧蜂属 *Opius* Wesmael	11	不匀蝇茧蜂 *Opius iregularis* Wesmael	0100110210	Dutu-Lacatusu，1965
十二、反颚茧蜂亚科 Alysiinae				
反颚茧蜂属 *Alysia* Latreille		暗翅反颚茧蜂 *Alysia. fuscipennis* Haliday	0000110201	Dutu-Lacatusu，1965；Quicke & van Achterberg，1990
巨穴反颚茧蜂属 *Aspilota* Foerster	2	棕角反颚茧蜂 *Aspilota fuscicormis*（Haliday）	0100011111	Dutu-Lacatusu，1965
离濒茧蜂属 *Chorebus* Haliday	1	细离颚茧蜂 *Chorebus gracills*（Nees）	0000111210	Dutu-Lacatusu，1965
斗离颚茧蜂属 *Polemochartus* Schulz	0	离颚茧蜂 *Polemochartus lparae* Giraud	1000101200	Dutu-Lacatusu，1965

注："0"祖征，"1"衍征。图见柏连阳等（2013）茧蜂分类和系统发育研究 P. 181 - 186，此处从略。

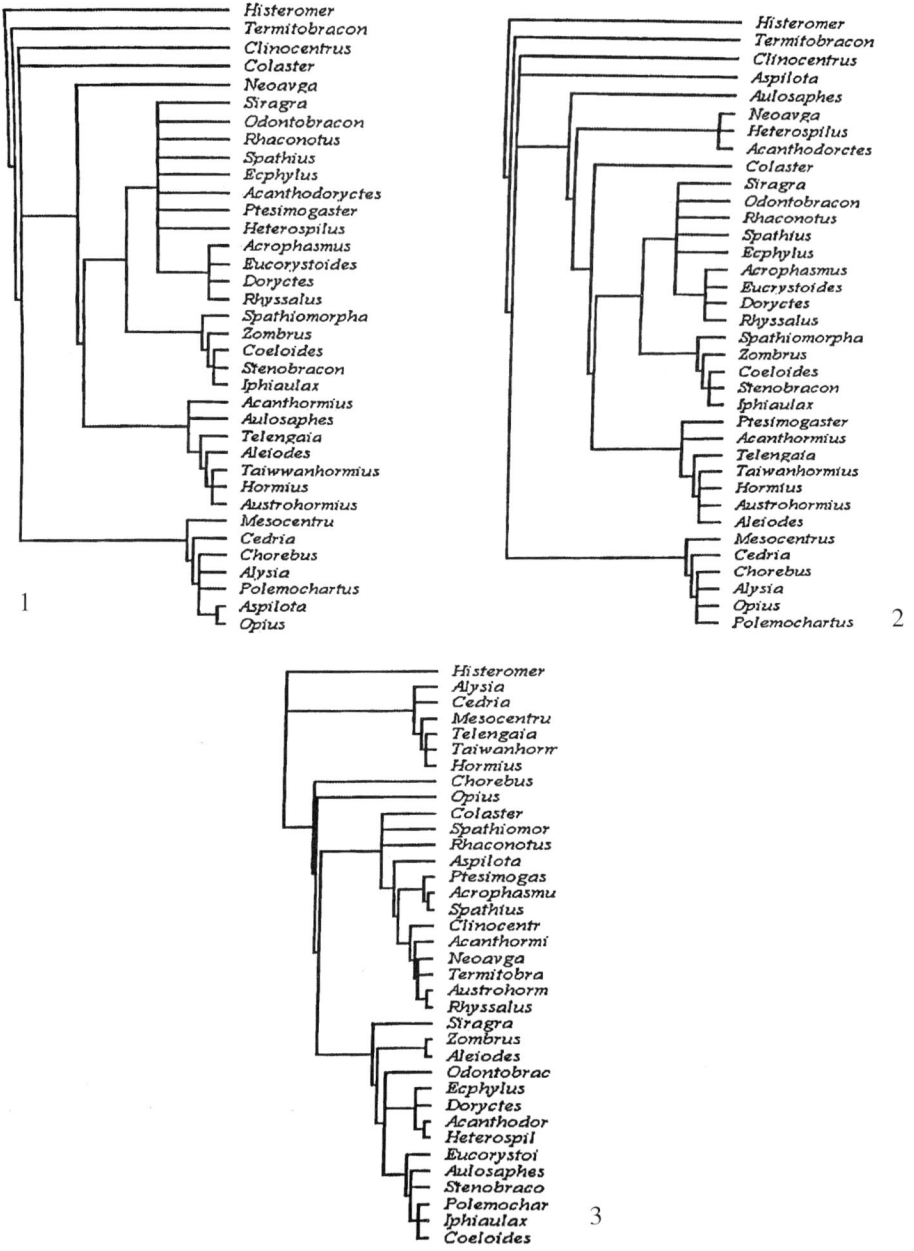

图 114　圆口类 Cyclostomes 支序系统发育合意树

1. 多数规则合意树；2. 严格合意树；3. 设置权重 "2111112322" 得到一个同等简约树。

②小结

本节以厚腿茧蜂亚科厚腿茧蜂属作为外群，利用 Pars 程序分析得到 66 个同等简约树，运用 Consence 程序进行合意分析得到多数规则合意树（图 114，1）和严格合意树（图 114，2）。设置分析的 10 个雄性外生殖器的性状的权重为 "2111112322"，只得到一个同等简约树（图 114，3）。

圆口类 3 棵树属间雄性外生殖器支序系统发育树的趋势是矛茧蜂亚科 Doryctinae 和茧蜂亚科 Braconidae 属聚类在一起，因为它们具有阳茎基高、呈圆锥形凸起等相似的形态性状；索翅茧蜂亚科 Hormiinae、异茧蜂亚科 Exothecinae、软节茧蜂亚科 Lysiteriminae 的成员和内茧蜂亚科 Rodaginae 聚类在一起，与过去它们都作为族级成员被放在广义的内茧蜂亚科 Rodaginae s. l. 内（Quicke & van Achterberg，1990；van Achterberg，1991，1993）有较近的亲缘关系有关。

合意树内蝇茧蜂亚科 Opiinae 与反颚茧蜂亚科 Alysiinae 有较近的亲缘关系，蝇茧蜂亚科 Opiinae 的蝇茧蜂属 *Opius* 和反颚茧蜂属 *Alysia*、离颚茧蜂属 *Aspilota*、斗离颚茧蜂属 *Polemochartus* 构成姊妹群。

以上结果亦可见于 Dowton 等（2002）的圆口类的分子系统学和形态学研究。

（2）长茧蜂亚科群 Helconoid-Iineage 亚科和属间系统发育关系

①性状分析结果

表 8 　　　　　　　　　　长茧蜂亚科群雄性外生殖器性状及性状状态

性状	性状状态	编码
1	阳茎基环腹缘端略有凹陷	0
	阳茎基环横置或稍隆起	1
2	阳茎基腹铗有内突	0
	阳茎基腹铗无内突	1
3	阳茎基腹铗圆	0
	阳茎基腹铗长	1
4	尖突有	0
	尖突退化	1
5	抱器背突与阳茎基腹铗相对长度＜0.4	0
	抱器背突与阳茎基腹铗相对长度＞0.4	1
6	抱器背突端部圆钝或宽而平截	0
	抱器背突新月形或弓形，端部尖锐或稍钝	1
7	抱器背突有齿	0
	抱器背突无齿	1
8	阳茎基腹铗与阳茎基侧突相对长度 50.5	0
	阳茎基腹铗与阳茎基侧突相对长度＞0.5	1
9	雄性外生殖器宽扁	0
	雄性外生殖器长形	1

表9　　　　长茧蜂亚科群雄性外生殖器性状分析原始数据矩阵

类群	研究种数（种）	常见种	性状状态	资料来源
外群				
厚腿茧蜂属 *Histeromerus* Wesmael	3	*Histeromerus* sp.	000101110	Quicke & van Achterberg, 1990
内群				
蚤茧蜂亚科 Blacinae				
蚤茧蜂属 *Blacus* Nees s. l.	2	红角盘茧蜂 *Blacus ruficornis*（Nees）	100000011	van Achterberg，1988
滑茧蜂亚科 Homolobinae				
滑茧蜂属 *Homolobus* Foerster	1	环节滑茧蜂 *Homolobus anuliornis*（Nees）	111001001	van Achterberg，1988
小模茧蜂属 *Microtypus* Ratzeburg	1	沙地小模茧蜂 *Microypus desertorum* Shestakov	100000101	van Achterberg，1988
长茧蜂亚科 Helconinae				
拟长茧蜂属 *Helconidea* Viereck	3	齿拟长茧蜂 *Helconidea dentator*（Fabricius）	101010011	Tobias，1967
盾胸茧蜂属 *Aspicolpus* Wesmael	1	脊盾胸茧蜂 *Aspicolpus carinator*（Nees）	111001001	Tobias，1967
曲径茧蜂属 *Eubazus* Nees	2	淡足曲径茧蜂 *Eubazus pallipes* Nees	111001001	van Achterberg，1988
弗氏茧蜂属 *Foersteria* Szepligeti	1	毛弗氏茧蜂 *Foersteria puber*（Haliday）	10101000 1	Tobias，1961
长体茧蜂亚科 Macrocentrinae				
长体茧蜂属 *Macrocentrus* Curtis	5	缘长体茧蜂 *Macrocentrus marginator*（Nees）	101000011	Brajkovic，1989
屏腹茧蜂亚科 *Sigalphinae*				
屏腹茧蜂属 *Sigalphus* Lateille	1	湖南屏腹茧蜂 *Sigalphus hunans* You et Tong	111001111	游兰韶等，2006
刀腹茧蜂亚科 Xiphozelinae				
刀腹茧蜂属 *Xiphozele* Cameron	7	湖南刀腹茧蜂 *Xiphozele hunanensis* He et Ma	101001010	Quicke & van Achterberg，1990；何俊华等，2000
优茧蜂亚科 Euphorinae				
长柄茧蜂属 *Streblocera* Westwood	5	岗田长柄茧蜂 *Sireblocera okadai* Watanabe	011010010	赵修复，1964；Belokobylskij，1987；游兰韶等，2006
常室茧蜂属 *Peristenis* Foerster		淡足常室茧蜂 *Perislenus pallipes*（Curtis）	01111000 0	Loan，1974；Tobias，1986

续表 1

类群	研究种数（种）	常见种	性状状态	资料来源
毛室茧蜂属 *Leiophron* Nees	10	苹红盲蝽毛室茧蜂 *Leiophron heterocordyli* Richards	011111000	Nixon，1946；Loan，1970
优茧蜂属 *Euphorus* Nees	11	妹优茧蜂 *Euphorus meriones* Nixon	011110010	Nixon， 1946； Loan， 1970，1974；
缘茧蜂属 *Perilitrs* Nees	2	谷缘茧蜂 *Perilitus cerealium* (haliday)	011101100	Dutu-Lacatusu，1965
蝽茧蜂属 *Aridelus* Marshall	3	湖南蝽茧蜂 *Aridelus hunanensis* You，Xiong et Zhou	010000001	游兰韶等，2006
赛茧蜂属 *Zele* Curtis；	2	绿眼赛茧蜂 *Zele chlorophthalmus* (Spinola)	011010000	Tobias，1966；Brajkovic，1989
悬茧蜂属 *Meteorus* Haliday	2	大悬茧蜂 *Meteorus pachypus* Schmiedeknecht	011011110	Dutu-Lacatusu， 1965； Achtelig，1974
大颚茧蜂属 *Cosmophorus* Ratzeburg	2	凹头大颚茧蜂 *Cosmophorus regius* Niezabitowskij	000011100	Tobias，1966；Brajkovic，1989
宽鞘茧蜂属 *Centistes* Haliday	6	尖宽鞘茧蜂 *Centistes cuspitatus* (Haliday)	001000000	Belokobylskij，1992
粗柄茧蜂亚科 Trachypetinae				
广茧蜂属 *Megalohelcon* Turmer	1	广茧蜂 *Megalohelcon* sp.	100100100	Quicke & van Achterberg，1990
窄径茧蜂亚科 Agathidinae				
脊转茧蜂属 *Coccygidiun* Saussare	1	大眼脊转茧蜂 *Coccygidium amplargma* (Gupta & Bhat)	010101010	Bhat & Gupta，1977
长须茧蜂属 *Agalhis* Latreille	1	短毛长须茧蜂 *Agathis breviseta* Nees	010101010	Bhat & Gupta，1977
深径茧蜂属 *Bassus* Fabricius	7	豆深径茧蜂 *Bassus fabiae* (Nixon)	010101010	Bhat & Gupta，1977
真径茧蜂属 *Euagathis* Szepligeti	10	印度真径茧蜂 *Euagathis indica* Enderlein	010101110	Bhat & Gupta，1977
愈室茧蜂属 *Camptothipsis* Enderlein	1	红铃虫愈室茧蜂 *Camptothlipsis gossypiella* Gupta & Bhat	010101010	Gupta & Bhat，1977
全脉茧蜂属 *Earinus* Wesmael	2	缅甸全脉茧蜂 *Earinus burmensis* Gupta & Bhat	011101010	Gupta & Bhat，1977
环脊茧蜂属 *Gyrochus* Enderlein	1	密黄环脊茧蜂 *Gyrochus helvus* Enderlein	011101010	Bhat & Gupta，1977
布伦茧蜂属 *Braunsia* Kriechbaumer	2	宽鞘布伦茧蜂 *Braunsia latisocreata lalisocreata* Bhat & Gupta	011101110	Bhat & Gupta，1977；Quicke & van Achterberg，1990

续表 2

类群	研究种数（种）	常见种	性状状态	资料来源
长喙茧蜂属 *Cremnops* Foerster	4	荒漠长喙茧蜂 *Cremnops deserior*（Linnaeus）	011001010	Dutu-Lacatusu，1965
长翅茧蜂属 *Balcemena* Cameron	1	斯氏长翅茧蜂 *Balcemena semiperi*（Roman）	011100010	Dutu-Lacatusu，1965

注："0"祖征，"1"衍征。图见柏连阳等（2013）茧蜂分类和系统发育研究 P.181-186，此处从略。

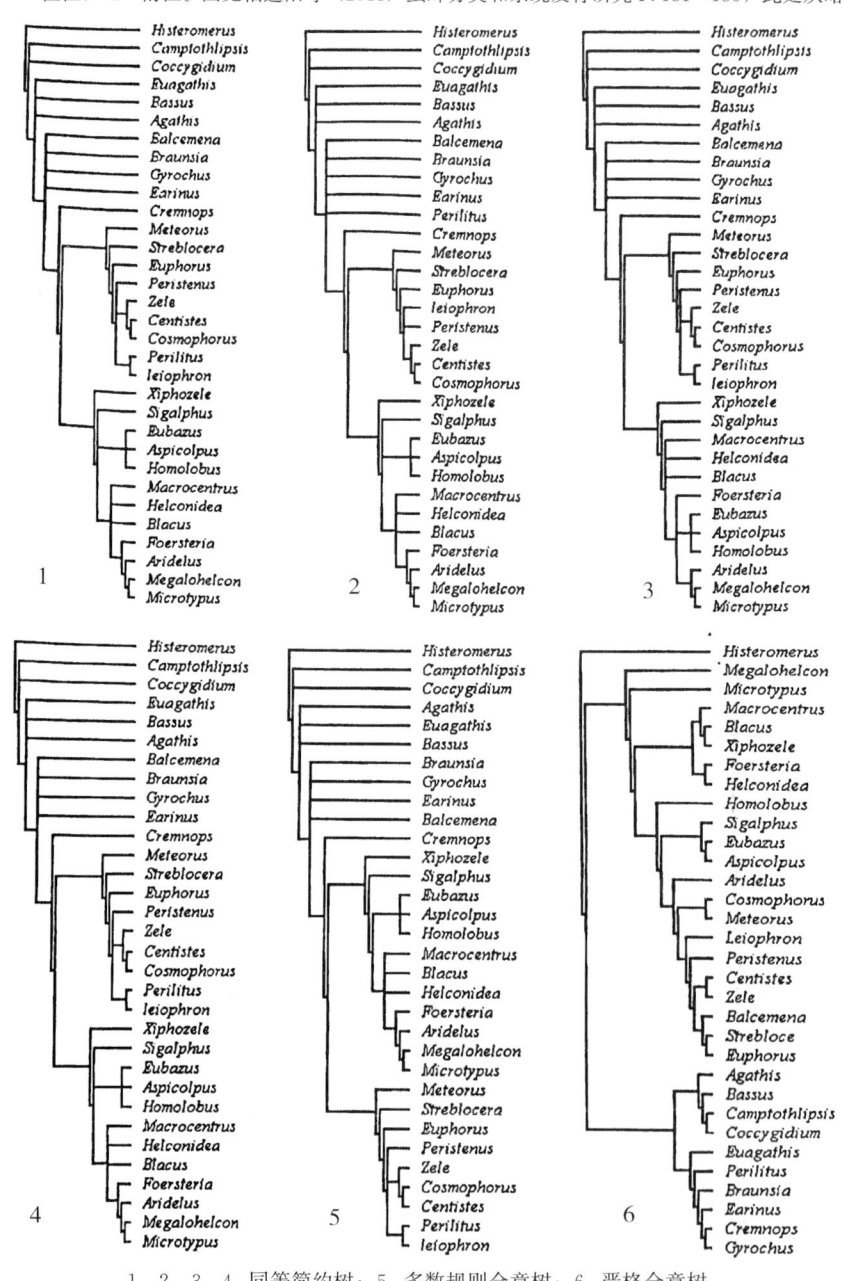

1、2、3、4. 同等简约树；5. 多数规则合意树；6. 严格合意树。

图 115　长茧蜂亚科群 Helconoid-lineage 系统发育支序图

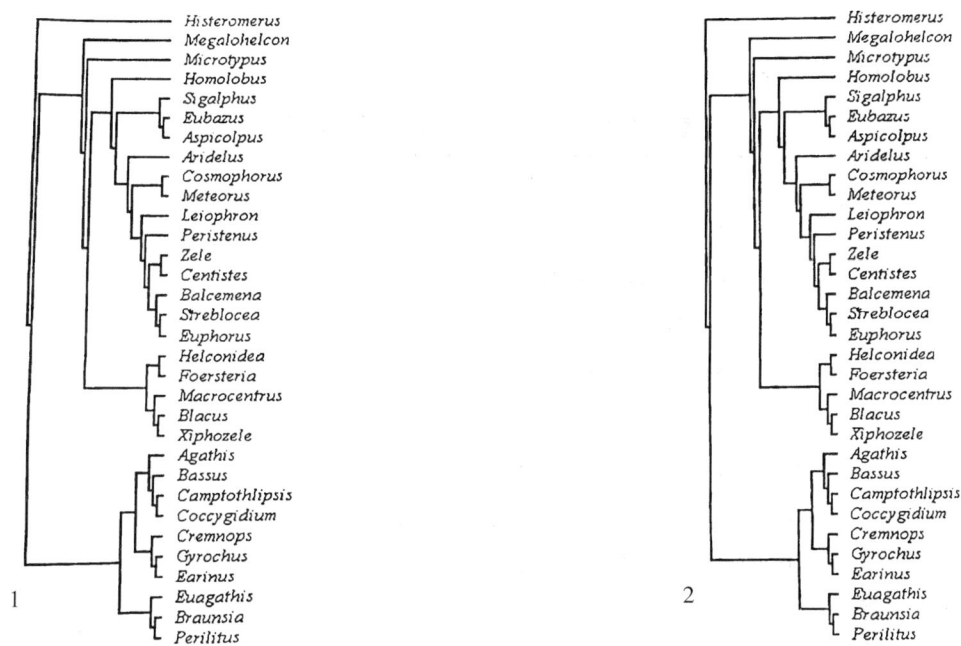

1. 多数规则合意树；2. 严格合意树。

图 116 长茧蜂亚科群 Helconoid-lineage 系统发育支序图

②小结

利用 Phylip 3.69 软件包的 Pars 程序分析，得到 4 个同等简约树（图 115，1 至 115，4），经 Consence 程序合意分析，得到多数规则合意树（图 115，5）和严格合意树（图 115，6）。利用本软件包的 Penny 程序进行分析，得到 395 个同等简约树，运用 Consence 程序合意分析得到多数规则合意树（图 116，1）和同等简约树（图 116，2）。

本项研究经过两种系统发育分析程序得到的多数规则合意树（图 115，5 和 115，1）和严格合意树（图 115，6 和 115，2）均明显地将本亚科群分为 2 大主支，一个主支是优茧蜂亚科 Euphorinae＋刀腹茧蜂亚科 Xiphezeline＋长茧蜂亚科 Helconinae＋滑茧蜂亚科 Homolobinae＋屏腹茧蜂亚科 Sigalphinae＋长体茧蜂亚科 Macrocentinae；另一支为窄径茧蜂亚科 Agathidinae。可以看出除缘茧蜂属 *Perilitus* 外，优茧蜂亚科 Euphorinae 的 9 个属、窄径茧蜂亚科 Agathidinae 的 10 个属，均以亚科为单元分别聚类形成主支，其余 7 个亚科的相关属也都分别归属在有关部位，呈现一定的规律，与 Dowton 等（1998，2002）使用形态学和分子系统学研究结果内支序图分为 2 大主支的结果大致相同。

在本亚科群内蠹茧蜂亚科 Blacinae、长茧蜂亚科 Helconinae 和长体茧蜂亚科 Macrocentinae 的属始终聚类在一起，显示出较近的亲缘关系，与形态学研究和分子生物学研究结论相符（Dowton，2002）。

（3）小腹茧蜂亚科群 Microgastroid-Iineage 亚科和属间系统

发育关系

①性状分析结果

表 10　　　　　　　　　　小腹茧蜂亚科雄性外生殖器性状及性状状态

性状	性状状态	编码
1	阳茎基短，横置或凹陷	0
	阳茎基环中等长，稍隆起	1
2	阳茎基侧突厚，宽大	0
	阳茎基侧突变薄，变窄	1
3	阳茎基侧突长，能包住抱器背突	0
	阳茎基侧突短，不能包住抱器背突	1
4	阳茎基腹铗与阳茎基侧突相对长度<0.6	0
	阳茎基腹铗与阳茎基侧突相对长度>0.6	1
5	阳茎基腹铗上刚毛数>5	0
	阳茎基腹铗上刚毛数<5	1
6	尖突长，超过抱器背突中部或包住抱起背突	0
	尖突短，不达抱器背突中部	1
7	抱器背突与阳茎基腹铗相对长度<0.4	0
	抱器背突与阳茎基腹铗相对长度>0.4	1
8	抱器背突端部圆钝或宽而平截	0
	抱器背突端部尖锐	1
9	抱器背突齿数>3	0
	抱器背突齿数<3	1

表 11　　　　　　　　　　小腹茧蜂亚科雄外生殖器性状分析原始数据矩阵

类群	研究种数（种）	常见种	性状状态	资料来源
外群				
奇脉茧蜂属 *Mirax* Haliday	2	奇脉茧蜂属 *Mirax* Haliday	000000011	Belokobylsky，1989；Maeto，1996
折脉茧蜂属 *Cardiochiles* Nees	4	纵卷叶螟黑折脉茧蜂 *Cardiochiles fuscipennis* Szepligeti	000001010	游兰韶等，1983，2006
内群		红唇奇脉茧蜂 *Mirax ryfilabris* Haliday		
绒茧蜂族 Apantelini Viereck				
绒茧蜂属 *Apanteles* Foerster	25	瓜野螟绒茧蜂 *Apanteles taragamae* Viereck	000010111	游兰韶等，1983，2006；曾爱平等，2009

续表

类群	研究种数（种）	常见种	性状状态	资料来源
长绒茧蜂属 *Dolichogenidea* Viereck	5	茶毛虫长绒茧蜂 *Dolichogenidea lacleicolor*（Viereck）	000000111	游兰韶等，1982
稻绒茧蜂属 *Exoryza* Mason	1	三化螟稻绒茧蜂 *Exoryza schoenobi*（Wilkinson）	111010111	曾爱平等，2009
潜叶虫茧蜂属 *Pholelesor* Mason	1	枝潜叶虫茧蜂 *Pholelesor viminelorum*（Wesmael）	011010111	曾爱平等，2009
斜眼茧蜂属 *Ilidops* Mason	1	纳斜眼茧蝉 *Ilidops naso*（Marshal）	000010111	曾爱平等，2009
白颊茧蜂属 *Alphomelon* Mason	1	麦蛾白颊茧蜂 *Alphomelon phthorimaeae*.（Muesebeck）	100110101	曾爱平等，2009
盘绒茧蜂族 Cotesiini Mason				
盘绒茧蜂属 *Colesia* Cameron	21	螟黄足盘绒茧蜂 *Cotesia flavipes* Cameron	000101000	游兰韶等 2006；曾爱平等，2009
刻绒茧蜂属 *Glyplapanteles* Ashmead	11	双齿刻绒茧蜂 *Glyptapanteles bidentalus*（Sharma）	100101001	Sharma，1972；游兰韶等，1982；Tobias，1968；曾爱平等，2009
微绒芷蜂属 *Venanides* Mason	1	麦蛾茧蜂 *Venanides* sp.	100111000	曾爱平等，2009
原绒茧蜂属 *Protapanteles* Ashmead	3	云南原绒茧蜂 *Protapanteles yunanensis*（You et Xiong）	000111001	Sharma，1973；曾爱平等，2009
沟腹茧蜂属 *Diolcogaser* Ashmead	4	长管沟腹茧蜂 *Diolcogaster longilerebus*（Rao & Chalikwar）	100101001	Rao & Chalikwar，1975；曾爱平等，2009
缩腰茧蜂属 *Deuterixys* Mason	3	粗缩腰茧蜂 *Deuterixys ruidus*（Sharma）	111101001	Sharma，1973；曾爱平等，2009
小腹茧蜂族 Mierogastrini Mason				
扁股茧蜂属 *Ionella* Mason	1	Iconella sp.	100110011	曾爱平等，2009
湿小腹茧蜂属 *Hygropltis* Thomson	1	稻螟小腹茧蜂 *Hygroplitis russata*（Haliday）	100010111	曾爱平等，2009
小腹茧蜂属 *Microgaster* Lateille	5	小腹茧蜂 *Microgaster subcompletus* Nees	100010110	Dutu-Locatusu，1962；曾爱平等，2009
拱脊绒茧蜂属 *Choeras* Mason	1	*Choeras* sp.	011110011	曾爱平等，2009.
大茎茧蜂属 *Sathon* Mason	7	镰大茎茧蜂 *Sathon falcatus*（Nees）	100000011	Williams，1988；曾爱平等，2009
侧沟茧蜂族 Microplitini Mason				
侧沟茧蜂属 *Microplitis* Foerster	5	淡足侧沟茧蜂 *Microplitis pallidipes* Szepligeti	000111101	曾爱平等，2009
锥盾茧蜂属 *Philoplitis* Nixon	1	松锥盾茧蜂 *Philoplitis coniferens* Nixon	000011100	曾爱平等，2009

注："0"祖征，"1"衍征。图见柏连阳等（2013）茧蜂分类和系统发育研究 P. 181－186，此处从略。

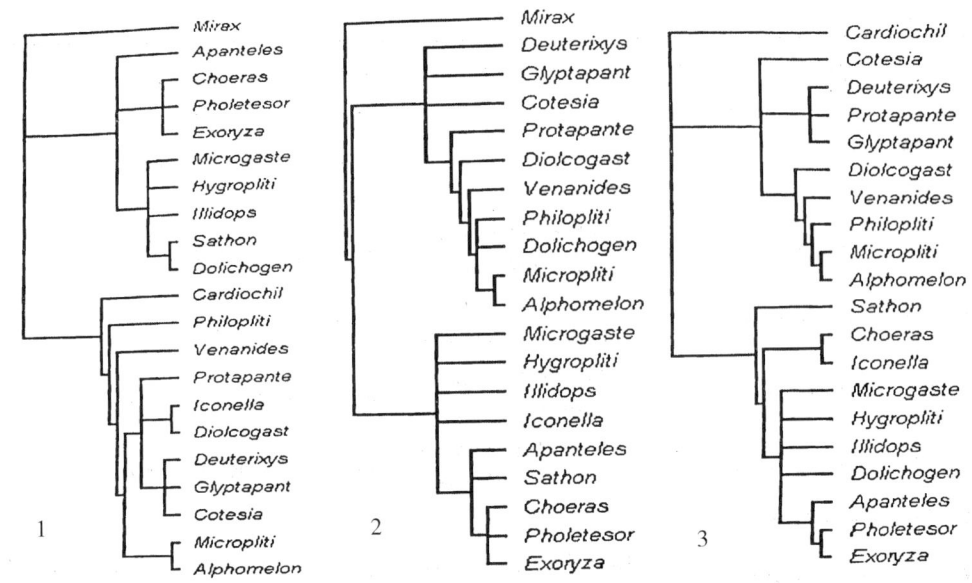

1. 小腹茧蜂亚科系统发育严格合意树（折脉茧蜂属和奇脉茧蜂属为外群）；2. 小腹茧蜂亚科系统发育严格合意树（奇脉茧蜂属为外群）；3. 小腹敛蜂亚科系统发育严格合意树（折脉茧蜂属作外群）。

图 117　小腹茧蜂亚科 Maicrogastrinae 系统发育支序图

②小结

以奇脉茧蜂属 *Mirax* Haliday 和折脉茧蜂属 *Cardiochiles* Nees 作为外群，调用 Phylip 软件包的 Pars 程序进行分析，在不改变任何系统系数的情况下，即得到一个最大简约树（图 117，1）。为验证以上分析结果的可信度，分别利用奇脉茧蜂属 *Mirax* Haliday 和折脉茧蜂属 *Cardiochiles* Nees 作为外群，调用 Phylip 软件包的 Pars 程序，各自得到 2 个同等简约树和 5 个同等简约树，经过合意分析，得到严格合意树图 117，2 和 117，3。

3 棵系统发育树显示了和前人研究（Mason，1981）非常相似的研究结果，即小腹茧蜂亚科基本可以分为 2 大主支，一支包括盘绒茧蜂族 Cotesiini Mason（微绒茧蜂属 *Venanides* Mason、绒茧蜂属 *Cotesia* Cameron、原绒茧蜂属 *Protapanteles* Ashmead、缩腰茧蜂属 *Deuterixys* Mason、刻绒茧蜂属 *Glyptapanteles* Ashmead、长绒茧蜂属 *Dolichogenidea* Viereck）和侧沟茧蜂族 Microplitini Mason（侧沟茧蜂属 Microplitis Foerster、锥盾茧蜂属 *Philophitis* Nixon）；另一支包括小腹茧蜂族 Microgastrini Mason（大茎茧蜂属 *Sathon* Mtason、拱脊绒茧蜂属 *Choeras* Mason、扁股茧蜂属 *Iconella* Mason、小腹茧蜂属 *Microgaster* Latreille、湿小腹茧蜂属 *Hygroplitis* Thomson）和绒茧蜂族 Apantelini Viereck（斜眼茧蜂属 *Illidops* Mason、长绒茧蜂属 *Dolichogenidea* Viereck、绒茧蜂属 *Apanteles* Foerster、潜叶虫茧蜂属 *Pholetesor* Mason、稻绒茧蜂属 *Exoryza* Mason）。本项研究和 Mason（1981）将小腹茧蜂亚科分为盘绒茧蜂族 Cotesiini Mason＋侧沟茧蜂族 Microplitini Mason＋拱茧蜂族 Fomicini Mason 和小腹茧蜂族 Microgastrini Mason＋绒茧蜂族

Apantelini Viereck2 大类群结论相符合。图 117，2 和 117，3 可以证明刻绒茧蜂属 *Glyptapanteles* 和原绒茧蜂属 *Protapanteles* 的亲缘关系，前者是后者的异名（Yu & van Achterberg 等，2015）。

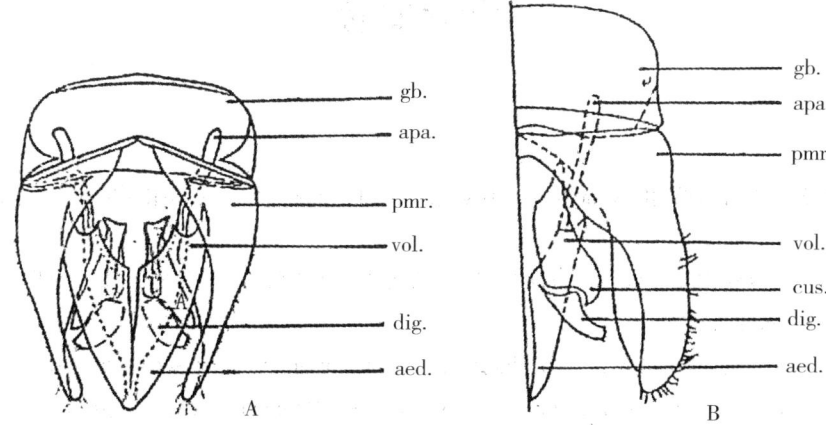

1. 毛弗氏茧蜂 *Foersteria puber*（Haliday）（仿 Tobias，1961）；2. 淡足曲径茧蜂 *Eubadizon pallipes* Nees（仿 van Achtemerg，1988）。

gb：生殖基或称阳茎基环；apa：阳茎内突；pmr：阳茎基侧突；vol：阳茎基腹铗；cus：尖突；dig：抱器背突；aed：阳茎

图 118　茧蜂科 Braconidae 雄外生殖器结构图

（三）总结

Maetô（1996）和 Quicke（1988）分别使用小腹茧蜂亚科 Microgastrinae 和茧蜂亚科 Braconinae 的雄性外生殖器探讨其族属间的系统发育关系。丁艮凤等（2012）使用支序系统学的方法研究茧蜂科 3 个亚科群内亚科及属间的系统发育关系，这是一种尝试，从族属的层次看，基本上是对的，反映出早期研究的 3 个亚科群理论（van Achterbetrg，1984；Quieke & van Achtarbarg，1990），本节全力反映（雄性外生殖器研究）雄性外生殖器结合支序系统学方法这一研究内容，在茧蜂分类研究的历史长河中有它的历史地位和历史意义。

参考文献

[1] Tobias V I. Generic groupings and evolution of parasitic Hymenoptera of the subfamily Euphrinae，（Hymenoptera，Braconidae）II [J]．Ent. Review，1966，45（3）：612–633．

[2] Tobias V I. A review of the classification，phylogeny and evolutiaon of the family Braconidae（Hymenoptera）II [J]．Ent. Obozr，1967，46：645–669．

[3] Quicke D. L. J．Inter-generic variation in the male genitalia of the family Braconidae（Insecta，Hymenoptera，Braconidae）[J]．Zoologica Scripta，1988，17：399–409．

[4] Zikic V．，van Achterberg C．，Stankovic S. S，et al．The male genitalia in the subfamily Agathidinae（Hym. Braconidae），morphologicalinform-ation of species on generic level[J]．Zoologischer Anzeiger. 2011，250：246–257．

[5] 丁艮凤．基于雄性外生殖器的茧蜂科支序系统学研究[D]．长沙：湖南农业大学，2012．

参考文献

[1] 周至宏. 广西稻纵卷叶螟寄生性天敌初志[Z]. 广西农业科学院情报研究室. 1982, 8: 1 -
14.

[2] 何俊华. 我国锥盾蜂属 *Philoplitis* Nixon 新记录（膜翅目：茧蜂科）[J]. 浙江农业大学学
报, 1993, 9 (2): 169 - 170.

[3] Achterberg C. van. Revision of tha genera of Braconini with first and second metasoma tergi-
tes immovably joined (Hymenoptera, Braconinae, Braconinae)[J]. Tijdschrift voor Ento-
mologie, 1984, 127: 137 - 164.

[4] 何俊华, 陈学新, 马云. 海南森林昆虫[M]. 北京：科学出版社, 2002: 878 - 884.

[5] Watanabe C. H. Sauter's Formosa-collection: Braconidae[J]. Ins. Mats, 1934, 4: 182 -
205.

[6] 游兰韶, 罗庆怀. 福建昆虫志[M]. 福州：福建科学技术出版社, 2002: 314 - 334.

[7] Enderlein, G. Neue Braconiden aus dem indischen und afrikanischen Gebiet[J]. Stettin. ent
ztg. , 1905, 66: 227 - 236.

[8] 刘联仁, 游兰韶. 四川横断山绒茧蜂属一新种[J]. 昆虫学报, 1988, 31 (3): 318 - 320.

[9] Wangzhen zhang, Dongbao Song, Jiahua Chen. Revision of *Microplitis* species from China
with description of a new species[J]. Zootaxa, 2017, 4231 (2): 296 - 300.

[10] Rao S. N. , Chandy K. Descriptions of eleven new and records of fifteen known species of
lchneumonoidea (Hymenoptera, parasitica) from India[J]. The Indian journal of Entomolo-
gy, 1950, 12: 167 - 190.

[11] Mason W. R. M. The polyphyletic nature of *Apanteles* Först (Hymenoptera: Braconi-
dae): a phylogeny and reclassificatiom of Micogastrinae[J]. Mem. Entoml. Soc. Can.
1981, 115, 1 - 147.

[12] Cameron, P. On some Braconidae from the Himalaya[J]. The Entomologist, 1906, 39:
205.

[13] Watanabe, C. Notes on the genera *Zele* Curtis and *Xiphozele* Cameron with special refer-
ence to the species in Japan[J]. Proc. Ent. Soc. Wash, 1969, 71 (3): 318 - 320.

[14] 游兰韶, 周至宏. 山东莘田绒茧蜂属一新种[J]. 动物分类学报, 1988, 13 (3): 305 -
307.

[15] 游兰韶, 罗亨文. 中国长体茧蜂属新记录[J]. 湖南农学院学报, 1988, 14 (4): 37 - 38.

[16] 游兰韶, 周至宏, 童新旺. 湘桂两省区刀腹茧蜂属记述（膜翅目：茧蜂科：刀腹茧蜂亚
科）[J]. 湖南农业大学学报（原湖南农学院学报）：自然科学版, 1990, 16 (2): 150 -

152.

[17]　Achterberg C. van. A new species of *Xiphozele* Cameron（Hymenoptera：Braconidae）from South Vietnam[J]. Zool Med Leiden，2008，82（1）：1-8.

[18]　游兰韶，魏美才. 湖南茧蜂志（一）[M]. 长沙：湖南科学技术出版社，2006.

[19]　Shaw M R，Huddlestone T. Classification and biology of braconid wasps（Hymenoptera：Braconidae）[J]. Handbk Ident Br Ins，1991，7（11）：1-126.

[20]　Achterberg C. van. Parallelisms in the braconidae（Hymenoptera），with special reference of the biology[J]. Advances Par Hym Res，1988：85-115.

[21]　Quicke D. L. J.，van Achterberg C. The type specimens of Enderein's Braconinae（Hymenoptera：Braconidae）housed in Warsaw[J]. Tijdschrift voor Entomologie，1990，133：251-264.

[22]　何建云，肖铁光，宋东宝，等. 蜡螟绒茧蜂对大蜡螟的寄生作用[J]. 中国生物防治，2009，25（3）：200-203.

[23]　何建云，肖铁光，王文艺，等. 蜡螟绒茧蜂的生物学特征[J]. 湖南农业大学学报，2006，32（5）：517-520.

[24]　游兰韶，陈绍鹄，周至宏. 贵州省蜂巢害虫大小蜡螟的两种寄生蜂的研究[J]. 湖南农业大学学报，1996，22（2）：164-169.

[25]　何建云. 蜡螟绒茧蜂生物学及对蜡螟的控制研究[D]. 长沙：湖南农业大学，2006.

[26]　Papp J. A survey of tha European species of *Apanteles* Först.（Hymenoptera，Braconidae：Microgastrinae）. X. *glomeratus*-group 2 and the *cultellatus*-group[J]. Ann. Hist-Nat. Mus. Nat. Hung. 1987，vol.，39，207-258.

[27]　Nixon G. E. J. A revision of the northwest European species of the *glomoratus*-group of *Apanteles* Först（Hymenoptera，Braconidae）[J]. Bull. ent. Res.，1974，64：453-524.

[28]　Austin A. D.，Dangerfield. P. C. Synopsis of Australasian Microgastrinae（Hymenoptera：Braconidae），with a key to genera and description of new taxa[J]. Invertebr Taxon，1992，6，1-76.

[29]　Watanabe C. On three species of Braconidae from inner Mongolia[J]. Ins. Mats.，1940，15（1-2）：31-33.

[30]　Achterberg C. van. Notes on some type species descriped by Fabrcius of subfamilies Braconinae，Rogadinae，Microgastrinae and Agathidinae（Hymenoptera：Braconidae）[J]. Entomologische Berichten，Amsterdam. 1982，42：133-139.

[31]　Inayatullah M. A. systmatic study of the genus *Vipio* Latreille（Hymenoptera：Braconidae）of the Nearctic and Neotropical regions[D]. Wyoming：University of Wyoming.

[32]　Walker A. K.，Kitehing I. J.，Austin A. D. Reassessment of the phylogentic relationships within the Microgastrinae（Hymenoptera：Braconidae）[J]. Cladisties，1996，6：291-306.

[33]　Austin A. D. Revision of the genus *Buluka* de Saeger（Hymenoptera：Braconidae：Microgastrinae）[J]. Systematic Emtomology，1989，14：149-163.

[34]　Nixon G. E. J. A reclasification of the tribe Microgastrini（Hymenoptera：Microgastri-

nae)［C］// Balletin of the British Museum（Naturae History）Entonology Supprement. 1965：1 - 282.

［35］郑乐怡. 动物分类原理和方法［M］. 北京：高等教育出版社，1987.

［36］Watanabe C. A. revision of the genus *Batotheca* Enderlein，with description of a new species（Hym.，Braconidae)［J］. Mushi，1938，11：170 - 175.

［37］Shenefelt R. D. Braconidae 10. Braconinae，Gnathobraconinae，Mesostoinae，Pseudodicrogeniinae，Gelengainae，Ypsistocerinae［J］. Hym. Cat，（nov. ed.），1978，15：1425 - 1872.

［38］Cameron P. Hymenoptera orientalis or contributions to a knowledge of the Hymenoptera of the Oriental Zoological Region［J］. Mem. Proc. Mancher. lit. phiI. Soc. （1896）1897，41（4）：35 - 40.

［39］周善义. 广西大明山昆虫［M］. 桂林：广西师范大学出版社，2013.

［40］金道超，李子忠. 习水景观昆虫［M］. 贵阳：贵州科学技术出版社，2005.

［41］罗庆怀. 中国蜷茧蜂属一新种［J］. 昆虫分类学报，1997，19（1）：55 - 57.

［42］陈学新，何俊华，马云. 中国动物志. 昆虫纲第三十七卷. 膜翅目茧蜂科（二)［M］. 北京：科学出版社，2004：xvi＋581.

［43］Whitefield J. B.，Mardulyn P.，Austin A. D. Phylogenetic relationship among Microgastrinae braconid wasp genera basad on data from the 16S，COI amd 28S genes and morphology［J］. Syst. Ent. 2002，27：337 - 359.

［44］Long，K. D.，van Achterberg，C. An additional list with new records of braconid wasps of the Family Braconidae（Hymenoptera）from Vietnam［J］. Tap. Chi. Sinh. Hoc，2014，36（4）：397 - 416.

［45］游兰韶，周至宏. 小腹茧蜂属一新种记述［J］. 动物分类学报，1996，2（4）：214 - 216.

［46］游兰韶，曾爱平，文礼章. 北京寄生菜粉蝶的盘绒茧蜂种类鉴定［J］. 湖南农业大学学报，2012，38（1）61 - 63.

［47］Wilkinson D S. Description of palearctic species of *Apanteles*（Hymen.，Braconidae)［J］. Trans R Ent Soc Lond，1945，1 - 227.

［48］胡萃，俞伯良，魏德忠. 微红盘绒茧蜂在我国的首次记录［J］. 昆虫学报，1981，24（3）：343.

［49］郑乐怡. 动物分类原理和方法［M］. 北京：高等教育出版社，1987.

［50］Kimani S W，Dverholt W A. Biosystem of the *Cotesia flavipes* complex（Hymenptera：Braconidac）：interspecific hybridization，sex pheromone and mating behavior studies［J］. Bulletin of Entomological Research，1995，85：379 - 386.

［51］殷永升，常金玉. 微红盘绒茧蜂生物学及其利用的初步研究［J］. 昆虫天敌，1984，6（4）：223 - 224.

［52］赵洪有，裴德姬. 微红盘绒茧蜂初步研究［J］. 昆虫天敌，1984，6（4）：227 - 229.

［53］杨怀文. 微红盘绒茧蜂的生物学特性观察［J］. 生物防治通报. 1985，1（2）：6 - 10.

［54］游兰韶. 两种蜷茧蜂外生殖器比较［J］. 湖南农学院学报. 1991，17（1）：23 - 25.

［55］Maetô，K. Inter-generic variation in the male genitatia of the subfamily Microgastrinae

(Hymenoptera：Braconidae) with a reassessment of Mason's tribal classification[J]. Journal of Hymenoptera Research，1996，5：38－52.

[56] Chou Liangyin. A new species of *Buluka* (Hymenoptera：Braconidae) from Taiwan[J]. Chinese J. Entomol, 1985，5：85－88.

[57] De Saeger H. Cardiochilinae et Sigalphinae (Hymenoptrae：Apocrita). Fam. Braconidae[C]// Exploration du Parc National Albert Mission. G. F. de Witte (1933—1935)，1948，53，1－272.

[58] 曾赞安，游兰韶，梁广文. 寄生荔枝蒂蛀虫的刻绒茧蜂属一种新种[J]. 湖南农业大学学报，2007，33 (1)：65－67.

[59] 游兰韶，周至宏. 中国绒茧蜂属二新种[J]. 昆虫分类学报，1991，13 (1)：39－41.

[60] 游兰韶，周至宏. 华南绒茧蜂属二新种[J]. 昆虫分类学报，1990，12 (2)：151－154.

[61] 周至宏，游兰韶. 广西窄腹茧蜂属一新种 (膜翅目茧蜂科茧蜂亚科)[J]. 昆虫分类学报，1992，14 (2)：139－141.

[62] Achterberg C. van, Khuat Dang Long, Chen Xue Xin et al. *Pseudofornicia* gen. n. (Hymenoptera, Braconidee, Microgasterinae) a new Indo-Australian genus and one new species from Vietnam[J]. Zookeys, 2015，524：89－102.

[63] Cameron, P. Description of a new species *Apanteles* from Ceylon[J]. Spolia Zeylanica (1907) 1908，5：17－18.

[64] 游兰韶，周志宏. 暗翅拱茧蜂雌性记述 (膜翅目茧蜂科)[J]. 动物分类学报，1989，14 (1)：127－128.

[65] Xu Weian and Junhua He. Two new species of *Microplitis* Foerster form China (Hymenoptera：Bracoriidae：Microgastrinae)[J]. Acta Zootaxonomica Sinica, 2006，28 (4)：724－728.

[66] 陈家骅，季清娥，宋东宝. 中国侧沟茧蜂属一新种 (膜翅目茧蜂科小腹茧蜂亚科)[J]. 华东昆虫学报，2004，13 (2)：1－5.

[67] Winson Tsang, LanshaoYou, Achterberg C. van. A new species of *Phanerotoma* Wesmael (Hymenoptera：Braconidae：Cheloninae)，a parasitoid of *Conopomorpha sinensis* Bradley (Lepidoptera：Craillaidae) from South China[J]. Zootaxa, 2011，2892：53－58.

[68] 李子忠，杨茂发，金道超. 雷公山景观昆虫[M]. 贵阳：贵州科学技术出版社，2007：628－629.

[69] Watanabe C. Hymenopterous parasites of the mulberry pyralid moth，*Margaronia pyloalis* Walker in Japan (Ⅰ)[J]. Ins. Mats. 1940，19 (2 & 3)：85－94.

[70] 赵龙，石庆型，罗庆怀，等. 中国小腹茧蜂亚科寄生蜂研究历史概略及应用研究进度及展望[J]. 中国农学通报，2013，29 (21)：154－160.

[71] 孟芳，李鑫，张金钰，等. 金纹细蛾及其优势寄生蜂主要行为的研究[J]. 西北农林科技大学学报，2010，38 (5)：93－105.

[72] 张金玉，李鑫，姜超，等. 温度和营养对丝角姬小锋及茶细蛾绒茧蜂发育和寿命的影响[J]. 西北农林农科大学学报，2011，39 (6)：153－158.

[73] 夏白华. 中国小腹茧蜂属 (膜翅目茧蜂科) 的分类研究[D]. 长沙：湖南农业大学，1991.

6，101.

[74] 游兰韶，章伟年，罗庆怀. 小腹茧蜂属一新种记述[J]. 湖南农业大学学报，2002，28 (6)：514－516.

[75] 游兰韶，Quicke D. L. J，周至宏. 中国 18 种茧蜂记述（膜翅目茧蜂科）[J]. 武夷科学，1994，11：120－125.

[76] 游兰韶，罗庆怀. 贵州长柄茧蜂属一新种[J]. 昆虫学报，1993，36 (2)：216－218.

[77] Viereck，H. L. Description of five new genera and twenty-six new speeies of Ichneumon-flies[J]. Proc. U. S. Nat. Mus. 1912，42 (1888)：139－199.

[78] 游兰韶，陈良昌，杨红旗，等. 湖南省茧蜂记述[J]. 湖南农业大学学报，2000，26 (5)：394－400.

[79] Xu Weian，He Janhua，Chen Xuexin. A new Species of *Microgaster* Latrille from China (Hmenoptera：Braconidae：Microgastrinae)［J］. Acta Zootaxonomica Sinica，1988，23 (3)：302－305.

[80] 游兰韶. 中国 9 种绒茧蜂已知种名录[J]. 湖南农业大学学报，1995，21 (5)：506－508.

[81] Papp J. Braconidae (Hymenoptera) from Korea，Ⅻ[J]. Acta Zool Hung.，1990，36 (1－2)：89－119.

[82] 柏连阳，曾爱平，罗庆怀，等. 茧蜂分类和系统发育研究[M]. 长沙：湖南科学技术出版社，2013.

[83] Sharma V. A new species of genus *Fornicia* Brulle (Hymenoptera：Braconidae：Microgastrine)[J]. Reichenbochia，1984，22 (29)：209－211.

[84] 杨健全，陈家骅. 中国拱茧蜂属一新种（腹翅目茧蜂科)[J]. 动物分类学报，2006，31 (3)：627－629.

[85] Wikinson D. S. New parasitic Hymenoptera[J]. Bull. ent. Res.，1928，19：261－265.

[86] De Saeger H. Note sur le genre *Fornicia* Brulle Un Chelonde (Hym. Bracon.) nou veau du congo belge[J]. Rev. Zool. Bot. Afr，1942，35：328－331.

[87] Muesebeck C. F. W. New neotropical wasps of the family Braconidae (Hymenoptera) in the U. S. National Mueseum[J]. Proc. U. S. nat Mues.，1958，107，405－461.

[88] Whitfield J. B. Marsulyn，P. & Austin A. D. et al. Phylogenetic relationships among Microgastrinae braconid wasp genera based on data from the 16S，COI and 28S genes and morphology[J]. System Ento. Mol.，2002，27：337－359.

[89] Chen Xuexin & Achterberg C. van. Revision of the subfamily Euphornae (excluding the tribe Meteorini Cresson) (Hymenoptera：Braconidae) from China[J]. Zool. Verh. Leiden，1997，313：1－217.

[90] Wilkinson D. S. New Braconiae and other notes[J]. Bull. ent. Res.，1930，21：275－285.

[91] Papp J. New braconid wasps (Hymenoptera：Braconidae) in the Hungarian Natural History Museum，6. Ann. Hist-nat. Mus. Natn. Hung，1998，90：227－256.

[92] Quicke D. L. J. & Koch F. Die Braconinae-Typen der beiden. bedeutendsten Hymenopteren-Sammlungen der DDR, Dtsch. ent. Z. N. F.，1990，37 (4－5)：213－227.

［93］ Watanabe C. H. Sauters Formosa collection：Braconidae［J］. Ins. Mat.，1934，8（4）：182‑187.

［94］ Quicke D. L. J. & Achterberg，C van. The type specimens of Enderleinis Braconinae（Hymenoptera：Braconidae）housed in Warsaw［J］. Tijds. Entomol.，1990，133，251‑264.

［95］ Achterberg C. van & Desmier de Chenon R. The first report of the biology of *Proterops borneoensis* Szépligeti（Hymenoptera：Braconidae：Ichneutinae），with the description of a new species from China［J］. Jour. Nat. Hist.，2009，43（11‑12）：619‑633.

［96］ 游兰韶，魏美才，李夕英，等. 湖南茧蜂志（二）［M］. 长沙：湖南科学技术出版社，2015.

［97］ 宋东宝，陈家骅，席景会. 中国新记录属——莱氏茧蜂属及一新纪录种［J］. 昆虫分类学报，2005，27（4）：312‑314.

［98］ Papp J. A survey of the European species of *Apanteles* Först（Hymenoptera：Braconidae：Microgastrinae），Ⅶ. The *carnaborius*－，*circumscriptus fraternus*－，*pallipes*－，*parasitellae*－，*vitripennis*－，*liparidis*－，octonarius—and thompsoni‑group［J］. Ann. Hist‑Nat. Mus. Nat. Hung.，1983，75，247‑283.

［99］ Papp J. A survey of the European species of *Apanteles* Först. I. The species‑groups，Ann. Hist‑Nat. Mus. Nat. Hung，1976，68：251‑274.

［100］ Nixon，G. E. J. A revision of north western European species of the *vitripennis pallipes*，*octnarius*，*trangulator fraternus*，*formous*，*parasitellae*，*matacarpalis* and *circumscrirtus* groups of *Apanteles* Först（Hymenoptera：Braconidae）［J］. Bull. Fnt. Res.，1973，63：169‑230.

［101］ Saeed A.，Austin A. D.，Dangerfield P. C. Systematics and host relationships of Australasian *Diolcogaster*（Hymenoptera：Braconidae：Microgastrinae）［J］. Inverttebrate Taxonmy，1999，13：117‑178.

［102］ Chou Liangyi. A new species of *Buluka*（Hymenoptera：Braconidae）from Taiwan［J］. Chinese J. Entomol.，1985，5：85‑88.

［103］ Saeger H. de. Cardiochilinae et Sigalphinae（Hymenptrea：Apocrta）. Form. Braconidae. Exploration du Parc National Albert Mission［J］. G. F. de Witte，1948，53：1‑272. Bruxelles.

［104］ 罗庆怀，游兰韶. 小腹茧蜂亚科一新种记述及一新组合［J］. 昆虫分类学报，2005，27（1）：48‑56.

［105］ 罗庆怀. 贵州省蜻茧蜂属一新种（膜翅目茧蜂科优茧蜂亚科）［J］. 动物分类学报，1985，10（2）：203‑205.

［106］ 罗庆怀，陈学新. 贵州省蜻茧蜂属纪要（膜翅目茧蜂科优茧蜂亚科）［J］. 昆虫学报，1994，37（4）：483‑485.

［107］ 罗庆怀，游兰韶. 中国陡胸茧蜂属（膜翅目茧蜂科小膜茧蜂亚科）两新种记述［J］. 动物分类学报，2005，30（1）：170‑174.

［108］ 曾爱平，游兰韶，柏连阳，等. 茧蜂分类和雄性外生殖器的应用［J］. 湖南科学技术出版

社，2009.

[109] Papp J. On the genus *Fornicia* Brulle with two new Oriental species （Hym. Braconide：Microgastrinae)[J]. Folia. Ent. Hungarica, 1980，33 (2)：305 – 311.

[110] 游兰韶，熊漱琳，党心德，等. 中国绒茧蜂属 *Apanteles* Foerster 四新种 （膜翅目茧蜂科)[J]. 昆虫分类学报，1987 (4)：275 – 281.

[111] 游兰韶，周至宏. 云南稻田绒茧蜂属一新种[J]. 昆虫分类学报，1989，11 (4)：307 – 309.

[112] Wilkinson DS. Two new parasites of *Tirathaba rufivena* Wilk. in Malaya[J]. Bull. ent. Res. , 1928，19：201 – 202.

[113] Wilkinson D. S. New species and host records of Ichneumonidae and Braconidae[J]. Bull. ent. Res. , 1930，21：147 – 158.

[114] 钟宝珠，吕朝军，覃伟权. 寄主龄期对褐带卷叶蛾茧蜂寄生和繁殖的影响[C] //昆虫学会 2016 年学术讨论会论文摘要集，2016.

[115] Quicke D. L. J. The Indo-Australian and E. Palaearctic braconine wasp genus *Euurobracon* (Hymenoptera：Braconidae)[J]. Jour. Nat. Hist. , 1989，23，775 – 802.

[116] 陈学新，何俊华，马云. 中国拱茧蜂属 *Fornicia Brullé* 五新种记述 （腹翅目茧蜂科小腹茧蜂亚科)[J]. 昆虫分类学报，1994，16 (2)：127 – 134.

[117] 罗庆怀，游兰韶. 中国拱茧蜂属 （膜翅目茧蜂科小腹茧蜂亚科）一新种记述[J]. 动物分类学报，2008，33 (1)：184 – 186.

编后记

华中西南遍布绿水青山，以湘桂黔三省区为例，有南岭山地、雪峰山、九万山、越城岭、雷公山等山地，三省区特殊的地理环境，丰富的植物资源和复杂多样的植物区系充分奠定了它在我国植物学和动物学研究中的重要地位，也为昆虫学科研究提供了理想的场所。

对该地区的植物学研究已有悠久的历史。早在 1866 年至 1933 年期间，英、美等国的园艺学家、商人和植物学者曾分别在广西的全州、三江、融安等地调查和采集，调查内容从早期的香料及农艺植物的收集和引种扩展到植物基础学科的考察。1928 年 5 月至 6 月间，秦仁昌深入罗城县及环江县境内的九万山区采集蕨类、种子植物标本，收获甚大。这批标本中的蕨类大部分由他本人鉴定，新分类群先后在《Sinensia》（1929）、《静生生物调查所汇报》（1949）等期刊以及后来的专论中发表。自 1930 年到 1949 年，有 30 余号种子植物标本被指定为新分类群的模式，有胡先骕等 18 位中外植物学家分别在中、英、美、德等国的学术刊物上发表论文，引起了学术界的重视。特殊的环境，植物学的研究成就启发了我们对这一地域茧蜂研究的兴趣，并给予我们信心和希望。

华中西南茧蜂研究团队的研究始于 20 世纪 70 年代，缘于各省区 1975 年后开始进行的天敌昆虫普查，历时数十载。因处于我国华中及西南地区，深感力量单薄，故有团结合作研究之举。本团队茧蜂研究自始至终得到荷兰生物多样性中心 C. van Achterberg 博士（荷兰莱顿 Leiden，RMNH）的指导和帮助。40 年来发表的茧蜂研究专著和部分学位论文如下。

团队：

1. 湖南农业大学植物保护学院，长沙。Hunan Agriculture University，Plant Protection College，Changsha.

2. 中南林业科技大学叶蜂系统发育研究所，长沙。Central-South University of Forestry & Technology，Sawfly Phylogeny Institute，Changsha.

3. 湖南省林科院森保所，长沙。Hunan Forestry Academy，Forestry Protection Institute，Changsha.

4. 湖南省宁乡市农业农村局，湖南长沙宁乡市。Ningxiang AgricultureBureau，Hunan Changsha，Ningxiang.

5. 贵州师范大学生命科学学院，贵州省贵阳市。Guizhou Normal University，

Life Science College，Guiyang.

6. 广西农业科学院植物保护研究所，广西南宁。Guangxi Agriculture Academy，Plant Protection Institute，Nanning.

专著：

[1] 天敌昆虫应用原理和方法（Application pcinciple and methods of insect natural enemies）. 长沙：湖南科学技术出版社，2003.

[2] 湖南茧蜂志（一）[（Fauna Hunan Hymenoptera Braconidae（Ⅰ）]. 长沙：湖南科学技术出版社，2006.

[3] 雷公山景观昆虫（Landscape Insects of Leigong Mountain）. 贵阳：贵州科学技术出版社，2007.

[4] 茧蜂分类和雄性外生殖器的应用（The Classification of Braconida e and Application of their male genitalia）. 长沙：湖南科学技术出版社，2009.

[5] 茧蜂分类和系统发育研究（The Classification and phylogery of Braconidae）. 长沙：湖南科学技术出版社，2013.

[6] 湖南茧蜂志（二）[Fauna of Hymenoptera in Hanan province of China，Braconidae（Ⅱ）]. 长沙：湖南科学技术出版社，2015. [共记述 11 个亚科，其中李夕英、谭济才完成蝇茧蜂亚科（国家科技基础平台项目）].

[7] 湿地昆虫（Wetland Insects）. 北京：中国农业科学技术出版社，2018，1-233.

学位论文：

[1] 夏白华. 中国小腹茧蜂属（膜翅目：茧蜂科）的分类研究 [Studies on the systematics of *Microgaster* Latreille（Hymenoptera：Braconidae）in China]（硕士学位论文），湖南农业大学，1991（指导教师：游兰韶）.

[2] 肖治术. 小腹茧蜂亚科的系统发育和分类研究（膜翅目：茧蜂科）[Studies on the phylogeny and systermatics of Microgasterinae（Hymenoptera：Braconidae)]（硕士学位论文），湖南农业大学，2000（指导教师：游兰韶）.

[3] 李志文. 螟黄足盘绒茧蜂复合群支序系统学研究 [Studies on the clade systematics of *Cotesia flavipes* complex（Hymenoptera：Braconidae：Microgasterinae)]（硕士学位论文），湖南农业大学，2003（指导教师：游兰韶）.

[4] 罗庆怀. 中国小腹茧蜂亚科（膜翅目：茧蜂科）分类研究 [Studies on the systematics of Microgastrinae（Hymenoptera：Braconidae）in China]（博士学位论文），湖南农业大学，2003（指导教师：游兰韶）.

[5] 黄安平. 中国小腹茧蜂亚科（膜翅目：茧蜂科）系统发育关系研究 [Studies on the phylogenetic relationships of Chinese Microgastrinae（Hymenoptera：Braconidae)]（硕士学位论文），湖南农业大学，2004（指导教师：游兰韶）.

[6] 曾爱平. 淡足侧沟茧蜂生物学及对甜菜夜蛾的控制研究（*Biokgy of Mi-*

croplitis pallidipes and control studies on *Spodoptera exigua*）（博士学位论文），湖南农业大学，2005（指导教师：游兰韶）

[7]　宋东宝. 中国小腹茧蜂属与侧沟茧蜂属（膜翅目：茧蜂科：小腹茧蜂亚科）分类研究［Studies on the systematics of *Microgaster Latreille*：and *Microplitis* Foerster（Hymenopetra：Braconidae：Microgasterinae）in China］（博士后论文），湖南农业大学，2006（指导教师：官春云、游兰韶、谭济才）.

[8]　李夕英. 湖南蝇茧蜂分类及种间系统关系研究（膜翅目：茧蜂科：蝇茧蜂亚科）［Descriptive morphology and phylogenetic relationships among species from Hunan（Hymenoptera：Braconidae：Opiinae）］（博士学位论文），湖南农业大学，2012（指导教师：谭济才）.

[9]　龙见坤. 贵州稻田寄生蜂群落多样性比较研究（Comparision on the colony diversity of parasite wasps in paddy field of Guizhou）（硕士学位论文），贵州师范大学，2010（指导教师：罗庆怀）.

[10]　潘盛波. 雷公山和草海茧蜂资源调查及物种多样性研究（The investgation of braconid wasp resource and studies on the species diversity of Leigong mountain and grass sea in Guizhou）（硕士学位论文），贵州师范大学，2011（指导教师：罗庆怀）.

[11]　丁艮凤. 基于雄性外生殖器的茧蜂科支序系统学研究（Stuides on the clade systematics of the male genitalia of Braconidae，Hymenoptera）（硕士学位论文），湖南农业大学，2012（指导教师：曾爱平）.

[12]　赵龙. 樟江和舞阳河小腹茧蜂亚科物种多样性比较和评价（Comparison and appraisal on the genera，species diversity of Microgasterinae in Zhong river and Wuyang river in Guizhou）（硕士学位论文），贵州师范大学，2013（指导教师：罗庆怀）.

[13]　孙翠英. 龙架山和云台山小腹茧蜂亚科物种多样性比较与评价（Comparison and apraisal on the species diversity of Microgastrinae in Longjia mountain and Yuntai mountain in Guizhou）（硕士学位论文），贵州师范大学，2014（指导教师：罗庆怀）.

［贵州师范大学利用位于西部的地理优势率先在多个自然保护区开展茧蜂群落多样性研究，提出保护自然资源的方法，并报道多个中国新记录种。

[14]　戴本柱. 湖南茧蜂（膜翅目：茧蜂科）分类研究［Studies on the systematics of Braconidae（Hymenoptera）in Hunan］（硕士学位论文），湖南农业大学，1990（指导教师：游兰韶）.